U0192023

国家出版基金项目
NATIONAL PUBLICATION FOUNDATION

石墨烯电化学
储能技术

"十三五"国家重点
出版物出版规划项目

战略前沿新材料
——石墨烯出版工程
丛书总主编 刘忠范

杨全红 孔德斌 吕 伟 等编著

Graphenes for
Electrochemical
Energy Storage

GRAPHENE
08

华东理工大学出版社
EAST CHINA UNIVERSITY OF SCIENCE AND TECHNOLOGY PRESS
·上海·

上海高校服务国家重大战略出版工程资助项目

图书在版编目(CIP)数据

石墨烯电化学储能技术/杨全红等编著.—上海：
华东理工大学出版社,2021.6
战略前沿新材料——石墨烯出版工程/刘忠范总主
编
ISBN 978-7-5628-6407-3

Ⅰ.①石… Ⅱ.①杨… Ⅲ.①石墨—纳米材料—电化
学—储能 Ⅳ.①TB34

中国版本图书馆 CIP 数据核字(2020)第 252766 号

内容提要

本书围绕石墨烯在电化学储能技术中的应用,重点对超级电容器、锂离子电池、锂硫电池等电化学储能器件中涉及的石墨烯基材料进行了介绍,系统阐述了石墨烯在多种电化学储能器件中的角色及功能,给出了一系列石墨烯应用于电化学储能器件的方法、策略和实例。本书共九章,第 1 章为绪论,主要阐述了电化学储能技术的发展现状以及石墨烯应用于电化学储能领域的潜力。第 2~6 章分别针对不同的电化学储能器件(超级电容器、锂离子电池、锂硫电池、锂空气电池、钠离子电池)系统阐述石墨烯在其中扮演的角色以及电化学储能用石墨烯基材料的设计策略。第 7、8 章进一步将石墨烯基材料的设计策略拓展到新型储能技术体系,包括锂金属负极等其他电化学储能器件的设计和应用。第 9 章对石墨烯应用于电化学储能器件的发展机遇和面临的挑战做了系统评述。

项目统筹 / 周永斌 马夫娇
责任编辑 / 马夫娇
装帧设计 / 周伟伟
出版发行 / 华东理工大学出版社有限公司
    地址：上海市梅陇路 130 号,200237
    电话：021 - 64250306
    网址：www.ecustpress.cn
    邮箱：zongbianban@ecustpress.cn
印　　刷 / 上海雅昌艺术印刷有限公司
开　　本 / 710 mm×1000 mm　1/16
印　　张 / 19.5
字　　数 / 304 千字
版　　次 / 2021 年 6 月第 1 版
印　　次 / 2021 年 6 月第 1 次
定　　价 / 238.00 元

战略前沿新材料 —— 石墨烯出版工程
丛书编委会

《石墨烯电化学储能技术》
编委会

总序 一

 2004 年,英国曼彻斯特大学物理学家安德烈·海姆(Andre Geim)和康斯坦丁·诺沃肖洛夫(Konstantin Novoselov)用透明胶带剥离法成功地从石墨中剥离出石墨烯,并表征了它的性质。仅过了六年,这两位师徒科学家就因"研究二维材料石墨烯的开创性实验"荣摘 2010 年诺贝尔物理学奖,这在诺贝尔授奖史上是比较迅速的。他们向世界展示了量子物理学的奇妙,他们的研究成果不仅引发了一场电子材料革命,而且还将极大地促进汽车、飞机和航天工业等的发展。

 从零维的富勒烯、一维的碳纳米管,到二维的石墨烯及三维的石墨和金刚石,石墨烯的发现使碳材料家族变得更趋完整。作为一种新型二维纳米碳材料,石墨烯自诞生之日起就备受瞩目,并迅速吸引了世界范围内的广泛关注,激发了广大科研人员的研究兴趣。被誉为"新材料之王"的石墨烯,是目前已知最薄、最坚硬、导电性和导热性最好的材料,其优异性能一方面激发人们的研究热情,另一方面也掀起了应用开发和产业化的浪潮。石墨烯在复合材料、储能、导电油墨、智能涂料、可穿戴设备、新能源汽车、橡胶和大健康产业等方面有着广泛的应用前景。在当前新一轮产业升级和科技革命大背景下,新材料产业必将成为未来高新技术产业发展的基石和先导,从而对全球经济、科技、环境等各个领域的发展产生深刻影响。中国是石墨资源大国,也是石墨烯研究和应用开发最活跃的国家,已成为全球石墨烯行业发展最强有力的推动力量,在全球石墨烯市场上占据主导地位。

作为 21 世纪的战略性前沿新材料,石墨烯在中国经过十余年的发展,无论在科学研究还是产业化方面都取得了可喜的成绩,但与此同时也面临一些瓶颈和挑战。如何实现石墨烯的可控、宏量制备,如何开发石墨烯的功能和拓展其应用领域,是我国石墨烯产业发展面临的共性问题和关键科学问题。在这一形势背景下,为了推动我国石墨烯新材料的理论基础研究和产业应用水平提升到一个新的高度,完善石墨烯产业发展体系及在多领域实现规模化应用,促进我国石墨烯科学技术领域研究体系建设、学科发展及专业人才队伍建设和人才培养,一套大部头的精品力作诞生了。北京石墨烯研究院院长、北京大学教授刘忠范院士领衔策划了这套"战略前沿新材料——石墨烯出版工程",共 22 分册,从石墨烯的基本性质与表征技术、石墨烯的制备技术和计量标准、石墨烯的分类应用、石墨烯的发展现状报告和石墨烯科普知识等五大部分系统梳理石墨烯全产业链知识。丛书内容设置点面结合、布局合理,编写思路清晰、重点明确,以期探索石墨烯基础研究新高地、追踪石墨烯行业发展、反映石墨烯领域重大创新、展现石墨烯领域自主知识产权成果,为我国战略前沿新材料重大规划提供决策参考。

参与这套丛书策划及编写工作的专家、学者来自国内二十余所高校、科研院所及相关企业,他们站在国家高度和学术前沿,以严谨的治学精神对石墨烯研究成果进行整理、归纳、总结,以出版时代精品作为目标。丛书展示给读者完善的科学理论、精准的文献数据、丰富的实验案例,对石墨烯基础理论研究和产业技术升级具有重要指导意义,并引导广大科技工作者进一步探索、研究,突破更多石墨烯专业技术难题。相信,这套丛书必将成为石墨烯出版领域的标杆。

尤其让我感到欣慰和感激的是,这套丛书被列入"十三五"国家重点出版物出版规划,并得到了国家出版基金的大力支持,我要向参与丛书编写工作的所有同仁和华东理工大学出版社表示感谢,正是有了你们在各自专业领域中的倾情奉献和互相配合,才使得这套高水准的学术专著能够顺利出版问世。

最后,作为这套丛书的编委会顾问成员,我在此积极向广大读者推荐这套丛书。

中国科学院院士

刘云圻

2020 年 4 月于中国科学院化学研究所

总序　二

"战略前沿新材料——石墨烯出版工程"：
一套集石墨烯之大成的丛书

　　2010 年 10 月 5 日，我在宝岛台湾参加海峡两岸新型碳材料研讨会并作了"石墨烯的制备与应用探索"的大会邀请报告，数小时之后就收到了对每一位从事石墨烯研究与开发的工作者来说都十分激动的消息：2010 年度的诺贝尔物理学奖授予英国曼彻斯特大学的 Andre Geim 和 Konstantin Novoselov 教授，以表彰他们在石墨烯领域的开创性实验研究。

　　碳元素应该是人类已知的最神奇的元素了，我们每个人时时刻刻都离不开它：我们用的燃料全是含碳的物质，吃的多为碳水化合物，呼出的是二氧化碳。不仅如此，在自然界中纯碳主要以两种形式存在：石墨和金刚石，石墨成就了中国书法，而金刚石则是美好爱情与幸福婚姻的象征。自 20 世纪 80 年代初以来，碳一次又一次给人类带来惊喜：80 年代伊始，科学家们采用化学气相沉积方法在温和的条件下生长出金刚石单晶与薄膜；1985 年，英国萨塞克斯大学的 Kroto 与美国莱斯大学的 Smalley 和 Curl 合作，发现了具有完美结构的富勒烯，并于 1996 年获得了诺贝尔化学奖；1991 年，日本 NEC 公司的 Iijima 观察到由碳组成的管状纳米结构并正式提出了碳纳米管的概念，大大推动了纳米科技的发展，并于 2008 年获得了卡弗里纳米科学奖；2004 年，Geim 与当时他的博士研究生 Novoselov 等人采用粘胶带剥离石墨的方法获得了石墨烯材料，迅速激发了科学界的研究热情。事实上，人类对石墨烯结构并不陌生，石墨烯是由单层碳原子构成的二维蜂窝状结构，是构成其他维数形式碳材料的基本单元，因此关于石墨烯结构的工作可追溯到 20 世纪 40 年代的理论研究。1947 年，Wallace 首次计算了石墨烯的电子结构，并且发现其具有奇特的线性色散关系。自此，石墨烯作为理论模型，被广泛用于描述碳材料的结构与性能，但人们尚未把石墨烯本身也作为一种材料来进行研究与开发。

石墨烯材料甫一出现即备受各领域人士关注，迅速成为新材料、凝聚态物理等领域的"高富帅"，并超过了碳家族里已很活跃的两个明星材料——富勒烯和碳纳米管，这主要归因于以下三大理由。一是石墨烯的制备方法相对而言非常简单。Geim 等人采用了一种简单、有效的机械剥离方法，用粘胶带撕裂即可从石墨晶体中分离出高质量的多层甚至单层石墨烯。随后科学家们采用类似原理发明了"自上而下"的剥离方法制备石墨烯及其衍生物，如氧化石墨烯；或采用类似制备碳纳米管的化学气相沉积方法"自下而上"生长出单层及多层石墨烯。二是石墨烯具有许多独特、优异的物理、化学性质，如无质量的狄拉克费米子、量子霍尔效应、双极性电场效应、极高的载流子浓度和迁移率、亚微米尺度的弹道输运特性，以及超大比表面积，极高的热导率、透光率、弹性模量和强度。最后，特别是由于石墨烯具有上述众多优异的性质，使它有潜力在信息、能源、航空、航天、可穿戴电子、智慧健康等许多领域获得重要应用，包括但不限于用于新型动力电池、高效散热膜、透明触摸屏、超灵敏传感器、智能玻璃、低损耗光纤、高频晶体管、防弹衣、轻质高强航空航天材料、可穿戴设备，等等。

因其最为简单和完美的二维晶体、无质量的费米子特性、优异的性能和广阔的应用前景，石墨烯给学术界和工业界带来了极大的想象空间，有可能催生许多技术领域的突破。世界主要国家均高度重视发展石墨烯，众多高校、科研机构和公司致力于石墨烯的基础研究及应用开发，期待取得重大的科学突破和市场价值。中国更是不甘人后，是世界上石墨烯研究和应用开发最为活跃的国家，拥有一支非常庞大的石墨烯研究与开发队伍，位居世界第一。有关统计数据显示，无论是正式发表的石墨烯相关学术论文的数量、中国申请和授权的石墨烯相关专利的数量,还是中国拥有的从事石墨烯相关的企业数量以及石墨烯产品的规模与种类,都远远超过其他任何一个国家。然而,尽管石墨烯的研究与开发已十六载,我们仍然面临着一系列重要挑战,特别是高质量石墨烯的可控规模制备与不可替代应用的开拓。

十六年来,全世界许多国家在石墨烯领域投入了巨大的人力、物力、财力进行研究、开发和产业化,在制备技术、物性调控、结构构建、应用开拓、分析检测、标准制定等诸多方面都取得了长足的进步,形成了丰富的知识宝库。虽有一些有关石墨烯的中文书籍陆续问世,但尚无人对这一知识宝库进行全面、系统的总结、分析并结集出版,以指导我国石墨烯研究与应用的可持续发展。为此,我国石墨烯研究领域的主要开拓者及我国石墨烯发展的重要推动者、北京大学教授、北京石墨烯研究院创院院长刘忠范院士亲自策划并担任总主编,主持编撰"战略前沿新材料——石墨烯出版工程"这套丛书,实为幸事。该丛书由石墨烯的基本性质与表征技术、石墨烯的制备技术和计量标准、石墨烯的分类应用、石墨烯的发展现状报告、石墨烯科普知识等五大部分共 22 分册构成,由刘忠范院士、张锦院士等一批在石墨烯研究、应用开发、检测与标准、平台建设、产业发展等方面的知名专家执笔撰写,对石墨烯进行了 360°的全面检视,不仅很好地总结了石墨烯领域的国内外最新研究进展,包括作者们多年辛勤耕耘的研究积累与心得,系统介绍了石墨烯这一新材料的产业化现状与发展前景,而且还包括了全球石墨烯产业报告和中国石墨烯产业报告。特别是为了更好地让公众对石墨烯有正确的认识和理解,刘忠范院士还率先垂范,亲自撰写了《有问必答:石墨烯的魅力》这一科普分册,可谓匠心独具、运思良苦,成为该丛书的一大特色。我对他们在百忙之中能够完成这一巨制甚为敬佩,并相信他们的贡献必将对中国乃至世界石墨烯领域的发展起到重要推动作用。

刘忠范院士一直强调"制备决定石墨烯的未来",我在此也呼应一下:"石墨烯的未来源于应用"。我衷心期望这套丛书能帮助我们发明、发展出高质量石墨烯的制备技术，帮助我们开拓出石墨烯的"杀手锏"应用领域，经过政产学研用的通力合作，使石墨烯这一结构最为简单但性能最为优异的碳家族的最新成员成为支撑人类发展的神奇材料。

中国科学院院士

成会明，2020 年 4 月于深圳

清华大学，清华－伯克利深圳学院，深圳

中国科学院金属研究所，沈阳材料科学国家研究中心，沈阳

丛书前言

    石墨烯是碳的同素异形体大家族的又一个传奇,也是当今横跨学术界和产业界的超级明星,几乎到了家喻户晓、妇孺皆知的程度。当然,石墨烯是当之无愧的。作为由单层碳原子构成的蜂窝状二维原子晶体材料,石墨烯拥有无与伦比的特性。理论上讲,它是导电性和导热性最好的材料,也是理想的轻质高强材料。正因如此,一经问世便吸引了全球范围的关注。石墨烯有可能创造一个全新的产业,石墨烯产业将成为未来全球高科技产业竞争的高地,这一点已经成为国内外学术界和产业界的共识。

    石墨烯的历史并不长。从 2004 年 10 月 22 日,安德烈·海姆和他的弟子康斯坦丁·诺沃肖洛夫在美国 *Science* 期刊上发表第一篇石墨烯热点文章至今,只有十六个年头。需要指出的是,关于石墨烯的前期研究积淀很多,时间跨度近六十年。因此不能简单地讲,石墨烯是 2004 年发现的、发现者是安德烈·海姆和康斯坦丁·诺沃肖洛夫。但是,两位科学家对"石墨烯热"的开创性贡献是毋庸置疑的,他们首次成功地研究了真正的"石墨烯材料"的独特性质,而且用的是简单的透明胶带剥离法。这种获取石墨烯的实验方法使得更多的科学家有机会开展相关研究,从而引发了持续至今的石墨烯研究热潮。2010 年 10 月 5 日,两位拓荒者荣获诺贝尔物理学奖,距离其发表的第一篇石墨烯论文仅仅六年时间。

"构成地球上所有已知生命基础的碳元素,又一次惊动了世界",瑞典皇家科学院当年发表的诺贝尔奖新闻稿如是说。

从科学家手中的实验样品,到走进百姓生活的石墨烯商品,石墨烯新材料产业的前进步伐无疑是史上最快的。欧洲是石墨烯新材料的发源地,欧洲人也希望成为石墨烯新材料产业的领跑者。一个重要的举措是启动"欧盟石墨烯旗舰计划",从2013年起,每年投资一亿欧元,连续十年,通过科学家、工程师和企业家的接力合作,加速石墨烯新材料的产业化进程。英国曼彻斯特大学是石墨烯新材料呱呱坠地的场所,也是世界上最早成立石墨烯专门研究机构的地方。2015年3月,英国国家石墨烯研究院(NGI)在曼彻斯特大学启航;2018年12月,曼彻斯特大学又成立了石墨烯工程创新中心(GEIC)。动作频频,基础与应用并举,矢志充当石墨烯产业的领头羊角色。当然,石墨烯新材料产业的竞争是激烈的,美国和日本不甘其后,韩国和新加坡也是志在必得。据不完全统计,全世界已有179个国家或地区加入了石墨烯研究和产业竞争之列。

中国的石墨烯研究起步很早,基本上与世界同步。全国拥有理工科院系的高等院校,绝大多数都或多或少地开展着石墨烯研究。作为科技创新的国家队,中国科学院所辖遍及全国的科研院所也是如此。凭借着全球最大规模的石墨烯研究队伍及其旺盛的创新活力,从2011年起,中国学者贡献的石墨烯相关学术论文总数就高居全球榜首,且呈遥遥领先之势。截至2020年3月,来自中国大陆的石墨烯论文总数为101913篇,全球占比达到33.2%。需要强调的是,这种领先不仅仅体现在统计数字上,其中不乏创新性和引领性的成果,超洁净石墨烯、超级石墨烯玻璃、烯碳光纤就是典型的例子。

中国对石墨烯产业的关注完全与世界同步,行动上甚至更为迅速。统计数据显示,早在2010年,正式工商注册的开展石墨烯相关业务的企业就高达1778家。截至2020年2月,这个数字跃升到12090家。对石墨烯高新技术产业来说,知识产权的争夺自然是十分激烈的。进入21世纪以来,知识产权问题受到国人前所未有的重视,这一点在石墨烯新材料领域得到了充分的体现。截至2018年底,全球石墨烯相关的专利申请总数为 69315 件,其中来自中国大陆的专利高达 47397 件,占比 68.4%,可谓是独占鳌头。因此,从统计数据上看,中国的石墨烯研究与产业化进程无疑是引领世界的。当然,不可否认的是,统计数字只能反映一部分现实,也会掩盖一些重要的"真实",当然这一点不仅仅限于石墨烯新材料领域。

中国的"石墨烯热"已经持续了近十年,甚至到了狂热的程度,这是全球其他国家和地区少见的。尤其在前几年的"石墨烯淘金热"巅峰时期,全国各地争相建设"石墨烯产业园""石墨烯小镇""石墨烯产业创新中心",甚至在乡镇上都建起了石墨烯研究院,可谓是"烯流滚滚",真有点像当年的"大炼钢铁运动"。客观地讲,中国的石墨烯产业推进速度是全球最快的,既有的产业大军规模也是全球最大的,甚至吸引了包括两位石墨烯诺贝尔奖得主在内的众多来自海外的"淘金者"。同样不可否认的是,中国的石墨烯产业发展也存在着一些不健康的因素,一哄而上,遍地开花,导致大量的简单重复建设和低水平竞争。以石墨烯材料生产为例,2018 年粉体材料年产能达到 5100 吨,CVD 薄膜年产能达到 650 万平方米,比其他国家和地区的总和还多,实际上已经出现了产能过剩问题。2017 年 1 月 30 日,笔者接受澎湃新闻采访时,明确表达了对中国石墨烯产业发展现状的担忧,随后很快得到习近平总书记的高度关注和批示。有关部门根据习总书记的指示,做了全国范围的石墨烯产业发展现状普查。三年后的现在,应该说情况有所改变,随着人们对石墨烯新材料的认识不断深入,以及从实验室到市场的产业化实践,中国的"石墨烯热"有所降温,人们也渐趋冷静下来。

这套大部头的石墨烯丛书就是在这样一个背景下诞生的。从 2004 年至今,已经有了近十六年的历史沉淀。无论是石墨烯的基础研究,还是石墨烯材料的产业化实践,人们都有了更多的一手材料,更有可能对石墨烯材料有一个全方位的、科学的、理性的认识。总结历史,是为了更好地走向未来。对于新兴的石墨烯产业来说,这套丛书出版的意义也是不言而喻的。事实上,国内外已经出版了数十部石墨烯相关书籍,其中不乏经典性著作。本丛书的定位有所不同,希望能够全面总结石墨烯相关的知识积累,反映石墨烯领域的国内外最新研究进展,展示石墨烯新材料的产业化现状与发展前景,尤其希望能够充分体现国人对石墨烯领域的贡献。本丛书从策划到完成前后花了近五年时间,堪称马拉松工程,如果没有华东理工大学出版社项目团队的创意、执着和巨大的耐心,这套丛书的问世是不可想象的。他们的不达目的决不罢休的坚持感动了笔者,让笔者承担起了这项光荣而艰巨的任务。而这种执着的精神也贯穿整个丛书编写的始终,融入每位作者的写作行动中,把好质量关,做出精品,留下精品。

本丛书共包括 22 分册,执笔作者 20 余位,都是石墨烯领域的权威人物、一线专家或从事石墨烯标准计量工作和产业分析的专家。因此,可以从源头上保障丛书的专业性和权威性。丛书分五大部分,囊括了从石墨烯的基本性质和表征技术,到石墨烯材料的制备方法及其在不同领域的应用,以及石墨烯产品的计量检测标准等全方位的知识总结。同时,两份最新的产业研究报告详细阐述了世界各国的石墨烯产业发展现状和未来发展趋势。除此之外,丛书还为广大石墨烯迷们提供了一份科普读物《有问必答:石墨烯的魅力》,针对广泛征集到的石墨烯相关问题答疑解惑,去伪求真。各分册具体内容和执笔分工如下:01 分册,石墨烯的结构与基本性质(刘开辉);02 分册,石墨烯表征技术(张锦);03 分册,石墨烯基材料的拉曼光谱研究(谭平恒);04 分册,石墨烯制备技术(彭海琳);05 分册,石墨烯的化学气相沉积生长方法(刘忠范);06 分册,粉体石墨烯材料的制备方法(李永峰);07 分册,石墨烯材料质量技术基础:计量(任玲玲);08 分册,石墨烯电化学储能技术(杨全红);09 分册,石墨烯超级电容器(阮殿波);10 分册,石墨烯微电子与光电子器件(陈弘达);11 分册,石墨烯透明导电薄膜与柔性光电器件(史浩飞);12 分册,石墨烯膜材料与环保应用(朱宏伟);13 分册,石墨烯基传感器件(孙立涛);14 分册,石墨烯宏观材料及应用(高超);15 分册,石墨烯复合材料(杨程);16 分册,石墨烯生物技术(段小洁);17 分册,石墨烯化学与组装技术(曲良体);18 分册,功能化石墨烯材料及应用(智林杰);19 分册,石墨烯粉体材料:从基础研究到工业应用(侯士峰);20 分册,全球石墨烯产业研究报告

(李义春);21分册,中国石墨烯产业研究报告(周静);22分册,有问必答:石墨烯的魅力(刘忠范)。

本丛书的内容涵盖石墨烯新材料的方方面面,每个分册也相对独立,具有很强的系统性、知识性、专业性和即时性,凝聚着各位作者的研究心得、智慧和心血,供不同需求的广大读者参考使用。希望丛书的出版对中国的石墨烯研究和中国石墨烯产业的健康发展有所助益。借此丛书成稿付梓之际,对各位作者的辛勤付出表示真诚的感谢。同时,对华东理工大学出版社自始至终的全力投入表示崇高的敬意和诚挚的谢意。由于时间、水平等因素所限,丛书难免存在诸多不足,恳请广大读者批评指正。

刘忠范

2020 年 3 月于墨园

前　言

　　2030 年前实现碳达峰、2060 年前实现碳中和，中国向世界发出时代强音！随着可再生能源的高效使用、电动汽车产业的快速发展以及智能电网的大规模建设，安全、高效的电化学储能技术成为新能源产业发展的引擎和重要载体。新材料的不断涌现使得储能技术得到了飞速的发展。但更轻、更快、更小、更安全、更长效，是电化学储能技术永恒的追求，新能源产业对于新材料的渴求也是无极限的！石墨烯作为一种新型碳纳米材料，已在信息、催化、储能等领域显示出巨大的应用潜力。碳材料是电化学储能中的关键材料，在几乎每一种电化学储能器件的发展历程中都扮演了极其重要的角色；作为最简单也是最完美的碳材料，石墨烯物理结构稳定、比表面积大、导电性能良好，对大多数电化学储能器件来说，是一种堪称完美的材料——可以从多方面大幅提升现有器件的性能，是石墨烯实用化进程中非常重要的一环。因此，在石墨烯研发的热潮中，电化学储能自然成为最热的领域之一。石墨烯储能的论文数量巨大，相比之下其产业化应用却进展缓慢；"石墨烯电池"的噱头效应也让大家对石墨烯用于电化学储能的真正意义以及实用化前景充满了疑虑。

　　笔者团队（NanoYang Group）一直从事碳功能材料研究，最近 10 余年来致力于石墨烯可控制备、界面组装和储能应用研究。始终坚持石墨烯研究的"群众路线"——从碳中来（石墨烯是极限结构的碳材料），到碳中去（石墨烯是碳材料的基本构成单元），倡导用石墨烯解决碳材料做不好或做不了的事情。具体到电化学储能应用，定位石墨烯的角色是解决传统碳材料和纳米材料难以解决的瓶颈问题；倡导"石墨烯＋"的理念，不是要改变（原理），而是要提升（性能，或许是数量级的提升）！做碳材料做不好的事情——率先将石墨烯用于锂电池导电剂，单层碳片层"至柔至薄"的特征将不贡献容量的碳导电剂用量降至最低;做碳材料做不了的事情——发明石墨烯致密组装策略,构建高密多孔碳实现致密储能,大幅提高锂电池和超级电容器体积能量密度,解决电化学储能"空间焦虑"。

基于笔者团队耕耘石墨烯电化学储能13年的研究实践和对该领域的理解,围绕石墨烯在电化学储能技术中的应用,本书对锂离子电池、锂硫电池、超级电容器等电化学储能器件中涉及的石墨烯基材料进行了介绍,系统阐述了石墨烯在多种电化学储能器件中的角色及功能,给出了一系列石墨烯应用于电化学储能器件的方法、策略和实例。本书共九章,第1章为绪论,阐述了电化学储能技术的发展现状以及石墨烯应用于电化学储能器件的潜力和挑战。第2~6章分别针对不同的电化学储能器件(超级电容器、锂离子电池、锂硫电池、锂空气电池、钠离子电池等),系统阐述石墨烯的功能以及电化学储能用石墨烯基材料的设计策略。第7、8章进一步将石墨烯基材料的设计策略拓展到新型储能技术体系,包括锂金属负极等其他电化学储能器件的设计和应用。第9章对石墨烯应用于电化学储能器件的发展趋势和面临的挑战做了系统评述和展望。杨全红负责本书整体构思、框架构建、前言展望撰写及全文定稿修改,孔德斌和吕伟负责书稿的统筹撰写和修改工作,NanoYang团队的30余名新老队友(详见编委会组成)参与本书的初稿撰写。书中的很多研究进展来自10余年中40余位博、硕士研究生的论文工作及多位博士后的研究工作,在此向每一位NanoYanger表示最诚挚的感谢! 同时衷心感谢国家自然科学基金委、科技部(国家重大科学研究计划)、天津市和深圳市科技主管部门、合作企业多年来对相关研究的持续资助和大力支持。

本书写缘起、论进展、想未来,希望能以感性的笔触、理性的解读,给同行和读者尽量准确的信息,将笔者团队"讲有趣的故事,做有用的研究"的科研信念和储能的"石墨烯+"理念传递给"政产学研商"各界,去浮躁、拾信心,努力将石墨烯储能技术梦想照进现实!

也需要指出,"石墨烯+"储能处于快速发展的阶段,书中很多观点在未来一定会被证明有其历史局限性,本书写作初衷是抛砖引玉,给同行和读者一个思考的原点坐标,冷静而又热烈地去思索石墨烯的未来,期待"石墨烯+"储能的明天！限于时间维度和作者水平，书中必然存在疏漏和不足之处，敬请各位批评指正！

特别感谢过去 20 余年碳材料研究生涯中，成会明老师、康飞宇老师、日本东北大学京谷隆老师对笔者的教导、帮助和鼓励！感谢碳材料研究征途中的每一位老师、同行、朋友！向亲爱的家人，父亲、母亲、妻子、女儿致以最深的谢意，感谢你们的包容和付出！

谨以此文献给笔者碳材料研究的引路人，王茂章老师！

目 录

第 1 章

绪　论

1.1 电化学储能技术

1.1.1 简介

随着可再生能源、电动汽车等产业的迅速发展以及智能电网的建设,储能成为能源发展中的关键环节。目前可再生能源技术,包括风能、太阳能等,大部分都存在较大的不可预测和波动性,对电网的可靠性冲击大,而储能技术的发展可有效地解决此问题,使得可再生能源产生的电可以稳定地储存和释放。另外,作为未来电网的发展方向,智能电网通过储能装置进行电网调峰,以增加输配电系统的容量及优化效率。在整个电力行业中的发电、输送、配电以及使用等各个环节,储能技术都已得到广泛的应用。

目前的储能技术主要包括机械储能、化学储能、电磁储能和相变储能。机械储能主要分为抽水储能、压缩空气储能和飞轮储能,机械储能对场地和设备有较高的要求,具有地域性且前期投资大。化学储能是利用化学反应直接转化电能的装置,包括电化学储能(各类电池)和超级电容器储能。电磁储能主要是指超导储能,制造成本高。而相变储能是通过制冷或者蓄热储存能量,储能效率较低。与其他几种方式相比,电化学储能环境污染少,不受地域限制,在能量转换上不受卡诺循环限制,转化效率高,比能量和比功率高。

自 1859 年普兰特发明铅酸蓄电池以来,代表电化学储能的各类化学电池被相继发明并始终朝着高容量、高功率、低污染、长寿命、高安全性的方向发展,电化学储能器件的发展历程如图 1-1 所示。电化学储能技术具有响应时间短、能量密度大、维护成本低、灵活方便等优点,是目前大容量储能技术的重点发展方向之一。电化学储能装置(EESDs),如锂离子电池(LIBs)、锂硫电池和超级电容器(SCs)等,尽管在过去几十年来取得了重大进展,但能量密度、功率密度和使用寿命仍然难以满足要求。随着可穿戴式电子设备的快速发展,研发灵活、轻便、高能量密度的 EESDs 显得愈发迫切。

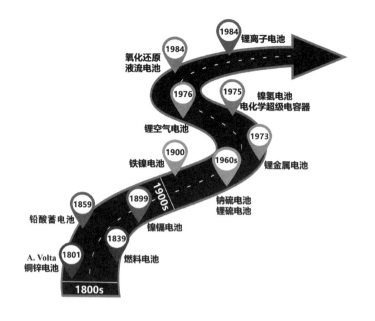

图 1-1 电化学储
能器件的发展历程

1.1.2　电化学储能面临的机遇与挑战

电化学储能器件不仅是电动汽车和便携式电子设备的核心供能原件,还是基站与储能电站等储能系统的重要组成部分。下面将分别按照应用领域需求的动力电池、储能电池与柔性电池这三大类讨论其目前面临的机遇与挑战。

(1)动力电池。开发具有更高能量密度和功率密度的电化学储能器件及其复合系统,可为新型动力电池的发展、可再生能源的合理配置以及电力的调节提供有效的新方法,并为其大规模、高效合理的应用开辟新的途径,对满足电动车、混合动力汽车、大中型电动工具、电子通信、航空航天和国防等领域的动力电源重大需求具有战略意义。因此,进一步提升电化学储能器件的能量密度和功率密度,以提高消费品电子器件和电动汽车等的续航能力和快速充放电能力,是目前电化学储能器件面临的重大挑战之一。

(2)储能电池。电化学储能是解决新能源风电、光伏间歇波动性,实现削峰平谷功能的重要手段之一,这也对工业产业升级和资源合理配置体系的建立具有重要的现实意义。开发安全可靠、长寿命、低成本的电化学储能器件,发挥生命周期内性价比高、环境友好等优势是实现其在分布式储能等领域大规模应用的关键。同时如何拓宽其工作温度范围、动态监测电池组的工作状态是进一步拓展其应用场景、实现大规模应用的有效保证,是目前电化学储能器件需要解决的关键问题之一。

(3)柔性电池。随着柔性屏幕和集成电路的制造技术不断完善,电子设备的轻薄化和柔性化已经可以初步实现。但柔性、可穿戴电子器件的核心储能部件是目前最难达到柔性要求的组件。同时,储能部件的性能还制约着整个器件的性能发挥以及续航时间。因此,制备高机械强度、高性能的柔性电极材料是开发高性能的轻薄及柔性储能器件的关键,也是实现柔性电子产品发展需要解决的关键问题。

此外,考虑到储能器件使用空间的限制,电化学储能器件除了需要满足更"轻"、更"快"的性能指标,还要做到更"小",在有限的空间内存储更多的能量,即需要具备高的体积能量密度。随着时代的变迁,人们不断地发现和利用碳材料(图1-2),如今碳纳米材料已经成为储能体系中重要的电极材料和关键组分,对于进一步提高锂离子电池、超级电容器以及锂硫电池等其他下一代储能体系的能量密度和功率密度发挥着至关重要的作用。然而,碳纳米材料由于其较低的本征及振实密度,在实际应用中会大幅降低储能器件的体积能量密度,难以满足器件微型化和便携的要求。以超级电容器为例,多孔碳材料是目前商用化的主要电极材料,功率密度高但能量密度低。虽然通过纳米结构的设计可以显著提高材料的质量能量密度,但是在器件应用中其体积能量密度仍不尽如人意。对于其他储能器

图1-2 碳材料发展史

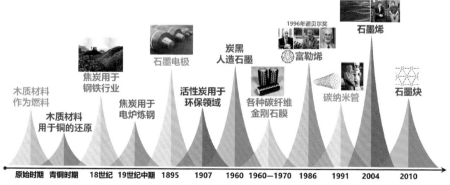

件,包括锂离子电池、锂硫电池等,当前碳纳米材料的研究大多关注其作为关键组分对整个电极材料质量性能的提高(基于电极材料单位质量的容量),而忽略了其对电极体积能量密度的影响,这也成为阻碍新型纳米电极材料商用化的重要瓶颈。

1.2　石墨烯的发现与制备

1.2.1　石墨烯的发现

石墨烯(graphene)是一种由碳原子紧密堆积构成的二维晶体,可以看作是包括富勒烯、碳纳米管、石墨在内的碳的同素异形体的基本结构单元。它是人类目前已知强度最高、韧性最好、质量最轻、透光率最高、导电性最佳的材料。1924年英国的 J. D. Bernal 正式提出了石墨的层状结构,即不同的碳原子层以 ABAB 的方式相互层叠,层间 A-B 的距离为 0.3354 nm,但是层间没有化学键连接,因此面外作用力(out-of-plane interactions)较弱,仅存在范德瓦耳斯力以保持石墨的层状结构,从而一层原子可以轻易地在另一层原子上滑动,这也解释了为何石墨可以用作润滑剂和铅笔芯。正是由于没有层间化学键,才为后续机械剥离法制备石墨烯埋下了伏笔。

早在 1940 年,一系列的理论分析就已经提出单片层的石墨将会具有非常奇特的电子特性,此后,对石墨片层剥离的研究从未间断。1962 年,Boehm 等利用透射电子显微镜(transmission electron microscopy,TEM)观察还原的氧化石墨溶液中的石墨片层时,发现最薄片层的厚度只有 4.6 Å[①],但遗憾的是,他当时只将这个发现简单地归纳为:这个发现可以证明相关最薄的碳片层可以是单层碳片层。1988 年,Kyotani 等利用模板法在蒙脱土的层间形成了单层的石墨烯片层,但一旦脱除模板,这些片层就会自组装形成体相石墨。1999 年,Ruoff 研究

---

① 1 Å＝10^{-10} m。

　　　　　　　　　　　　　　　　　　　　　　石墨烯电化学储能技术

小组通过原子力显微镜(atomic force microscope，AFM)探针得到了厚度在200 nm左右的薄层石墨，随后哥伦比亚大学的Kim研究小组也制备出了厚度只有20~30 nm的薄层石墨，还有日本的Enoki研究小组等也都制备出了厚度很薄的石墨片层。

2004年，曼彻斯特大学的Geim研究小组第一次利用机械剥离法(mechanical cleavage)获得了单层和2~3层的石墨烯片层。单层石墨烯的成功制备推翻了存在了70多年的一个论断——严格的二维晶体由于热力学不稳定而不可能存在。石墨烯的出现为凝聚态物理学中的很多理论提供了实验验证的平台。在短短的几年时间里，石墨烯已经向人们展示了许多奇特的性质，成为材料研究领域的一个热点。

1.2.2　石墨烯的性质

石墨烯内部碳原子的排列方式与石墨单原子层一样以 sp^2 杂化轨道成键，并有如下的特点：碳原子有4个价电子，其中3个电子生成 sp^2 键，即每个碳原子都贡献一个位于pz轨道上的未成键电子，近邻原子的pz轨道与平面成垂直方向可形成π键，新形成的π键呈半填满状态。研究证实，石墨烯中碳原子的配位数为3，每两个相邻碳原子间的键长为 1.42×10^{-10} m，键与键之间的夹角为120°。除了σ键与其他碳原子连接成六角环的蜂窝式层状结构外，每个碳原子的垂直于层平面的pz轨道可以形成贯穿全层的多原子的大π键(与苯环类似)，因而具有优良的导电和光学性能。

力学特性：石墨烯是已知强度最高的材料之一，同时还具有很好的韧性，且可以弯曲，石墨烯的理论杨氏模量达1.0 TPa，固有的拉伸强度为130 GPa。而利用氢等离子体处理的还原石墨烯也具有非常好的强度，平均模量可达0.25 TPa。由石墨烯薄片组成的石墨纸拥有很多的搭接位点，因而石墨纸显得很脆，然而，由功能化石墨烯做成的石墨纸则会异常坚固强韧。

电子效应：石墨烯在室温下的载流子迁移率约为15000 $cm^2/(V \cdot s)$，这一数值超过了硅材料载流子迁移率的10倍。另外，石墨烯中电子载体和空穴载流子的半整数量子霍尔效应可以通过电场作用改变化学势而被观察到。石墨烯中的载流子遵循一种特殊的量子隧道效应,在碰到杂质时不会产生背散射,这是石墨烯具有局域超强导电性以及很高的载流子迁移率的原因。石墨烯中的电子和光子均没有静止质量,它们的速度是和动能没有关系的常数。石墨烯是一种零间隙半导体,因为它的导带和价带在狄拉克点相交。

热性能:石墨烯具有非常好的热传导性能。无缺陷的单层石墨烯的导热系数高达 5300 W/(m·K),是目前为止导热系数最高的碳材料,高于单壁碳纳米管[3500 W/(m·K)]和多壁碳纳米管[3000 W/(m·K)]。

光学特性:石墨烯具有非常良好的光学特性,在较宽波长范围内吸收率约为 2.3%。在几层石墨烯厚度范围内,厚度每增加一层,光的吸收率增加 2.3%。大面积的石墨烯薄膜同样具有优异的光学特性,且其光学特性随石墨烯厚度的改变而发生变化。

化学性质:石墨烯可以吸附各种原子和分子,当这些原子或分子作为给体或受体时可以改变石墨烯载流子的浓度,而石墨烯本身却可以保持很好的导电性。但当吸附其他物质时,如 H^+ 和 OH^- 时,会产生一些衍生物,使石墨烯的导电性变差。例如不导电的石墨烷的生成就是在二维石墨烯的基础上,每个碳原子多加上一个氢原子,从而使石墨烯中 sp^2 碳原子变成 sp^3 杂化。同时,石墨烯有芳香性,具有芳烃的性质。

稳定性:石墨烯的结构非常稳定,当施加外力于石墨烯时,碳原子面会弯曲变形,使得碳原子不必重新排列来适应外力,从而保持结构稳定。这种稳定的晶格结构使石墨烯具有优秀的柔韧性。另外,石墨烯中的电子在轨道中移动时,不会因晶格缺陷或引入外来原子而发生散射。由于原子间作用力十分强,在常温下,即使周围碳原子发生挤撞,石墨烯内部电子受到的干扰也非常小。

1.2.3 石墨烯的制备技术

石墨烯的制备方法多种多样。在早期,多种多样的制备薄层石墨化碳层的方法首先被报道。20 世纪 70 年代,可以通过过渡金属表面沉积制取薄层石墨,可以通过化学降解方法在单晶铂表面制备少层石墨。到了 90 年代,Ruoff 等尝试利用机械摩擦的方法将石墨片层从高定向热解石墨表面分离至二氧化硅表面,但令人遗憾的是并没有报道其电学性质研究方面的内容。Geim 等在 2004 年采用机械剥离法,利用胶带对石墨层进行反复的剥离最终获得了单原子层厚度的薄层石墨材料。虽然这种方法可以获得高质量的石墨烯,但是却不适应于制备大面积的、宏量的石墨烯。

机械剥离、化学剥离、化学合成、化学气相沉积、外延生长是最普遍使用的方法。石墨烯的制备方法可以分为两大类,一种是自上而下的制备策略,另一种是自下而上的制备策略。自上而下的制备策略是指对石墨化的碳材料进行剥离进而得到石墨烯的方法;自下而上的制备策略是指利用含碳元素的小分子合成石墨烯的过程。每种制备方法都有各自的优缺点,因此要根据最终的应用确定制备方法。机械剥离方法可以用来制备单层或少层的石墨烯材料,但是这种方法的重现性和一致性却较差。分子前驱体合成方法可以在较低的反应温度下进行,同时可以在多种基底上合成石墨烯,但是却很难得到大面积、均匀的石墨烯片层。由氧化石墨还原得到的石墨烯通常由于还原不充分导致导电性有一定损失。化学气相沉积方法可以制备得到均匀的大面积的石墨烯片层,但是该方法对工艺参数和设备要求较高,制备成本也较高。外延生长法是热解碳化硅,在其表面得到石墨化的石墨烯材料的一种方法,这种方法对温度要求高,同时很难将石墨烯转移至其他基底上。高质量石墨烯的大规模制备技术仍然是目前限制其实际应用的瓶颈,也是制约石墨烯产业市场扩大的最大障碍。

1.3　生逢其时——石墨烯在电化学储能领域的应用

1.3.1　碳与石墨烯

碳元素由于其独特的 sp、sp^2、sp^3 三种杂化形式,构筑了丰富多彩的碳质材料世界。石墨烯是一种由碳原子以 sp² 杂化轨道组成六角型呈蜂巢晶格的二维碳纳米材料,作为碳的基元结构,还可以构成多种碳纳米结构,简而言之就是"从碳中来,到碳中去"。从碳中来——石墨烯是从石墨中剥离出来的、最为简单的 sp² 杂化碳结构。到碳中去——以石墨烯作为结构单元可以制备丰富的二次结构,如石墨烯可以卷曲形成一维的碳纳米管、堆叠形成二维的体相石墨以及通过卷曲连接形成多样的碳结构。在电化学储能中广泛应用的活性炭,也可以看成是不同尺度的含有缺陷的石墨烯片层杂乱堆叠形成的多孔体系。从这个角度上讲,各种 sp² 碳质材料可以由石墨烯通过一种自下而上的方式构建得到,按照人们的意愿设计和构筑各种碳结构材料。由于完美石墨烯的结构与性质稳定性,其在光电器件、量子物理等领域成为重要的实验平台与研究对象,而在储能、催化等可以容忍甚至利用一定缺陷或者功能化的领域,石墨烯衍生物同样扮演着重要的作用。

1.3.2 石墨烯用于储能的研究进展

石墨烯作为电化学储能装置潜在的电极材料,具有物理结构稳定、比表面积大、导电性良好的优点。2008 年石墨烯用作超级电容器电极材料被首次报道,其展现出在电化学能源储存装置中的巨大应用潜力,此后将其应用于超级电容器、锂离子电池、锂硫电池、锂空气电池和钠离子电池等电化学储能装置,均能大大提高电化学储能器件的性能。石墨烯在电化学储能器件中的应用发展脉络如图 1-3 所示。

图 1-3 石墨烯在电化学储能器件中的应用发展脉络

石墨烯电化学储能技术

石墨烯的几个显著优势如下：

（1）石墨烯的比表面积大，可以作为非碳活性材料良好的碳载体，使其均匀分散更加容易，极大提高了其利用率。此外，利用石墨烯在活性粒子和整个电极内部构建互联的导电网络有助于提高电极的导电性和循环稳定性。

（2）使用石墨烯可以构建不同结构的碳材料，特别是制备高密度的储能碳材料，有望实现材料和器件的高体积能量密度。

（3）使用石墨烯可以制备具有高柔韧性的集流体和柔性电极，有助于解决柔性器件在反复弯曲过程中集流体和电极结构被破坏的问题。

除了以上几点，石墨烯还有助于促进各种新型电池系统的实际应用。例如，石墨烯基复合材料可作为锌空气电池的高效电催化剂，然而，其实际应用目前尚未实现，并且还存在一些严重问题。总而言之，石墨烯基材料在很多实际应用中仍存在诸多问题。

1.3.3　石墨烯基材料与电极的组装策略

通过功能导向的结构设计和组装过程将石墨烯在纳米尺度上的优异理化性能延续到具有特定功能的宏观材料上，是实现和拓展石墨烯实际应用的重要途径。目前，基于石墨烯组装的工作已经有了很多报道：包括石墨烯层层自组装的三明治结构、氧化石墨烯（GO）组装三维宏观体、一步水热法制备石墨烯水凝胶、传统溶胶-凝胶法制备高导电性石墨烯气凝胶、以三维泡沫镍为模板直接采用CVD方法获得的石墨烯泡沫等一系列石墨烯基三维组装体，并发展了超轻超弹材料、高效吸附剂材料、高灵敏度气体检测材料、高性能电极材料等一系列特色鲜明的石墨烯宏观材料。由于石墨烯结构和组装方式的多样性，通过石墨烯的组装来构建储能用碳纳米材料，可以实现新材料在传统器件中的应用，是突破现有材料瓶颈，进一步实现器件性能提升的有效途径。

笔者课题组于2006年创建，致力于碳功能材料结构设计、制备科学和能量存储与转化机制的研究：阐明了氧化石墨烯界面组装机制，发展了精确调控碳材料微纳结构的石墨烯单元液相组装技术；发明了石墨烯凝胶毛细收缩技术和致密化策略,解决了储能纳米材料"高密度"和"孔隙率"不可兼得的应用瓶颈,推动了高体积能量密度二次电池的发展;发明了低成本、高质量石墨烯的低温负压解理制备技术,提出了"至柔至薄至密"的导电网络模型,率先将石墨烯用作电池导电剂,提出了产业界普遍采用的低碳添加、高体积能量密度锂离子电池的解决方案。笔者课题组在石墨烯基材料的储能应用研究历程如图1-4所示。

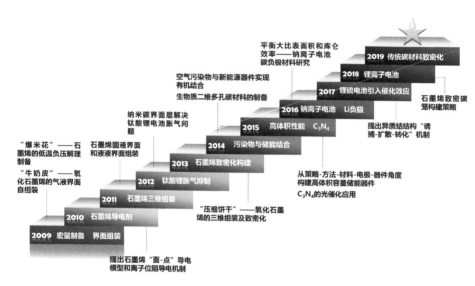

图1-4 笔者课题组在石墨烯基材料的储能应用研究历程

1.3.4 石墨烯的使命

在2004年被成功剥离之后,石墨烯便迅速在全球掀起研究热潮,这主要得益于其优异独特的物理化学特性,以及巨大应用前景和引发产业技术革命的可能性。从石墨层状结构被揭示到石墨烯成功被剥离制备,是科学界历经近一个世纪的"追梦之旅";而石墨烯规模化制备和应用,则是产业界正在践行的第二次"追梦之旅",是一个梦想照进现实的过程。

如前所述,石墨烯是目前已知强度最高、韧性最好、质量最轻、透光率最高、导电性最佳的材料。中国科学院院士刘忠范及其团队实现了在任意玻璃上的高

石墨烯电化学储能技术

质量石墨烯的生长。这种超级石墨烯玻璃，既拥有非常好的导电性，又拥有极好的导热性，同时保持了足够的透光度，其表面化学特性也发生了根本性变化，在手机触摸屏、智能窗、投影屏、光学传感器等领域有着十分广阔的应用前景。在电化学储能应用中亦应着眼于发挥石墨烯独特的物理化学性质，做传统碳材料做不好和传统碳材料做不了的事情。

1. 做传统碳材料做不好的事情

石墨烯本质上可以看作单原子层的石墨，利用其单原子层带来的高比表面积和高导电、高导热等特性，就可以做传统碳材料做不好的事情。碳基导电剂是电化学储能器件中的关键组分，虽然占比不高但却至关重要。然而，传统导电剂，例如石墨和导电炭黑，都是通过与活性材料"点对点"的接触模式构建联通的导电网络，导电网络构筑效率低，使电极中的导电剂添加量难以降低。此外，传统导电剂的利用率低。以石墨为例，在导电应用时，只有与活性颗粒接触的最外层碳起到构建导电通道的作用，大量的导电剂作为非活性组分占据了电极中的大量空间，制约了电池能量密度的提高和性能的提升。石墨烯作为单原子层的碳，其碳原子都可以被充分利用，而且其至薄至柔的特点可以实现与活性材料的高效"面-点"接触模式，极大增加了碳导电剂的单位碳原子利用效率，构建出"至柔至薄至密"的导电网络，大幅降低了碳导电剂用量，同时显著提高电池的（体积与质量）能量密度和充放电性能。此外，由于石墨烯具有良好的热传导性，目前主流手机厂商已经广泛采用石墨烯散热膜。因此，利用石墨烯良好的热导率提高电极的散热性能，一方面可缓解电池内部副反应放热，另一方面可以缓解快速充放电时的产热，减少电池工作过程中的热隐患与热失控，让整个电池体系的热循环更稳定。

2. 做传统碳材料做不了的事情

石墨烯作为碳的基本结构单元，为碳材料的结构定制和新型碳材料的可控制备提供了机遇。例如，基于氧化石墨烯的胶体化学自组装和毛细作用力的致密化技术，可制备出一种全新的碳材料：高密度多孔碳。这种具有多孔结构的高密度碳材料在未来电化学储能尤其是致密储能中有着巨大的应用价值。电动汽车和3C电子等移动智能终端应用中有限的空间要求电池具有尽量小的体积和尽量高的体积能量密度。纳米技术使二次电池的质量能量密度和充放电速率大幅提高,但纳米材料低的密度导致器件体积能量密度大幅降低。纳米材料的致密化是电极材料同时具有高的质量和体积性能的必由之路。高密度多孔碳可以有效地实现活性纳米材料的致密化,这种过程就像将膨化食品转化为压缩饼干,提高了单位体积内有效储能活性物的质量。同时,这种致密化过程也可以为高容量的非碳组分定制精确的碳缓冲空间,实现高性能硅碳电极的致密化,为构建高体积能量密度的锂离子电池提供有效途径,也为电动汽车和智能终端电池的小型化提供解决方案。此外,石墨烯还具有传统碳材料(石墨、活性炭等)所不具备的高柔韧性,可以在柔性电极乃至柔性储能器件中扮演重要的角色。通过使用具有三维交联网络结构的石墨烯泡沫代替传统金属的集流体,实现集流体与活性物质的一体化设计,这不仅有效地降低了非活性物质的比例,而且其高导电性和丰富的孔道结构为锂离子提供了快速扩散通道,实现了柔性全电池在弯折状态下的快速充放;通过进一步引入聚二甲基硅氧烷(PDMS)浸渍,还可以实现可拉伸的柔性全电池的设计与组装。

总之,石墨烯作为一种至薄至柔的 sp^2 碳质材料,在电化学储能器件中有着十分重要的科学意义和实用价值。充分发挥石墨烯独特的物理化学性质,利用其作为 sp^2 碳质材料基石构筑新型碳纳米材料,做传统碳材料做不好和传统碳材料做不了的事情,是实现其大规模应用的必由之路。

参考文献

[1] Geim A K, Novoselov K S. The rise of graphene. In Nanoscience and Technology: A Collection of Reviews from Nature Journals, 2010: 11 - 19.

[2] Kroto H W, Heath J R, O'Brien S C, et al. C60: Buckminsterfullerene. Nature, 1985, 318(6042): 162.

[3] Iijima S. Helical microtubules of graphitic carbon. Nature, 1991, 354(6348): 56.

[4] Novoselov K S, Geim A K, Morozov, S V, et al. Electric field effect in atomically thin carbon films. Science, 2004, 306(5696): 666 - 669.

[5] Kyotani T, Sonobe N, Tomita A. Formation of highly orientated graphite from polyacrylonitrile by using a two-dimensional space between montmorillonite lamellae. Nature, 1988, 331(6154): 331.

[6] Xu Y, Sheng K, Li C, et al. Self-assembled graphene hydrogel via a one-step hydrothermal process. ACS Nano, 2010, 4(7): 4324 - 4330.

[7] Hamilton C E, Lomeda J R, Sun Z, et al. High-yield organic dispersions of unfunctionalized graphene. Nano Letters, 2009, 9(10): 3460 - 3462.

[8] Li X, Zhang G, Bai X, et al. Highly conducting graphene sheets and Langmuir-Blodgett films. Nature Nanotechnology, 2008, 3(9): 538.

[9] Bonaccorso F, Sun Z, Hasan T, et al. Graphene photonics and optoelectronics. Nature photonics, 2010, 4(9): 611.

[10] Lin L, Peng H, Liu Z. Synthesis challenges for graphene industry. Nature Materials, 2019, 18: 520.

[11] Sun J, Chen Y, Priydarshi M K, et al. Direct chemical vapor deposition-derived graphene glasses targeting wide ranged applications. Nano Letter, 2015, 15(9): 5846 - 5854.

[12] 陶莹, 杨全红. 石墨烯的组装和织构调控: 碳功能材料的液相制备方法. 科学通报, 2014, 59(33): 3293 - 3305.

[13] Sun H, Xu Z, Gao C. Multifunctional, ultra-flyweight, synergistically assembled carbon aerogels. Advanced Materials, 2013, 25(18): 2632 - 2632.

[14] Tao Y, Xie X, Lv W, et al. Towards ultrahigh volumetric capacitance: graphene derived highly dense but porous carbons for supercapacitors. Scientific Reports, 2013, 3: 2975.

[15] Lv W, Li Z, Deng Y, et al. Graphene-based materials for electrochemical energy storage devices: opportunities and challenges. Energy Storage Materials, 2016, 2: 107 - 138.

[16] 吕伟, 杨全红. 全球涌动石墨烯热. 人民日报, 2015 - 02 - 26(23).

[17] 杨全红. "梦想照进现实"——从富勒烯、碳纳米管到石墨烯. 新型炭材料, 2011, 26(1): 1 - 4.

第 2 章

石墨烯在超级电容
器中的应用

2.1 超级电容器概述

超级电容器是一种介于传统电容器与电池之间的新型电化学储能装置，其融合了传统电容器的高功率特性和电池的高能量特性。具体地，与传统电容器相较而言，超级电容器电极材料通常具有较大的有效比表面积和超薄的双电层厚度，比容量和能量密度能高于传统电容器几个数量级。与电池体系相比，由于超级电容器在电极表面发生的电化学行为具有高度可逆性，其表现出高的库仑效率和长的循环寿命；超级电容器等效串联电阻相对较低，使其不仅具有快速充放电能力，而且功率密度远优于电池，但其能量密度普遍低于各类电池，电化学储能器件的比能量与比功率性能对比如图2-1所示。

图2-1 电化学储能器件的比能量与比功率性能对比

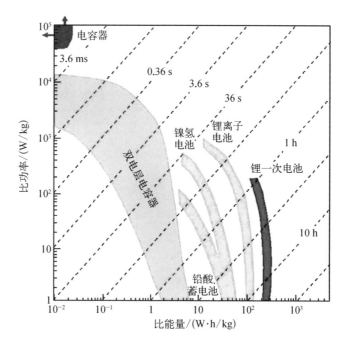

2.1.1 分类与储能机理

超级电容器的划分标准有很多种,根据电荷存储转化机理,可以将超级电容器分为双电层电容器(electric double layer capacitors,EDLCs)和法拉第赝电容器(pseudocapacitors)。双电层电容器基于电极/电解液界面离子和电子的定向排列形成电荷的对峙而产生双电层电容[图 2-2(a)],主要以大比表面积的材料作为电极活性物质;法拉第赝电容器的发展始于 1962 年,Conway 和 Gileadi 提出赝容性电荷存储概念来解释贵金属表面上氢原子的欠电位沉积,其不仅仅靠离子在表面吸附形成的双电层储存电荷,还与电极材料发生了可逆的氧化还原反应,因而法拉第赝电容器能够比双电层电容器储存和释放更多的电荷。

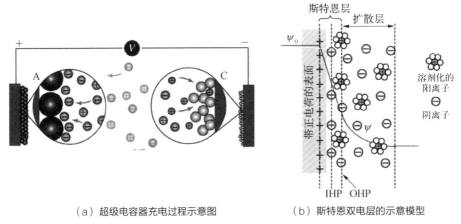

(a) 超级电容器充电过程示意图　　(b) 斯特恩双电层的示意模型

图 2-2 双电层电容器工作原理示意图

1. 双电层电容器

在双电层电容器中,斯特恩(Stern)指出双电层是由紧密层和分散层构成的,其结构并不紧密[图 2-2(b)]。根据该双电层理论,金属表面产生的剩余电荷会吸附溶液中的一部分离子,使它们在电极和溶液的界面形成与电极表面剩余电荷数量相等并且符号相反的界面层。两层电荷由于无法越过界面上位垒而发生中和反应,因此形成了双电层电容。充电时,电子从正极流向负极,同时正负离

　　　　　石墨烯电化学储能技术

子从电解液中分离,分别移动到对应的电极表面,形成双电层;充电结束后,电极上的正负电荷与电解液中相反电荷离子相吸引而形成稳定的双电层,从而在正负电极间形成稳定的电位差。在放电过程中,电子从负极流向正极,正负离子从电极表面被释放进入电解液使其呈电中性。

事实上,早在1879年,Helmholtz就揭示了双电层界面的储能性质,然而直到20世纪,双电层电容器才开始被应用于能量存储,这主要与双电层电容器电极材料的发展历程有关。1957年美国通用汽车公司Becker首次申请了以活性炭作为双电层电容器电极材料的专利,1969年美国标准石油公司Sohio开始了双电层电容器的商业化生产,然而其商品并没有被市场认可,随后Sohio公司将此项专利技术转让给日本NEC公司,该公司首次将其命名为超级电容器,并将其应用于电动汽车的启动系统,此后超级电容器开始了迅猛发展。超级电容器是一个复杂的体系,其电化学性能受限于诸多因素,如电极材料、电解液、隔膜、封装技术等,目前国内外对这些影响因素都进行了系统研究,并且申请了多项专利技术。通过对德温特创新索引国际专利数据库(DII)中关于超级电容器专利技术的分析可知,从2009年开始,超级电容器技术专利申请量快速增长,其中主要技术方向为超级电容电极材料及其制备方法和电解质及其制备方法。由此可知,科学家普遍认为电极和电解液是决定超级电容器性能的关键。双电层电容器的储能机理决定了其所选用的电极材料须兼备比表面积大、孔隙发达、电极/电解液浸润性良好等特点。碳材料具有良好的化学稳定性、较高的电导率、丰富的原料来源、低廉的成本等优点,被广泛应用于双电层电容器电极的设计与构建,目前包括活性炭、碳纤维、石墨烯、碳纳米管(carbon nanotube,CNT)在内的传统碳材料和纳米碳材料是最常见的双电层电容材料。

2. 法拉第赝电容器

法拉第赝电容器是在电极材料表面或者体相的二维或三维空间内,通过电化学活性物质的可逆法拉第反应进行电荷存储。在储能过程中电荷会穿过电极与电解质界面,在电极和电解质之间发生净电荷交换。赝电容的储能过程主要包括欠电位沉积、氧化还原赝电容及插层赝电容等过程。目前赝电容电极材料主要为导电聚合物、过渡金属氧化物、杂原子碳材料等。在电极材料比表面积相同的情况下,通过快速的法拉第反应,赝电容电极材料的比电容能够达到双电层电容量的 10～100 倍,但其电化学稳定性较差。目前,研究人员通过将导电聚合物和过渡金属氧化物与碳材料复合来改善其电化学性能。高导电性的石墨烯、CNT 等可作为赝电容材料良好的电子传输载体,大大减小赝电容器的串联阻抗,推动其进一步发展。

2.1.2 应用领域

鉴于超级电容器独特的结构和优异的电化学性能,其在工业、军工及民用等领域都有广泛的应用。在发展初期,超级电容器的用途主要分为两类:一方面作为备用或应急电源,小电流放电的超级电容器可微型化,可嵌置在电动玩具、照相机、信号灯等微型及小型装置中,当主电源中断或其他原因造成系统电压降低,甚至无法供电时,其可作为备用电源使用;另一方面充当替换电源,超级电容器可与太阳能电池连用,白天太阳能作为主电源对超级电容器充电,晚上太阳能无法工作时,超级电容器则可提供电源,目前已在太阳能计算器、路标灯及交通信号灯中大量使用。近年来,人们对超级电容器的认识越来越深入,其应用范围不断扩大,在国防军工、城市交通、轻轨列车、风电储能、大功率备用电源等领域已经得到了广泛应用。其中一个最重要,也是将要进行大规模应用的领域是将超级电容器与可充电电池混合,以主要应用于车辆爬坡、加速时,通过超级电容器预先存贮的高功率容量代替电池承担此时的高输出负载。另外,随着超级电容器电极材料性能和制造工艺的优化,其在能量密度、安全性能、外观设计等各方面都有了很大的提升,在军事领域中,超级电容器作为先进武器的启动电源可加快启动,也可用作战车的动力电源,降低燃油率;在工业应用中,其主要是作为工业不间断电源,以保证整个企业供电系统的安全运行,确保安全生产。

超级电容器在新能源领域已发展了几十年,各方面都取得了长足的进步,性能也得到了巨大提升,并为人类带来了显著的经济效益和社会效益。在超级电容器的发展过程中,国外对其研究起步较早,产品的工艺技术相对成熟,其中美国的

Maxwell 公司,日本的 NEC、松下公司,俄罗斯的 Econd、Elit 公司,韩国 Ness 公司等凭借多年的研发经验和技术积累,在此领域已占据领先地位。1996 年,俄罗斯就已经研制出了以超级电容器为电源的电动汽车;2011 年,Maxwell 公司推出了超级电容器发动机启动模块,可用于重型柴油机卡车的发动机电源以及叉车、港口起重设备和矿业设备中。在国内,超级电容器的产业化尚处在发展阶段,但也处于高速发展阶段。2006 年,我国开发了全球首个商用超级电容公交路线(上海 11 路公交线路);2014 年,上海奥威超级电容公交车在保加利亚首都索非亚首次上路。另外,宁波中车新能源科技有限公司也推出了超级电容储能式有轨、无轨电车,研制出了 60000 F 的电池型电容,能量密度可达40 W·h/kg,充电 6~8 min 即可达到 20 km 以上的续航,并且已经成功在广州、宁波、深圳、武汉、淮安等地投放运行。总体上,随着超级电容器性能的优化和应用领域的不断扩展,超级电容器的市场还会进一步膨胀,具有非常广阔的应用和市场前景。

2.2 石墨烯基超级电容器的设计

上一节中简述了按照储能机理对超级电容器的分类,本节从影响超级电容器性能的主要因素——电极材料出发,具体阐述石墨烯在双电层电容器和法拉第赝电容器两类超级电容器发展历程中的重要作用及影响因素。

2.2.1 石墨烯基双电层电容器

碳质材料是当前应用最广、商业化最成熟的双电层电容器电极材料,其具有来源广泛、比表面积大、孔径可调、物化性质稳定、形态多样等优势。目前广泛用于双电层电容器的碳基电极材料主要包括活性炭、活性碳纤维、碳气凝胶、CNT、碳化物衍生碳(carbide-derived carbon,CDC)、模板碳以及蓬勃发展的石墨烯等。

活性炭因其原料丰富、工艺成熟等特性,是非常成功的商业化超级电容器电极材料。然而,活性炭存在的一些弊端如孔径分布不均、材料无序度高等,使其作为双电层电容器电极材料时,比表面积难以充分发挥作用,储存的双电层电容量也受到制约。

随着对超级电容器电荷存储机理研究的不断深入,研究者发现合理优化碳材料的比表面积和孔径分布可获得较高的比电容。模板法在碳材料的孔结构调控中发挥了巨大的作用,该法制备的碳材料可完全复制模板的结构,孔结构高度有序、孔径可调,因此模板碳一度成为一种广受关注的超级电容器电极材料。然而,模板法制备工艺复杂,成本较高,难以实现宏量制备,在实用化发展中具有较大的局限性。

CNT是一种导电性优异的纳米碳材料,相比于传统碳材料,纳米化使CNT具有更高的材料利用率,同时其中空管状结构能为电解液离子提供快速的传输通道,因此CNT具有非常优异的倍率性能,然而其比容量偏低,且制造成本高昂。

石墨烯具有较大的理论比表面积、优异的导电性和良好的稳定性,作为超级电容器电极材料时,有利于形成稳定的界面双电层,因此基于石墨烯的超级电容器具有良好的电容特性。石墨烯的本征电容约为 $21\,\mu F/cm^2$,如果石墨烯的表面能全部被利用,仅双电层电容就可达到 550 F/g。Ruoff 课题组率先将化学改性法制备的石墨烯(chemically modified graphene,CMG)用作超级电容器电极材料,这种石墨烯基电极材料在水系和有机电解液中的容量分别可以达到 135 F/g 和 99 F/g。尽管石墨烯以及由其构建的碳基材料为超级电容器的发展带来了新的机遇,但是石墨烯电极材料的实际电容量与理论值仍具有很大差距,与传统碳材料相似,这些纳米碳材料充当超级电容器的电极材料时,其电化学性能仍然受制于多个因素,一般包括比表面积、孔径分布、表面化学、导电特性、润湿性等。通过总结归纳上述石墨烯基双电层电容器的电极材料特性与电化学性能,可将影响双电层电容器性能的关键因素归结为电极材料的比表面积、孔结构和表面化学,具体如下。

1. 比表面积

对二维开放结构的石墨烯而言,尽管其具有很高的理论比电容,但由于石墨烯层间范德瓦耳斯力和 π - π 强作用力的存在,使得不同方法制备的石墨烯材料的比表面积和比电容均低于理论值。为了解决这个问题,研究者一方面通过引入"spacer"如炭黑、CNT 等来防止石墨烯的堆叠,另一方面通过化学活化法或化学沉积法制备多孔石墨烯基材料,以提高其比表面积。Ruoff 课题组结合 KOH 微波膨化法和 KOH 活化法制备了多孔石墨烯(activated microwave-exfoliated graphite oxide,a‑MEGO),其比表面积高达 3100 m²/g,电导率可达 500 S/m,是一种理想的超级电容器电极材料。在离子液体电解液(BMIMBF₄)/AN 体系中,a‑MEGO 比电容值可达 166 F/g,能量密度接近铅酸蓄电池,为 70 W·h/kg,同时其功率密度高达 250 kW/kg。

尽管从双电层电容的理论计算公式可知,碳基电极材料的比电容理论上正比于其比表面积,但由上述数据可知,这一结论只在一定范围内适用。Barbieri 和 Raymundo‑Piñero 均以活性炭作为电极材料,并通过实验证明,在活性炭电极材料电容值与其比表面积关系图中,初始阶段比电容先随着比表面积的提高而线性增大,当比表面积达到某一值时,比电容会出现一个饱和值,不再随表面积增大而升高。最初科研工作者将这种现象归咎于 BET 测试值高于电极材料的实际比表面积,但通过更精确的密度函数模型计算仍能证明这一饱和现象存在。Qu 等还发现有些比表面积较小的活性炭的比电容甚至高于比表面积较大的活性炭,这可能是由它们的孔径差异造成的。超微孔对材料比表面积贡献较大,但有些尺寸大的电解质离子难以进入孔径小的超微孔内,导致其实际贡献电容的电化学有效比表面积很难达到通过气体吸脱附测试计算的材料 BET 比表面积。不同尺寸的孔对多孔碳质材料比表面积的贡献存在差异,Wang 和 Shi 等将微孔贡献的表面积称为 $S_{micro.}$,中孔贡献的为外表面积,记作 $S_{ext.}$,他们认为两者所形成的双电层电容不同,对电极材料的总电容均有贡献,并提出了这样一个数学模型:$C = C_{micro.} \times S_{micro.} + C_{ext.} \times S_{ext.}$,模型中外表面贡献的比容量与材料的孔结构、表面化学等因素相关。

2. 孔结构

从双电层电容的理论计算公式 $\left(C = \dfrac{\varepsilon \times S}{4\pi kd} \right)$ 可知,碳基电极材料的电容值

同电解质离子与电极界面之间的距离有关,因而,孔径是决定双电层电容大小的关键因素之一。成会明课题组提出碳基超级电容器双电层的形成有两大要素:① 离子转移速率;② 离子在电极/电解液界面的静电吸附。离子在孔道内能否传输首先与孔径大小有关,只有离子能顺利进入孔道中,电极材料表面才能被电解液浸润而形成双电层。根据 IUPAC 的规定,基于孔径大小可将孔大致分为三类:微孔(<2 nm),介孔(2~50 nm),大孔(>50 nm)。不同尺度的孔对超级电容器电化学性能所起的作用差别较大,一般认为微米级大孔内的电解液为一种准体相电解液,可降低电解质离子在材料内部的扩散距离;中孔可降低电解质离子在电极材料中的转移阻力;微孔内的强电势主要吸附离子,提高电极材料表面的电荷密度和电容。除了孔径大小,孔径分布、连通性甚至其拓扑结构都是不能忽略的因素。因此为了探索孔结构与电容性能之间的关系,许多课题组都组装并深入研究了具备不同孔结构的电极材料。

在制备多孔材料的传统方法中,一般利用植物类原材料如椰壳、果壳等或合成材料如酚醛树脂等作为前驱体,采用物理或化学活化法制备,尽管所得多孔碳质材料具有大比表面积,然而其结构复杂无序,且孔径不易控制,导致它们的电容均不高。因此,对多孔碳质材料而言,孔结构的合理设计非常重要,首先合适的孔径,可保证电解质离子顺利从体相电解液中迁移到电极材料表面。图 2 - 3 (a)比较形象地表达了不同尺度的孔与离子的匹配关系,如果孔径太小,电解质离子在电极表面的扩散动力学在很大程度上会受到限制。Salitra 等采用两种方法考察了孔径与离子之间的匹配性,如图 2 - 3(b)和(c)所示,当孔径过小时,离子无法进入孔中,其循环伏安(cyclic voltammetry,CV)曲线几乎为一条直线;当孔与离子的匹配性较差时,会出现非常明显的离子"筛分效应"。由于电解质离子在电极表面是通过静电吸附储存电荷的,当孔径过大时,又会造成电荷相对存储密度过低。因此研究者们认为具备孔径适中的介孔碳材料是一类理想的电极材料。目前制备介孔碳材料最常见的方法是模板法,该方法一般选择具有纳米孔隙结构的有机物或无机物作为模板,所得碳质材料可完全复制模板的结构特征,其孔结构可控。大量研究均表明,有序介孔碳(ordered mesopore carbons,OMCs)因其有序的介孔结构,使其在水系和有机电解液中均具有良好

的倍率性能，大容量保持率高，然而 Centeno 等发现某些孔尺度大的 OMCs
（2.6～16 nm 或 9.2～32 nm）反而比孔径在 2.1 nm 左右的中孔碳的倍率性能还要
差，他们认为高倍率性能可能还与其他因素有关，如孔的连通性、碳骨架的导电
性等。

图 2-3 孔径对电
荷存储的影响

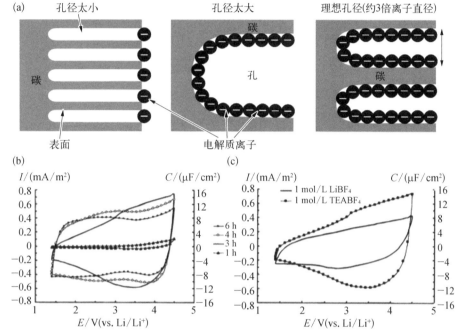

（a）电极材料孔径与离子匹配示意图；（b）不同活化时间所得活性炭在 1 mol/L TEABF₄/PC 电解
液中的 CV 曲线；（c）经 3 h 活化的活性炭在 LiBF₄/PC 和 TEABF₄/PC 两种电解液中的 CV 曲线

　　在普遍认为小微孔对电荷存储没有贡献的呼声中，2006 年 Gogotsi 等却发
现孔径小于 1 nm 的 CDC 电极材料的电容出现了增大现象，当孔径在 0.7 nm
时，比电容可达最大值，他们认为这可能是由于溶剂化离子进入孔径较小的孔
道中时，首先会进行去溶剂化，而后可顺利进入材料的孔道之中。为解释这一
异常现象，Huang 等提出了相关模型并进行了解释，他们认为在不同尺度的孔
中，离子在电极表面的排列以及距离都存在差异，相应地用来计算电极材料电
容的公式也会有所不同。Nishihara 课题组以 Y 型分子筛作为模板，经 CVD 法
制备了长程有序微孔碳（zeolite templated carbons，ZTCs），ZTCs 完全复制了分

子筛三维规则结构,在 1 mol/L Et$_4$NBF$_4$/PC 的电解液中,其电容值可达 168 F/g,且倍率性能高达 90% 以上。这些发现在超级电容器领域极具影响力,不仅改变了人们对亚微孔及微孔在储能领域的认识,还为材料的合成重新指明了方向。由于不同尺度的孔对电解质离子的扩散和吸附行为所起的作用存在差异,许多研究者便考虑合成出兼具大孔-中孔-微孔的层次孔碳,以便充分发挥不同孔的优势。石墨烯材料开放的外表面在双电层电容存储中具有天然优势,进一步地调控其片层堆叠形成的层间孔,对其在超级电容器中的应用具有重要意义。笔者课题组以氧化石墨为原料,利用类似爆米花的制作原理,采用一种新型低温负压解理法来瞬间增强氧化石墨内外部的压力差,以实现片层的剥离,并宏量制备了以单层为主的石墨烯,该方法可将解理温度降至 200℃,大大节约了制备成本。通过该低温膨胀法制备的石墨烯材料单层纳米片含量达到 80% 以上,且其具备开放的孔隙结构和良好的导电性,可为双电层的形成提供良好平台,并保证石墨烯的大比表面积得以充分利用,电化学测试结果表明,该材料在水系和有机体系电解液中的电容值分别可达 264 F/g 和 122 F/g,且倍率性能优异,循环性能良好。除此以外,将粉体的石墨烯材料组装成多维结构也能有效优化其孔结构,例如,石高全课题组制备的三维网络结构的石墨烯水凝胶,因其含有丰富的层次孔,成为理想的超级电容器电极材料;笔者课题组通过真空干燥法制备的高密度石墨烯宏观体,具有丰富的微孔和中孔,在 6 mol/L KOH 电解液中,其比电容值可达 260 F/g,另外畅通的离子通道保证了该电极材料具有优异的倍率性能。

3. 表面化学

碳质材料极易发生氧的不可逆吸附而形成表面氧化层,因此含氧基团是碳质材料中最为常见的表面官能团,如羧基、羰基、酚、氢醌等,依据程序升温脱附测试中不同含氧官能团最终燃烧产物划分,它们一般可被分为 CO_2 和 CO 两大类,前者主要来自内酯、羧酸等酸性基团的分解,后者主要来自苯醌、羰基、酚类基团的分解,也包括酸酐。研究表明,一些含氧官能团可通过与电解质离子发生法拉第反应贡献赝电容。近年来,研究者们为了进一步提高石墨烯的电容性能,通过多种方法在石墨烯表面引入含氧官能团,既可以有效缓解石墨烯层间自发堆叠,又可以通过贡献赝电容提高电极材料的电容值,并且提高电极材料的浸润性。智林杰课题组采用一种新型酸辅助快速热解技术制备了功能化的石墨烯(functionalized graphene,a-FG),该法引入的大量含氧官能团如C—O,C═O和O═C—O,可大大提高电极材料的电容值,在 6 mol/L KOH 电解液中,其质量比电容可达 505 F/g。汪正平团队采用溶剂热法还原氧化石墨烯,制备了功能化石墨烯(functionalized graphene,FG),具有较好的润湿性和导电性,在 1 mol/L H_2SO_4 电解液中,电容值可达 276 F/g。然而,Teng 等发现并不是所有官能团都有助于电容性能的提高,研究证实 CO 类含氧官能团有利于形成双电层,这可能是由于它们主要为羧基和苯醌,不仅能增大电极材料的电容,还可提高其循环性能,但是 CO_2 类含氧官能团却对电极材料的电容性能具有副作用,可妨碍电解质离子进入孔道内部。因此可在电极材料表面选择性引入含氧官能团来优化电化学性能。

在材料的制备过程中,还可通过化学改性、掺杂等方法引入其他杂原子如 N、B 等来提高电极材料的电容性能。在目前关于掺杂杂质原子优化电容性能的报道中,N 原子或 N、B 共掺杂所占篇幅较多,普遍认为 N 原子提高电容性能与以下因素有关:① 增加亲水极性位点,提高浸润性;② 引入电子,增大电导率;③ 提高电子密度,贡献孔间电荷层电容;④ 贡献赝电容。相反,关于 B 原子的报道较少,一方面由于 B 原子在低于 1500℃下很难引入碳结构当中,而且其掺杂量极低;另一方面是因为其影响机制尚不清楚。Nishihara 团队以阳极氧化铝(anodic aluminum oxide,AAO)作为模板合成了三种结构相同的碳质材料:C/AAO、B/AAO 和 N/AAO,详细探讨了 B、N 对电容性能的影响机理,N 掺杂可提高电极材料在水系电解液中的浸润性,B 掺杂可有效降低碳质材料的本征电阻,然而它们通过法拉第反应产生的赝电容才是提高电容的主要原因。Paek 等结合 DFT 和 MD 两种模型讨论了掺 N 石墨烯在离子液体中的电容行为,计算结果表明,N 通过修饰石墨烯的电子结构可显著提高费米能级附近的量子电容,双电层电容却不受杂质原子的影响。

2.2.2　石墨烯基赝电容器

法拉第赝电容器的活性材料主要包括金属氧化物和导电聚合物两大类,在电极面积相同的情况下,法拉第赝电容可达到双电层电容的 10~100 倍,但其瞬间大电流充放电的功率特性不及双电层电容器。金属氧化物的导电性差,且在充放电过程中发生法拉第反应容易引起材料的体积变化、粉化,直接以其作为电极材料电极内阻大,材料利用率非常低,导致较差的循环性能和倍率性能。导电聚合物则由于材料本身的电化学稳定性与充放电过程中的体积变化问题,在赝电容器的应用中面临许多局限。通过制备复合材料为比电容较高的赝电容材料构建良好的电荷传递网络和稳定的骨架结构,不仅有利于提高赝电容材料的实用性,而且对超级电容器的发展具有重要意义。石墨烯是一种导电性优异的双电层电容材料,单独作为电极活性材料的电容较低,为了提高其容量,许多研究者将目光转向了石墨烯基复合材料,期望通过石墨烯与赝电容材料复合来"取长补短",实现两者的有效协同,提高复合材料的电化学性能。

邱介山课题组提出了利用氧化石墨烯诱导超快自组装生成碳酸氢镍钴 (NiCo-CH)纳米线复合薄膜的制备策略。氧化石墨烯片层上的含氧官能团能够有效诱导 NiCo-CH 纳米线在石墨烯片层表面成核和生长,制备的复合薄膜其体积比容量能够达到 2936 F/cm^3,并且具有很好的循环性能。Hu 等采用水热自组装与电化学还原法使 Mn_3O_4 纳米纤维均匀地生长在还原氧化石墨烯(reduced graphene oxide,rGO)片层之间,合成了一种 Mn_3O_4/rGO 复合薄膜材料,作为负极材料应用于非对称超级电容器时,体积比容量能够达到 54.6 F/cm^3,体积能量密度和功率密度分别能达到 5.5 mW·h/cm^3 和 10.95 W/cm^3。成会明团队通过溶胶/凝胶和热处理的方法制备了一种 RuO_2/石墨烯复合材料,RuO_2 纳米颗粒均匀地生长在石墨烯片层上,可有效抑制石墨烯片层堆叠,材料的比容量高达 570 F/g,且具有良好的循环和倍率性能。Yang 等通过在石墨烯纳米片(graphene nanosheet,GNS)表面原位生长 Fe_2O_3 纳米棒,实现了 Fe_2O_3 电极材料导电性和利用率的大幅提高,GNS/Fe_2O_3 的最大电容能达到 320 F/g。Choi 等以模板法为基础构造了三维大孔石墨烯膜（embossed-CMG，e-CMG），良好的机械完整性使其可作为三维基底和金属氧化物 MnO_2 复合得到 MnO_2/e-CMG 复合膜。以 e-CMG 和 MnO_2/e-CMG 膜分别作为正极和负极构造非对称电容器，在水系电解液中，器件电压区间可达到 2 V，并且具有较高的能量密度（44 W·h/kg）和功率密度（25 kW/kg）以及优异的循环性。笔者课题组通过水热法将 GO 分散液组装成石墨烯水凝胶，然后将得到的石墨烯水凝胶和 $Ni(NO_3)_2$ 置于同一容器，通过加压渗透和冷冻干燥可得到三维多孔的石墨烯/NiO 复合材料，材料的比电容高达 727 F/g。段镶峰团队通过一步合成的水热法制备了石墨烯/$Ni(OH)_2$ 水凝胶用作超级电容器三维电极材料，该电极材料在 5 mV/s 的扫描速率下，比容量为 1247 F/g，2000 次循环后，依然能保持初始容量的 95%，能量密度为 47 W·h/kg，相应的功率密度为 9 kW/kg。Wang 等通过水热法，且无须添加任何表面活性剂和模板，在 rGO 上生长了 Fe_3O_4 纳米颗粒，该复合材料在电流密度为 0.5 A/g 时的比电容量为 220 F/g。

除了金属氧化物，导电聚合物作为赝电容材料也被广泛研究，当前报道的关于导电聚合物的文献中，由于 PANI、PPy 及其衍生物具有高电导率、快速的氧化还原反应和高能量密度等优点，被认为是最理想的赝电容电极材料。将碳质材料作为支撑骨架与导电聚合物进行复合，防止聚合物在快速的法拉第反应过程中发生结构坍塌变形，并能有效改善该电极材料的循环性能。Zhang 等利用原位化学聚合法制备了化学改性石墨烯和 PANI 的复合物，PANI 主要吸附在石墨烯的表面和层间，因此石墨烯可为其提供有力的支撑骨架，并提高复合物的循环寿命。通过改变石墨烯与 PANI 之间的质量比，所得复合物 PAG80 的电容值可达 480 F/g。范壮军课题组采用 KOH 作为化学活化剂一步碳化 PANI/GO 复合材料，制备了一种具有三明治结构的氮掺杂石墨烯/多孔碳复合材料，其质量和体积比容量分别能达到 481 F/g 和 212 F/cm³。Xu 等将一维 PANI 纳米线与二维氧化石墨烯进行复合，制备了层次结构的复合物，在其微观结构中，PANI 纳米线垂直排列在氧化石墨烯表面，两者的协同效应赋予了该复合电极材料优异的电化学性能，在 1 mol/L 的 H_2SO_4 电解液中，其电容值可达 555 F/g，高于相应的 PANI 纳米纤维的电容值。曲良体课题组通过水热自组装和电化学聚合的方法合成了一种具有弹性的聚吡咯（polypyrrole，PPy）/石墨烯复合泡沫材料，将其作为电极材料应用于耐压型超级电容器的电极时，材料不仅表现出良好的电容特性，并且在长时间压力作用下和压力释放过程中其电化学性能几乎不受影响。

2.3　石墨烯作为模板构建超电容材料

二维的石墨烯/氧化石墨烯片层不仅能提供形成双电层的表面积，同时也能作为软模板，发挥良好的导向作用，是一种构建二维基碳纳米材料的重要思路。除了上述直接将石墨烯作为活性材料用于超级电容器，基于石墨烯或氧化石墨烯模板制备的其他碳基电极材料在超级电容器的应用中也展示了优异的电容特性。笔者课题组在高分子聚合物琼脂的碳化过程中引入氧化石墨烯对其干涉，制备出了比表面积高达 1200 m^2/g 的碳材料，该碳材料的比表面积完全由外表面贡献，大大提升了其比表面利用率，在超级电容器应用中表现出尤为突出的倍率性能。其中石墨烯的存在能有效防止碳化过程中碳颗粒的堆积，影响碳材料孔结构的形成，侧面发挥了模板的导向作用，为二维材料在超级电容器电极材料中的应用提供了更为广阔的发展空间。另外，笔者课题组还将氧化石墨烯引入葡萄糖的水热过程中，利用 GO 的水溶性和二维结构实现片状材料的可控制备。通过改变 GO 与葡萄糖的比例对材料的结构形貌进行调控，在此基础上对材料进行活化，成功制备了大比表面积的片状多孔碳，经 KOH 活化的产物比表面积可达 3257 m^2/g，而作为超级电容器电极材料显示出典型的双电层电容特性，且在 1000 mV/s 的高扫描速率下的循环伏安曲线保持良好矩形，在 100 A/g 的电流密度下充放电曲线仍显示线性和对称三角形，适用于高倍率超级电容器。片状多孔结构可以为电荷在材料内的快速传输提供便利通道，从而有效保证了材料的倍率性能，而石墨烯在该类碳结构的构建上发挥了重要作用。

2.4 基于石墨烯组装体的电极材料的构建

　　理想的单层石墨烯具有超大的比表面积,严格二维结构的石墨烯是形成各种 sp² 杂化碳质材料的基本结构单元。富勒烯、CNT 和石墨都可视为由石墨烯构筑而成,具有规则孔结构的微孔碳也可以看作是大量石墨烯按照一定方式卷曲排列形成的。同时,石墨烯在实验中也被证明是构建其他碳质材料的基元材料,研究者们在电镜下实时观察到了石墨烯向富勒烯的转变过程,而碳纳米管在一定的技术条件下也可以被剪切成石墨烯纳米带。目前,以石墨烯作为源头材料组装特定结构的碳基材料,从而实现碳质结构的功能导向设计和可控制备正在引起众多研究者特别是材料科学家的重视。早期的理论计算已经对石墨烯片层以非层状排列方式相互结合的可能性进行了讨论和验证,为石墨烯构筑其他形式的碳纳米结构提供了一定的理论基础。但很多情况下,石墨烯的分散是石墨烯基纳米结构和复合组装的前提条件。GO 是石墨烯最重要的一种衍生物,其表面具有亲水的含氧官能团及亲油特性的苯环结构,是一种双亲性的分子。通常情况下,氧化石墨烯分散在水相中,常被用作组装的原材料。例如,通过氧化石墨烯的自组装,我们可以得到不同维度的石墨烯组装体(图 2-4)材料,其在电化

图 2-4 不同维度的石墨烯组装体

(a)～(c) 一维石墨烯纤维;(d)(e) 二维石墨烯薄膜;(f)(g) 三维石墨烯组装体

学储能领域均表现出广阔的应用前景。

尽管石墨烯粉体材料已在储能领域显示了巨大的应用前景,但粉体材料经再次加工制作成电极片的过程中容易引起石墨烯片层的堆叠团聚,不利于材料本征性能的发挥。以石墨烯为基元构建特定结构和功能导向的宏观材料如纤维材料、薄膜材料或三维宏观体,是一种比较理想的解决方案,这些宏观材料不仅具备石墨烯的优异特性,还可有效克服石墨烯层间因范德瓦耳斯力所引发的团聚和堆叠,近年来通过各种方法组装出来的石墨烯材料纷纷被用作超级电容器电极材料。目前已经发展了多种制备石墨烯基宏观材料的方法,实现了不同维度石墨烯基宏观材料的组装,而不同维度的石墨烯基纳米材料在超级电容器的应用中各具特色。在构建石墨烯基多维组装体过程中,往往根据储能应用的需求,对材料的比表面积、孔结构、表面化学及赝电容组分进行深度调控,本节主要根据材料的维度进行归类,总结了一维、二维、三维石墨烯基纳米材料的设计及其在超级电容器中的适用场景与应用优势。

2.4.1　一维石墨烯基组装体

一般状态下的单层石墨烯是一种二维的大分子,可利用石墨烯片层间强烈的 π-π 相互作用将二维的石墨烯片组装成一维的石墨烯纤维[图 2-5(a)(b)]。石墨烯纤维的制备方法主要包括湿法纺丝和模板溶剂热两种,2011 年,高超课题组首次报道了一维的石墨烯组装结构,他们采用质量分数占 5% 的氢氧化钠/甲醇溶液进行凝固浴,直接通过湿法纺丝的方式制备得到了 GO 纤维,经进一步高温还原得到石墨烯纤维。随之,曲良体课题组采用直径为 0.4 mm 的毛细管作为反应装置,将 GO 溶液放入毛细管中,在密封的环境中经过溶剂热反应,直接得到了石墨烯纤维,该石墨烯纤维的拉伸强度可达到 180 MPa。俞书宏课题组采用十六烷基三甲基溴化铵(cetyl trimethyl ammonium bromide,CTAB)为溶液进行凝固浴反应,通过湿法纺丝成功制备出了石墨烯的纤维。一维的石墨烯基纳米材料多用于柔性可穿戴器件中[图 2-5(c)~(f)],曲良体课题组进一步通过电化学还原法在上述拉伸性能优异的石墨烯纤维表面沉积三维石墨烯,经组装得到了全石墨烯基核-壳结构纤维电容器,该纤维电容器继承了石墨烯纤维优异的导电性和机械柔韧性,在 PVA/H_2SO_4 电解质中测试,于弯曲、对折、拉直不同状态下器件容量能保持 $30 \sim 40\ \mu F$ 循环 500 圈以上,面积比电容可达到 $1.7\ mF/cm^2 (27.1\ \mu F/cm, 40\ F/g)$,远优于一些基于石墨烯@金属或金属氧化物纳米线电极的超级电容器。除此之外,为了进一步提升基于石墨烯纤维的超级电容器的力学性质和电化学性能,多种石墨烯基复合纤维被开发利用。彭慧胜课题组采用浸渍吸附的方法在多壁碳纳米管(MWCNT)阵列中引入石墨烯,利用干法纺丝技术制备了 rGO‐MWCNT 复合纤维,由于 rGO 与 MWCNT 之间较强的 π‐π 作用力,复合纤维中 rGO 充当桥梁促进纤维内部的电荷传递,MWCNT 则可抑制 rGO 片层堆叠有效增大其可利用比表面积,因而基于 rGO‐MWCNT 复合纤维的超级电容器展示出优异的电化学性能,比电容可达4.97 mF/cm^2。高超课题组从混合均匀的 GO、CNT 分散液出发,利用湿法纺丝技术制备了由羧甲基纤维素钠(carboxymethyl cellulose sodium, CMC‐Na)作为外壳的 rGO、CNT 复合纤维,该复合纤维中 CNT 均匀分布于 rGO 片层表面,有效抑制 rGO 片层堆叠,增大了复合纤维的比表面积,同时

图 2-5 石墨烯基复合纤维的形貌表征及其超电性能测试

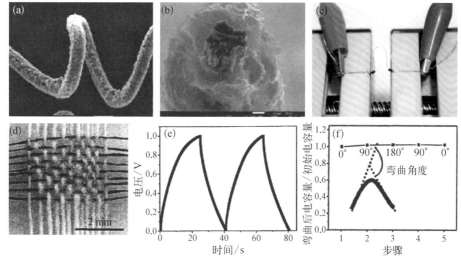

(a) 石墨烯/CNT 复合纤维的形貌;(b) 石墨烯纤维截面的微观形貌;(c) 单根石墨烯基纳米纤维的电化学测试;(d) 基于石墨烯纤维的编织物光学照片;(e)(f) 弯曲形变对柔性超级电容器电化学性能的影响

CNT 具有优异的导电性,提升了复合纤维的电子传导能力。由此可得到容量和能量密度超高的纤维电容器,在 PVA/H_3PO_4 电解质中,比电容高达 177 mF/cm^2(5.3 mF/cm),能量密度高达 3.84 μW·h/cm^2(3.5 mW·h/cm^3)。另外,他们还通过精准的原位反应,引进了具有高赝电容的导电高分子 PANI,得到了高比电容的纤维电容器,为可穿戴超级电容器的应用提供了一种性能优异的电极材料。

2.4.2　二维石墨烯基组装体

相比于一维石墨烯组装体,经二维组装的石墨烯薄膜通常可以直接切片用于自支撑的薄膜电极,而且在二维薄膜的组装过程中通过其他组分的引入即可调控石墨烯组装体的层间距、多孔性、成分组成等,作为超级电容器电极具有更强的实用性,因而科学家将二维的石墨烯组装成薄膜并展开了一系列孔道结构设计[图 2-6(a)(b)]。El-Kady 等采用低功率激光还原氧化石墨烯膜,所得石墨烯膜的电导率和比表面积分别为 1738 S/m 和 1520 m^2/g,可以直接作为超级电容器的电极制备全固态超薄柔性器件,在多种电解液中均表现出超高的能量密度和功率密度以及优异的循环性能,远高于同样条件下的商业活性炭材料。李丹课题组以水作为"阻隔剂(soft spacer)",通过真空过滤法制备了石墨烯凝胶薄膜,该薄膜可有效防止石墨烯层间堆叠,进一步将石墨凝胶膜置于挥发性和难挥发性混合液体中进行溶剂置换,利用挥发性组分在蒸发过程中的毛细作用力,可将材料的堆积密度提升至 1.33 g/cm^3。同时由于保留在石墨烯层间的难挥发性电解液及液态阻隔剂独特的流动性,形成了开放的孔结构可为离子扩散提供畅通的通道,且保持具有良好的电解液浸润性,作为超级电容器电极材料时,SSG 具有高的功率密度和能量密度,其中体积能量密度高达 60 W·h/L,具有良好的规模化实用前景。另外,Yoon 等采用冷冻切片机将致密卷制的含少量单壁 CNT 的氧化石墨烯膜切片,经高温还原后得到密度为 1.18 g/cm^3、片层垂直排列的石墨烯膜,可直接作为超级电容器电极,其体积比容量约为 171 F/cm^3,并且具有良好的倍率性能。Jiang 等采用抽滤方法制备了致密的石墨烯纳米筛/CNT 复合膜,由于石墨烯片层上孔的存在以及 CNT 在层间的隔离作用,该材料表现出良好的体积容量性能。在石墨烯薄膜电极中引入赝电容材料,不仅能通过空间阻隔抑制石墨烯片层堆叠,还能贡献较高的赝电容,对石墨烯基二维组装薄膜电极的性能提升有显著效果。石高全课题组通过真空抽滤的方法制备了化学还原的石墨烯(chemically converted graphene,CCG)和聚苯胺纳米纤维(polyaniline nanofibers,PANI‐NFs)的复合薄膜,如图 2‐6(c)(d)所示,该复合膜中 PANI‐NFs 夹在 CCG 层间,具有良好的机械稳定性和高灵活性。基于该柔性复合薄膜的超级电容器在 0.3 A/g 的电流密度下比电容能达到 210 F/g,展示出高的电化学稳定性和倍率性能。

图2‐6 二维石墨烯组装体的结构与组分调控

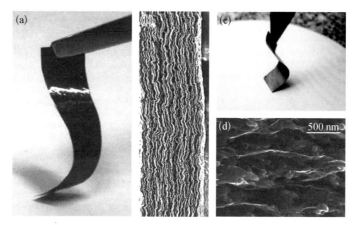

(a)(b) 致密化的石墨烯凝胶薄膜的光学照片和微观形貌;(c)(d) 石墨烯/聚苯胺纳米线复合薄膜的光学照片和微观扫描图

2.4.3 三维石墨烯基组装体

近年来,通过对石墨烯组装体的进一步研究,研究者发现其不仅具有石墨烯二维片层本征的优异性质,三维的结构赋予材料更加独特的性质。由相互联结的石墨烯片构成的三维组装体表现出大比表面积、高导电性以及开放的离子通道等优点,被认为是极具潜力的电极材料。三维石墨烯基纳米材料不仅能够克服石墨烯的团聚堆叠问题,还可以实现石墨烯的有序组装,构筑具有特定结构的石墨烯基三维层次孔碳,是发展石墨烯基高性能电容器的有效途径。

研究表明,三维织构和相互联结的多孔网络可以有效降低电极材料的离子传输阻力。石高全课题组通过水热还原法得到具有多孔结构的石墨烯水凝胶(self-assembled graphene hydrogel,SGH)。rGO 骨架赋予 SGH 优良的电导性,将其作为超级电容器电极材料时无须添加任何导电剂或黏结剂。电极材料的 CV 曲线呈现类矩形且曲线上未出现较为明显的氧化还原峰,表明材料电容主要为双电层电容。当扫描速率为 10 mV/s 和 20 mV/s 时,电极材料比电容分别为 175 F/g 和 152 F/g。在 1 A/g 时 SGH 电极电容仍然高达(160±5)F/g。Xu 等通过微波合成法得到具有良好电化学稳定性的石墨烯基三维纳米材料。该材料的结构类似于海绵,将其应用于超级电容器中,功率密度为48000 W/kg 时,能量密度仍高达 7.1 W·h/kg。范壮军等利用 CVD 法制备出 CNT 垂直生长于石墨烯片层间的三维杂化材料,其独特的三维结构在保证电解液离子、电子快速传递的基础上进一步提高了双电层电容和赝电容的利用率。扫描速率为 10 mV/s 时,电容值高达 385 F/g,循环 2000 圈后,电容值与最开始相比提高了 20%,表明该电极材料具有优异的电化学稳定性。

上述工作通过石墨烯三维大孔网络的设计,优化了石墨烯基电极材料的离子传输性能。笔者课题组独树一帜,将石墨烯的三维大孔网络化作"压缩饼干",构建了石墨烯三维微孔网络,在超级电容器的体积性能上取得一系列突破性的进展。Tao 等采用毛细蒸发法调控石墨烯三维多孔结构获得了高密度多孔碳(high density porous graphene macroform,HPGM),在此过程中利用溶剂驱动柔性片层致密化的机制,强化了石墨烯片层间的联结,在保留原有开放表面和多孔性的基础上大幅提高了材料的密度,有效平衡了高密度和多孔性两大矛盾,是一种结构致密同时孔隙丰富的新型石墨烯基碳纳米材料,石墨烯基高密度多孔碳的制备如图 2-7(a)所示。该高密度多孔碳在密度达到 1.58 g/cm³ 的条件下依然具有 367 m²/g 的比表面积,其内部以微孔为主,同时具有少量的小中孔。尤为突出的是,与具备三维大孔的石墨烯宏观体材料相比,其在超级电容器中应用的性能毫不逊色,两者在质量比容量上不相上下,0.1 A/g 的电流密度下

图 2-7　石墨烯基三维多孔碳电极的构建

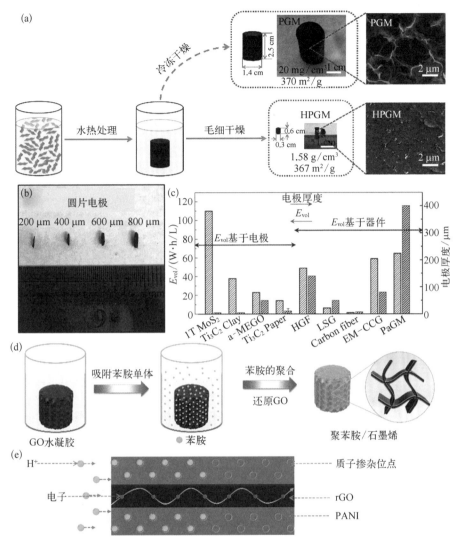

（a）石墨烯基高密度多孔碳的制备；（b）石墨烯基厚密电极的光学照片；（c）不同材料的电极厚度与体积能量密度；（d）高密度三维石墨烯基赝电容复合材料的制备路线；（e）PANI 在高密度石墨烯基无孔材料中的储能机制

HPGM 的质量比容量为 238 F/g，而三维大孔石墨烯宏观体的质量比容量为 235 F/g。就体积比容量而言，HPGM 的结果（375 F/cm³）远远高于三维大孔石墨烯宏观体（10 F/cm³）。由此可见，对石墨烯三维组装结构的进一步调控能够实现直接组装过程完成不了的织构控制，是三维组装技术的补充和延续，因而除了组装方法的探索，开发后期调控技术同样应在构筑石墨烯三维结构的过程中受到重视。

为进一步优化石墨烯组装体的电化学性能,笔者课题组引入不同的活化剂,分别构建了不同孔隙发达程度和不同孔径分布的石墨烯基多孔碳材料。Li 等以 HPGM 为前驱体,利用 KOH 活化的方法制备了多孔石墨烯颗粒,其比表面积高达 2590 m^2/g。通过机械压实的方法,该多孔石墨烯颗粒电极在压力为 40 MPa 的条件下,电极密度高达 0.92 g/cm^3,在离子液体体系中,具有 170 F/cm^3 的体积比容量,相应超级电容器两电极的体积能量密度为 94.6 W·h/L。得益于该石墨烯颗粒的微观多孔、耐压的性质,其在较大的压实密度条件下,仍具有发达的孔隙结构,进而实现高效的离子存储和传输,为构建高体积比容量的电极提供导向作用。随后,Li 等发现 $ZnCl_2$ 是理想的造孔剂,其不与石墨烯材料发生刻蚀反应,但 $ZnCl_2$ 的蒸发能有效地调控石墨烯宏观体的孔隙结构和密度,相应得到的多孔石墨烯样品的比表面积在 370~1000 m^2/g 范围内高度可控,块体密度在 1.6~0.6 g/cm^3 连续调控。通过平衡电极孔隙度、密度和电极厚度,成功构建了高体积能量密度的超级电容器器件,在电极厚度为 400 μm 时体积能量密度高达 64.7 W·h/L[图 2-7(b)(c)]。

由上述介绍可知,通过一定的结构设计与组装过程可以实现对石墨烯微观以及宏观结构的调控,将石墨烯良好的物理化学性质反映到具体的宏观材料中。为了进一步推动石墨烯基超级电容器的发展,以具有大比表面积和优异导电性的石墨烯基碳纳米材料作为基体,与具有高比容量的赝电容材料复合,充分发挥两者的优势,实现良好的协同效应,这也是构建新型高性能碳基材料的重要途径。笔者课题组基于前述石墨烯高密度多孔碳的制备方法,以具有良好电子导电网络和离子传输通道的石墨烯水凝胶作为基体,与具有高比容量的赝电容材料 PANI 进行复合,获得了致密无孔的 PANI/石墨烯复合材料[图 2-7(d)(e)],其密度高达 1.5 g/cm^3,当复合材料中 PANI 含量为 54% 时,将其作为电极应用于超级电容器不仅具有高的质量比容量(546 F/g),而且具有超高的体积比容量(819 F/cm^3);当电极厚度为 200 μm 时,体积比容量为 400 F/cm^3。该复合材料的优越性主要体现在两个方面:一是将 PANI 柔性组分填充到石墨烯多孔网络中,PANI 柔性组分不仅充当一种赝电容活性组分贡献高的容量,而且是一种良好的质子导体,能够实现质子从电极/电解液界面到复合材料体相的传输;二是该复合材料基于石墨烯水凝胶的三维多孔网络,实现了碳纳米材料、导电聚合物两种低密度材料的有效复合和紧密组装,有利于促进氧化还原反应过程中的电子传递,与此同时,石墨烯三维多孔网络能够有效地限制 PANI 在氧化还原掺杂/去掺杂反应过程中的体积膨胀和收缩,保证复合材料的循环稳定性。

2.5　应用前景展望

超级电容器作为一种新型的能量储存与转化系统,具有功率密度高、循环稳定性好、充放电速率快等优点,在电子器件、电动汽车、风力发电等领域有着重要的应用前景。电极材料作为超级电容器的核心要素,直接决定着储能系统电化学性能的发挥,从器件构建和电极设计的角度制备新型高性能电极材料对于推动超级电容器的发展具有重要的意义。和锂离子电池相比,超级电容器的能量密度相对较低。质量比容量性能是电化学储能系统一个重要的评价指标,新型纳米材料的不断涌现使得超级电容器的质量比容量不断提高。然而,电极材料的纳米化使得电极的密度相对较低,体积容量性能不高成为制约储能器件实用化的瓶颈。随着便携式储能系统和电子器件的快速发展,在一定的空间内实现致密储能是高性能储能器件发展的必然趋势。其中,新型电极材料的高密化设计与构建是实现高体积容量储能的必然要求。

二维极限材料石墨烯被认为是构建其他 sp^2 碳质材料的基本结构单元,它的出现为实现碳质材料的功能导向设计和可控备提供了新的契机。而且石墨烯在超级电容储能领域表现出巨大的应用潜力,从一维到三维石墨烯基电极材料的探究均层出不穷。在实际应用中,石墨烯基纳米材料的许多优异特性和性能不能得以充分发挥,功能化设计电极材料的体系还有待完善。因此,在此基础上尚可从以下几个方面入手,深入研究石墨烯基超级电容器的储能机理,发展可控制备结构合理的电极材料,以获得高性能的储能器件。一是建立不同孔结构中电解质离子的传输模型,定性分析其在孔内不同电位下的双电层构建,以及双电层界面的电荷分布状态,研究其对电化学储能行为的影响;二是深入了解电极材料的表面含氧官能团在不同电解液中的储能机理,选择性接枝含氧官能团,优化电极材料的性质和功率特性,探索其他杂质原子对碳质材料电化学电容行为的影响;三是开发不同结构的石墨烯基碳质材料作为反应性模板,制备独特和性能优异的纳米材料及其复合材料,通过组装非对称超级电容器或碱金属离子混合电容器,拓宽整个体系的电化学窗口,提升超级电容器的能量密度。

参考文献

[1] Simon P, Gogotsi Y. Materials for electrochemical capacitors[J]. Nature materials, 2008, 7(11): 845 - 854.

[2] 王鑫,靳军宝,郑玉荣,等.基于 DII 的超级电容器专利技术国际态势分析[J].储能科学与技术,2019,8(1):201 - 208.

[3] Liu C, Yu Z, Neff D, et al. Graphene-based supercapacitor with an ultrahigh energy density[J]. Nano Letters, 2010, 10(12): 4863 - 4868.

[4] Xia J, Chen F, Li J, et al. Measurement of the quantum capacitance of graphene[J]. Nature nanotechnology, 2009, 4(8): 505 - 509.

[5] Stoller M D, Park S, Zhu Y, et al. Graphene-Based Ultracapacitors[J]. Nano Letters, 2008, 8(10): 3498 - 3502.

[6] Zhu Y, Murali S, Stoller M D, et al. Carbon-based supercapacitors produced by activation of graphene[J]. Science, 2011, 332(6037): 1537.

[7] Barbieri O, Hahn M, Herzog A, et al. Capacitance limits of high surface area activated carbons for double layer capacitors[J]. Carbon, 2005, 43(6): 1303 - 1310.

[8] Raymundo-Piñero E, Kierzek K, Machnikowski J, et al. Relationship between the nanoporous texture of activated carbons and their capacitance properties in different electrolytes[J]. Carbon, 2006, 44(12): 2498 - 2507.

[9] Qu D, Shi H. Studies of activated carbons used in double-layer capacitors[J]. Journal of Power Sources, 1998, 74(1): 99 - 107.

[10] Wang L, Fujita M, Inagaki M. Relationship between pore surface areas and electric double layer capacitance in non-aqueous electrolytes for air-oxidized carbon spheres[J]. Electrochimica Acta, 2006, 51(19): 4096 - 4102.

[11] Shi H. Activated carbons and double layer capacitance[J]. Electrochimica Acta, 1996, 41(10): 1633 - 1639.

[12] Wang D W, Li F, Liu M, et al. Mesopore-aspect-ratio dependence of ion transport in rodtype ordered mesoporous carbon [J]. The Journal of Physical Chemistry C, 2008, 112(26): 9950 - 9955.

[13] Rolison D R. Catalytic nanoarchitectures-the importance of nothing and the unimportance of periodicity[J]. Science, 2003, 299(5613): 1698 - 1701.

[14] Wang D W, Li F, Liu M, et al. 3D aperiodic hierarchical porous graphitic carbon material for high-rate electrochemical capacitive energy storage[J]. Angewandte Chemie International Edition, 2008, 47(2): 373 - 376.

[15] Simon P, Gogotsi Y. Charge storage mechanism in nanoporous carbons and its consequence for electrical double layer capacitors[J]. Philosophical Transactions of the Royal Society A: Mathematical, Physical and Engineering Sciences, 2010, 368(1923): 3457 - 3467.

[16] Eliad L, Salitra G, Soffer A, et al. Ion sieving effects in the electrical double layer of porous carbon electrodes: estimating effective ion size in electrolytic solutions [J]. The Journal of Physical Chemistry B, 2001, 105(29): 6880 - 6887.

[17] Salitra G, Soffer A, Eliad L, et al. Carbon electrodes for double-layer capacitors I. Relations between ion and pore dimensions[J]. Journal of The Electrochemical Society, 2000, 147(7): 2486.

[18] Centeno T A, Sevilla M, Fuertes A, et al. On the electrical double-layer capacitance of mesoporous templated carbons[J]. Carbon, 2005, 43(14): 3012 - 3015.

[19] Chmiola J, Yushin G, Gogotsi Y, et al. Anomalous increase in carbon capacitance at pore sizes less than 1 nanometer[J]. Science, 2006, 313(5794): 1760 - 1763.

[20] Huang J, Sumpter B G, Meunier V. A universal model for nanoporous carbon supercapacitors applicable to diverse pore regimes, carbon materials, and electrolytes[J]. Chemistry — A European Journal, 2008, 14(22): 6614 - 6626.

[21] Nishihara H, Itoi H, Kogure T, et al. Investigation of the ion storage/transfer behavior in an electrical double-layer capacitor by using ordered microporous carbons as model materials[J]. Chemistry — A European Journal, 2009, 15(21): 5355 - 5363.

[22] Lv W, Tang D-M, He Y-B, et al. Low-Temperature Exfoliated Graphenes: Vacuum-Promoted Exfoliation and Electrochemical Energy Storage[J]. ACS nano, 2009, 3(11): 3730 - 3736.

[23] Xu Y, Sheng K, Li C, et al. Self-Assembled Graphene Hydrogel via a One-Step Hydrothermal Process[J]. ACS nano, 2010, 4(7): 4324 - 4330.

[24] Tao Y, Xie X, Lv W, et al. Towards ultrahigh volumetric capacitance: graphene derived highly dense but porous carbons for supercapacitors[J]. Scientific Reports, 2013, 3: 2975.

[25] Fang Y, Luo B, Jia Y, et al. Renewing functionalized graphene as electrodes for high-performance supercapacitors[J]. Advanced Materials, 2012, 24(47): 6348 -

6355.

[26] Lin Z, Liu Y, Yao Y, et al. Superior capacitance of functionalized graphene[J]. The Journal of Physical Chemistry C, 2011, 115(14): 7120 – 7125.

[27] Hsieh C-T, Teng H. Influence of oxygen treatment on electric double-layer capacitance of activated carbon fabrics[J]. Carbon, 2002, 40(5): 667 – 674.

[28] Nian Y R, Teng H. Nitric acid modification of activated carbon electrodes for improvement of electrochemical capacitance[J]. Journal of The Electrochemical Society, 2002, 149(8): A1008.

[29] Kwon T, Nishihara H, Itoi H, et al. Enhancement mechanism of electrochemical capacitance in nitrogen-/boron-doped carbons with uniform straight nanochannels [J]. Langmuir, 2009, 25(19): 11961 – 11968.

[30] Paek E, Pak A J, Kweon K E, et al. On the origin of the enhanced supercapacitor performance of nitrogen-doped graphene[J]. The Journal of Physical Chemistry C, 2013, 117(11): 5610 – 5616.

[31] Yang J, Yu C, Fan X, et al. Ultrafast self-assembly of graphene oxide-induced monolithic NiCo-carbonate hydroxide nanowire architectures with a superior volumetric capacitance for supercapacitors[J]. Advanced Functional Materials, 2015, 25(14): 2109 – 2116.

[32] Hu Y, Guan C, Feng G, et al. Flexible asymmetric supercapacitor based on structure-optimized Mn_3O_4/reduced graphene oxide nanohybrid paper with high energy and power density[J]. Advanced Functional Materials, 2015, 25(47): 7291 –7299.

[33] Wu Z S, Wang D W, Ren W, et al. Anchoring hydrous RuO_2 on graphene sheets for high-performance electrochemical capacitors [J]. Advanced Functional Materials, 2010, 20(20): 3595 – 3602.

[34] Yang W, Gao Z, Wang J, et al. Hydrothermal synthesis of reduced graphene sheets/Fe_2O_3 nanorods composites and their enhanced electrochemical performance for supercapacitors[J]. Solid State Sciences, 2013, 20: 46 – 53.

[35] Choi B G, Yang M, Hong W H, et al. 3D macroporous graphene frameworks for supercapacitors with high energy and power densities[J]. ACS Nano, 2012, 6(5): 4020 – 4028.

[36] Liu J, Lv W, Wei W, et al. A three-dimensional graphene skeleton as a fast electron and ion transport network for electrochemical applications[J]. Journal of Materials Chemistry A, 2014, 2(9): 3031 – 3037.

[37] Xu Y, Huang X, Lin Z, et al. One-step strategy to graphene/$Ni(OH)_2$ composite hydrogels as advanced three-dimensional supercapacitor electrode materials[J]. Nano Research, 2013, 6(1): 65 – 76.

[38] Wang Q, Jiao L, Du H, et al. Fe_3O_4 nanoparticles grown on graphene as advanced electrode materials for supercapacitors[J]. Journal of Power Sources, 2014, 245: 101 – 106.

[39] Zhang K, Zhang L L, Zhao X S, et al. Graphene/polyaniline nanofiber composites as supercapacitor electrodes[J]. Chemistry of Materials, 2010, 22(4): 1392 - 1401.

[40] Yan J, Wang Q, Lin C, et al. Interconnected frameworks with a sandwiched porous carbon layer/graphene hybrids for supercapacitors with high gravimetric and volumetric performances[J]. Advanced Energy Materials, 2014, 4 (13): 1400500.

[41] Xu J, Wang K, Zu S Z, et al. Hierarchical nanocomposites of polyaniline nanowire arrays on graphene oxide sheets with synergistic effect for energy storage [J]. ACS Nano, 2010, 4(9): 5019 - 5026.

[42] Zhao Y, Liu J, Hu Y, et al. Highly compression-tolerant supercapacitor based on polypyrrole-mediated graphene foam electrodes[J]. Advanced Materials, 2013, 25 (4): 591 - 595.

[43] Xie T, Lv W, Wei W, et al. A unique carbon with a high specific surface area produced by the carbonization of agar in the presence of graphene[J]. Chemical Communications, 2013, 49(88): 10427 - 10429.

[44] Chuvilin A, Kaiser U, Bichoutskaia E, et al. Direct transformation of graphene to fullerene[J]. Nature Chemistry, 2010, 2(6): 450 - 453.

[45] Jiao L, Zhang L, Wang X, et al. Narrow graphene nanoribbons from carbon nanotubes[J]. Nature, 2009, 458(7240): 877 - 880.

[46] Xu Z, Gao C. Graphene chiral liquid crystals and macroscopic assembled fibres [J]. Nature Communications, 2011, 2(1): 571.

[47] Yang X, Zhu J, Qiu L, et al. Bioinspired effective prevention of restacking in multilayered graphene films: towards the next generation of high-performance supercapacitors[J]. Advanced materials, 2011, 23(25): 2833 - 2838.

[48] Dong Z, Jiang C, Cheng H, et al. Facile fabrication of light, flexible and multifunctional graphene fibers[J]. Advanced Materials, 2012, 24(14): 1856 - 1861.

[49] Cong H P, Ren X C, Wang P, et al. Wet-spinning assembly of continuous, neat and macroscopic graphene fibers[J]. Scientific Reports, 2012, 2(1): 613.

[50] Meng Y, Zhao Y, Hu C, et al. All-graphene core-sheath microfibers for all-solid-state, stretchable fibriform supercapacitors and wearable electronic textiles[J]. Advanced Materials, 2013, 25(16): 2326 - 2331.

[51] Ren J, Li L, Chen C, et al. Twisting carbon nanotube fibers for both wire-shaped micro-supercapacitor and micro-battery[J]. Advanced Materials, 2013, 25(8): 1155 - 1159.

[52] Kou L, Huang T, Zheng B, et al. Coaxial wet-spun yarn supercapacitors for high-energy density and safe wearable electronics[J]. Nature Communications, 2014, 5 (1): 3754.

[53] Cheng H, Dong Z, Hu C, et al. Textile electrodes woven by carbon nanotube-

graphene hybrid fibers for flexible electrochemical capacitors[J]. Nanoscale, 2013, 5(8): 3428 – 3434.

[54] El – Kady M F, Strong V, Dubin S, et al. Laser scribing of high-performance and flexible graphene-based electrochemical capacitors[J]. Science, 2012, 335(6074): 1326 – 1330.

[55] Yang X, Cheng C, Wang Y, et al. Liquid-mediated dense integration of graphene materials for compact capacitive energy storage [J]. Science, 2013, 341 (6145): 534.

[56] Wu Q, Xu Y, Yao Z, et al. Supercapacitors based on flexible graphene/ polyaniline nanofiber composite films[J]. ACS Nano, 2010, 4(4): 1963 – 1970.

[57] Fan Z, Yan J, Zhi L, et al. A three-dimensional carbon nanotube/graphene sandwich and its application as electrode in supercapacitors [J]. Advanced Materials, 2010, 22(33): 3723 – 3728.

[58] Li H, Tao Y, Zheng X, et al. Compressed porous graphene particles for use as supercapacitor electrodes with excellent volumetric performance[J]. Nanoscale, 2015, 7(44): 18459 – 18463.

[59] Li H, Tao Y, Zheng X, et al. Ultra-thick graphene bulk supercapacitor electrodes for compact energy storage[J]. Energy & Environmental Science, 2016, 9(10): 3135 – 3142.

[60] Xu Y, Tao Y, Zheng X, et al. A metal-free supercapacitor electrode material with a record high volumetric capacitance over 800 F · cm^{-3} [J]. Advanced Materials, 2015, 27(48): 8082 – 8087.

第 3 章

石墨烯在锂离子
电池中的应用

3.1　锂离子电池简介

3.1.1　发展历史

作为最重要的新型二次储能器件,锂离子电池凭借能量密度高、安全性能好等特点获得了人们的广泛关注。锂离子电池发展的第一阶段为锂电池,最早可以追溯到 20 世纪早期。1913 年,美国麻省理工学院的 Gilbert N. Lewis 教授在美国化学学会会刊上发表了题为 *The potential of the lithium electrode* 的论文,首次系统阐述并测量了金属锂的电化学电位,被视为最早的系统研究锂金属电池的工作。但是金属锂的化学性质十分活泼,在空气和水中极不稳定,随后几十年间锂基电池并未引起人们的重视,这种情况直到 20 世纪 60 年代才开始出现转变。

1958 年,美国加州大学伯克利分校的 William S. Harris 在其硕士论文 *Electrochemical studies in cyclic esters* 中提出采用有机环状碳酸酯作为锂金属电池的电解质,为日后研究有机非水液态锂电池提供了全新的思路。此后的几十年间,以有机液态电解液为基础的一次金属锂电池陆续被研究报道,1970 年前后,美国航空航天局和日本松下公司研发出一种以氟化石墨作为正极匹配金属锂的一次电池,并成功实现商业化,从而使得锂电池首次走进了人们的视野。与此同时,借助一次金属锂电池的成功经验,在随后十几年间研究者努力尝试将金属锂电池二次化。1965 年,德国化学家 Walter Rüdorff 首次发现在一种层状结构的硫化物 TiS_2 中可以化学嵌入锂离子,这一重要结果立即引起了正在寻找可逆电化学储锂正极的 Stanley Whittingham 的关注。1973 年,时任美国埃克森石油公司科学家的 Stanley Whittingham 经过一系列细致研究,证明了这种层状结构的金属硫化物(TiS_2)可以在层间实现锂的电化学可逆存储,并以此为基础构建了一个金属锂二次可充电池原型。此后具有层状结构的其他化合物也被陆续发现,以此为正极,金属锂为负极的金属锂二次电池开始尝试商业化。1988 年,加拿大的 Moli Energy 公司率先推出首款商业化的锂二次电池（Li/MoS$_2$），引起产业界的广泛关注。然而，金属锂负极在不断循环中容易生成树枝状的锂枝晶，会造成电池内部短路引发起火爆炸。1989 年，该公司的电池产品由于出现起火爆炸事故，不得不大范围紧急召回相关产品。随后其他电池生产巨头索尼（Sony）、三洋（Sanyo）和松下（Panasonic）也相继做出决定，中止其二次金属锂电池的研究和开发，至此金属锂二次电池在商业化的道路上停下了脚步。

尽管金属锂二次电池的首次商业化尝试以失败告终，但这次尝试带来的丰富的实验结果和经验，为锂离子电池的成功研发提供了重要的科学参考价值和借鉴意义。延续嵌入式储锂的概念，1980 年在美国波士顿举办的一个学术会议上法国科学家 Michel Armand 教授首次提出能否同时使用具有嵌入式储锂机制的正极和负极构建一种新型的二次锂电池体系，这种体系可以看成锂离子在充放电过程中在正负极之间可逆地来回穿梭摇摆，故而被形象地命名为"摇椅式电池"（rocking chair battery）。

与此同时，在新材料探索方面，含锂的钴酸锂正极被发现。之前提及的金属锂二次电池，其构成主要是正极硫化物和负极金属锂搭配有机液体电解质，该类电池有一个重要特征就是正极不含锂元素，因此需要含锂的负极与之匹配，这也是导致安全性事故的根本原因。1980 年，时任牛津大学无机化学系教授的 John B. Goodenough 提出用一种含锂的金属氧化物来替代不含锂的金属硫化物作为锂电池正极，同时其具有更高的电压和化学稳定性。经过大量的研究和探索，他最终找到了具有层状结构的钴酸锂正极（LiCoO$_2$），这一重要材料的发现为构建摇椅式锂离子电池雏形提供了理想的正极材料。因此，下一步就需要寻找一种低电位的可逆电化学存储锂离子的嵌入式负极化合物。

最初科学家将目光聚焦在了同样具有层状结构的石墨碳材料，但是当时人们普遍采用碳酸丙烯酯（PC）作为电解质，导致锂离子和溶剂容易共嵌入石墨，使得结构破坏，无法使用。事情很快出现转机，1982 年 Yazami 博士在聚合物电解质中首次证明，在没有液体有机溶剂发生共嵌入的情况下，石墨是可以实现可逆电化学储锂的，这一重要发现无疑是对采用石墨碳负极作为锂离子电池负极这一技术路线的充分肯定。1983 年，日本旭化成化学公司的科学家 Akira Yoshino

教授提出采用钴酸锂为正极,聚乙炔为负极的锂二次电池原型。但由于聚乙炔密度和容量较低且化学稳定性较差,Akira Yoshino 教授开始寻找更多的碳基材料,在探索过程中他发现了一个非常有趣的现象,即某些具有特殊晶体结构的碳材料(气相沉积生长的碳纳米线)可以避免共嵌入且具有更高的容量,此后延续这个研究思路最终找到了石油焦负极,并以此匹配钴酸锂正极构建出世界上第一块锂离子电池原型。在随后的几年,Akira Yoshino 教授与索尼公司 Nishi Yoshio 团队合作,致力于开发出商业化的锂离子电池。1991 年,首批商业化的锂离子电池最终在索尼公司问世(正极:钴酸锂;负极:石油焦;电解液:$LiPF_6$-PC)。此后,各种新型锂离子电池关键材料不断被开发出来,锂离子电池也在随后的日子里不断进步,蓬勃发展至今。

3.1.2　机遇与挑战

随着人类社会对能源及能源结构转型的迫切需要,能源市场迅速发展。在高能量密度锂电池如锂硫电池、锂空气电池等实现实际应用之前,锂离子电池的发展在电子器件、电动汽车以及大规模储能领域仍发挥着中流砥柱的作用。在保证电池高安全性、低成本的基础上,不断提高质量能量密度与体积能量密度,协同提高功率密度是当今锂离子电池发展的主要趋势。优化正极材料和负极材料电化学性能是提高锂离子电池整个器件电化学性能的核心。其中,通过发展钴酸锂、锰酸锂、磷酸铁锂及三元正极材料的各类衍生物,利用包覆、掺杂、调控材料形貌以及微观结构的方法可以提高正极材料的容量、循环性能和倍率性能等;而在负极方面则需要考虑选用高容量的非碳材料,如合金型负极材料硅、锡、锗、铝等,以及基于转换反应的过渡金属氧化物,如铁、锰、钛和钴的氧化物等。提高正极或负极材料的比容量是提高锂离子电池能量密度与功率密度的必由之路,而解决非碳电极材料本征的导电性问题、结构形貌问题以及高容量条件下的体积膨胀问题、反应效率问题等,是实现非碳电极材料优异循环性能与倍率性能的关键。

碳的应用,是解决非碳电极材料问题的重要手段。传统的碳材料如石墨、软炭、硬炭等直接作为锂离子电池负极材料受限于插层反应机制导致本身容量较低，而作为非活性物质如导电剂往往又因其结构很难最大限度地发挥电子的导电作用。石墨烯作为 sp^2 杂化的碳质材料的基本组成单元，自 2004 年经由机械剥离法被成功制备以来，因其独特的力学、电学、热学、光学和化学性质而受到广泛关注。石墨烯具有大的比表面积和优异的导电性，在构建锂离子电池碳/非碳复合电极结构的过程中，有望降低碳的用量，同时可以加速电池在充放电过程中的电子传递和离子传输，提升电池的能量密度和功率密度。因此，本章内容聚焦于石墨烯在高能锂离子电池发展中所扮演的重要角色，并分析其在未来高能锂离子电池研究发展与实际应用中的机会与挑战。

3.2 锂离子电池正极

锂离子电池作为当今商业化程度最高的储能器件，无论在学术界还是在产业界均受到广泛关注。目前商业化的锂离子电池体系所选用的正极材料按结构主要可分为层状结构、尖晶石结构和橄榄石结构，分别对应以 $LiCoO_2$、$LiMn_2O_4$ 和 $LiFePO_4$ 为代表的正极类型。其中，$LiCoO_2$ 作为锂离子电池商业化的第一代正极材料，理论比容量为 274 mA·h/g，在实际应用中能发挥出 135～150 mA·h/g 的比容量，但成本较高且安全性差。与之相比，立方尖晶石结构的 $LiMn_2O_4$ 具有价格低廉、安全性好的优点，但实际比容量低（100～120 mA·h/g）、循环性能差，尤其是在较高温度（>50℃）下容量衰减严重等缺点限制了其发展和应用。与上面两种正极材料相比，$LiFePO_4$ 具有环保价廉、循环稳定、安全可靠等显著优势，因而被广泛应用于电动汽车及大规模储能领域。不同于 $LiCoO_2$、$LiMn_2O_4$ 等材料的固溶体反应，$LiFePO_4$ 的充放电反应机理为两相反应，其理论比容量为 170 mA·h/g，实际可发挥容量为 130～140 mA·h/g，稳定循环寿命高达 2000～6000 次，其最主要的问题在于电子电导率较低。

3.2.1 石墨烯导电添加剂

3.2.1.1 石墨烯一元导电剂

事实上,对于目前市面上常见的几种锂离子电池正极材料而言,包括前文提及的钴酸锂($LiCoO_2$,LCO)、锰酸锂($LiMn_2O_4$,LMO)、磷酸铁锂($LiFePO_4$,LFP)和三元材料($LiNi_xCo_yMn_{1-x-y}O_2$,NCM)等,它们都存在一个共同的问题,即导电性能不够理想。一般情况下,锂离子电池中电化学反应的发生需要电子和锂离子同时到达活性物质表面,因此活性物质能否发挥出良好的电化学性能取决于电子和锂离子是否能够及时传递到其表面。这时,导电添加剂作为锂离子电池中不可或缺的关键材料,所起的作用不容忽视。因此,为了减小电池内部的欧姆极化,确保活性物质发挥出应有的容量,需要在材料颗粒之间添加导电剂以构建电子导电网络,为电子传输提供快速通道。

碳材料,如导电炭黑、导电石墨及碳纳米管等是目前广泛应用的导电剂。一方面,由于导电剂在电池循环过程中并不贡献容量,因而为了提高电池的质量能量密度,就希望在保证活性物质性能充分发挥的前提下尽量减少其使用量,从而提高活性物质的比例。另一方面,这些碳材料的密度往往远低于正极活性物质,所以减少导电剂的使用量又能够显著提升电池的体积能量密度。

作为一种新型的纳米碳质材料,石墨烯具有独特的几何结构特征和物理性能。石墨烯用作导电剂具有"至柔至薄至密"的特点,其优势主要体现在以下4个方面:(1)高电子电导率,意味着极少的添加量就可以大大降低电池的欧姆内阻;(2)二维平面结构,即与零维的炭黑颗粒、一维的碳纳米管相比,石墨烯片层可以实现与活性物质的"面-点"接触,具有更低的导电阈值,并且在极片中可以从更大的空间跨度上构建导电网络,实现整个电极上的"长程导电";(3)超薄特性,石墨烯是典型的表面性固体,其上所有碳原子都暴露出来进行电子传递,原子利用率高,故可以在最少的添加量下构成完整的导电网络,提升电池的能量密度;(4)高柔韧性,不仅可以与活性物质良好接触,而且能够缓冲充放电过程中活性材料出现的体积膨胀,抑制极片的回弹效应,使电池具有良好的循环性能。由于存在上述优势,基于石墨烯导电剂的锂离子电池可实现致密构建。

1. 石墨烯导电剂与活性材料颗粒的接触模式

石墨烯导电剂的高效性,源于其与活性材料颗粒独特的接触模式。笔者课题组率先提出如图 3-1 所示的石墨烯柔性"面-点"接触导电网络机理图。从图中可以看出,区别于炭黑和活性物质之间的"点-点"接触,在由石墨烯片层构建的导电网络中,石墨烯和活性物质之间是一种"面-点"接触,因而具有更高的导电效率,能够在更少的使用量下达到整个电极的导电阈值,使活性材料表现出良好的电化学性能,进而提高电池的能量密度。考虑到不同锂离子电池正极体系的特性有所差别,对于导电剂的需求量也不尽相同,笔者课题组针对不同锂离子电池正极体系(包括 LFP,LCO,NCM)系统考察了石墨烯导电剂在实验室工况下的最优使用量,并与其他导电剂进行了对比,探讨了基于"面-点"接触模式的石墨烯导电剂具有的优势。

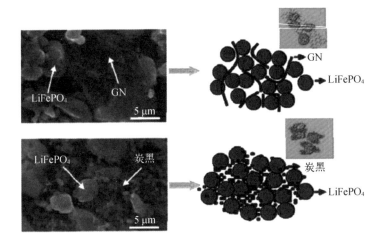

图 3-1 石墨烯柔性"面-点"接触导电网络机理示意图

图 3-2 为在不同正极体系中石墨烯导电剂与炭黑导电剂的性能对比,展示了石墨烯导电剂对 LFP 性能的改善作用。对于 LFP 体系,在实验室工况下石墨烯导电剂的最优使用量为 2%(质量百分数)。如图 3-2(a)(b)所示,在该使用量下,LFP 在 0.05 C 及 0.1 C 充放电时的容量和循环性能优于使用 20% 的导电炭黑。这证明了在该工况下,以石墨烯导电剂取代导电炭黑能够显著提升 LFP 材料的电化学性能。

　　　　　　　　　　　　　　　　　　　　　　　石墨烯电化学储能技术

图3-2 在不同正极体系中石墨烯导电剂与炭黑导电剂的性能对比

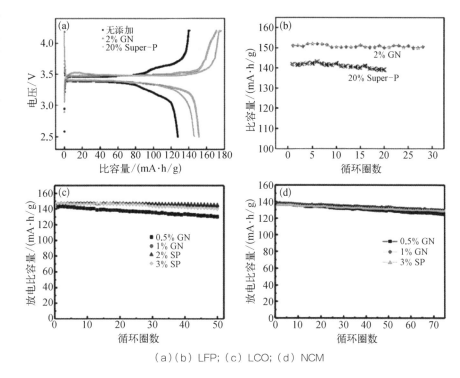

（a）（b）LFP；（c）LCO；（d）NCM

图3-2(c)(d)分别给出了LCO和NCM正极体系中使用石墨烯导电剂与炭黑导电剂循环性能的对比。可以看出,相较于炭黑,即使是1%石墨烯的引入也可以发挥明显的导电效果,在1 C下的循环性能要优于使用3%炭黑的电池性能。同时,还可以发现在LCO和NCM体系中,石墨烯的最优使用量要小于LFP体系。究其原因,是两类活性物质的尺寸差异。LFP颗粒的粒径一般为300 nm～1 μm,远低于LCO和NCM约10 μm的粒径,所以前者比表面积更大,需要相对较多的石墨烯才能在电极内部构建有效的导电网络。

随着用户对储能器件便携性要求的提高和器件自身使用空间的限制,相比于质量能量密度,体积能量密度逐渐成为锂离子电池至关重要的性能指标。石墨烯导电剂的使用不仅可以提升电极材料的质量比容量,还有望提高锂离子电池的体积能量密度。传统碳材料的导电剂密度普遍较轻,即使很少的添加量也会占据较大的电极空间,导致活性物质的容纳空间有限,进而降低了整个体系的体积能量密度。以导电炭黑为例,其密度一般为0.4 g/cm³,远小于LFP的2.0～

2.3 g/cm³ 和 LCO 的 3.8～4.0 g/cm³。理论上讲,每减少 1% 的导电炭黑就相当于增加了约 5% 的 LFP 或 7%～10% 的 LCO,因此降低导电剂的添加量可以在很大程度上提高整个电池体系的体积能量密度。

碳纳米管也是一种具有独特结构的纳米碳质材料,同样具有良好的电子传导性,已被广泛用作锂离子电池的导电剂。但是在实际使用的导电剂中,仍以多壁碳纳米管为主,但由于其存在易聚集成束、难以完全分散等问题,因而效果并不如石墨烯优异。Huang 课题组对比了炭黑、碳纳米管和石墨烯单独作为 LFP 导电剂时的性能,发现当导电剂用量为 5% 时,使用碳纳米管的 LFP 比容量在 0.1 C 时只有 127 mA·h/g,低于使用石墨烯的 146 mA·h/g。

碳纳米管导电效果逊于石墨烯的主要原因除了分散困难之外,接触模式也是一个重要因素。碳纳米管属于一维材料,与活性材料颗粒的接触模式为“线-点”接触。相对于导电炭黑的“点-点”接触,虽然有所提高,但与石墨烯的“面-点”接触相比仍具有一定的差距,存在着接触面积小、电子不能有效传导等缺点。需要指出的是,上述对比主要基于实验室制备的电池。对于大规模应用,还需要从实际工况出发,对碳纳米管和石墨烯导电剂进行综合评价。

2. 石墨烯导电剂电子/离子传输的均衡性

尽管在电子传输能力方面,石墨烯相较于其他传统导电剂具有明显的优势,但在目前的实际应用中仍存在许多瓶颈。其中最重要的问题在于,在电极内部,石墨烯的平面结构会对离子传输产生位阻效应。且随着电流的增大,阻碍作用愈发明显。图 3-3 展示了基于“面-点”接触模式的石墨烯导电剂优势与限制,石墨烯对锂离子传输的位阻效应与电极厚度、石墨烯和活性材料颗粒的尺寸差异密切相关,所以在开发使用石墨烯导电剂时需要综合考虑电子/离子传输的均衡性。

图 3-4 是分别使用石墨烯和传统导电剂的 10 A·h LFP 电池在不同放电倍率下的性能对比。结果显示,使用了 1% 石墨烯＋1% 炭黑导电剂的锂离子电池的性能虽然在 2 C 及以下放电倍率时的容量相对于使用了 10% 传统导电剂的锂离子电池有明显提升,但是当放电速率提高到 3 C 时,前者的容量骤减,而后者却没有太大变化。通过进一步的阻抗分析和模拟计算发现,大电流条件下容

图3-3 基于"面-点"接触模式的石墨烯导电剂优势与不足

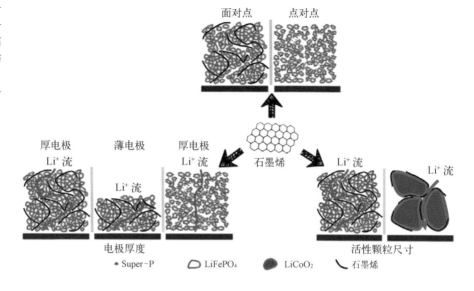

量骤降的原因是石墨烯片层对电解液中锂离子传输的阻碍。由此表明,石墨烯导电剂虽然能够在正极材料周围构建有效的电子传输网络,但由于其片层具有一定的空间跨度,且锂离子难以穿过石墨烯的六元环,因此会对电解液中锂离子的传输带来一定的负面影响,从而影响锂离子电池功率性能的输出。

前文述及,锂离子电池发生电化学反应需要电子和锂离子同时到达活性物质表面,由于石墨烯片层对离子传输的阻碍作用,使用石墨烯导电剂的电池中锂离子的传输速率相对较慢,电池内部极化效应显著增加,因而无法发挥出应有的容量。从图3-4可以看出,这种影响与充放电倍率密切相关。当放电倍率较小时,虽然锂离子由于石墨烯的阻碍而传输速率降低,但此时电池内部的"控速步骤"仍是电子传导,同时由于使用石墨烯导电剂的电极片电导率更高,所以该电池放电容量仍然优于使用传统导电剂的电池。但是随着放电倍率的提高,电池内部电化学反应过程对锂离子的传输速率要求越来越高,"控速步骤"逐渐由电子传导转变到离子传输,所以在大电流放电条件下,使用石墨烯导电剂的电池性能迅速下降。

锂离子电池在实际制备时,电极的厚度一般为 $60\sim100\,\mu m$,个别情况下能量型的储能电池中电极厚度甚至达到 $200\,\mu m$ 以上。这与实验室条件下组装扣式电池测试(普遍低于 $30\,\mu m$ 时)的情况有很大的差别。极片越厚,充放电过程中锂

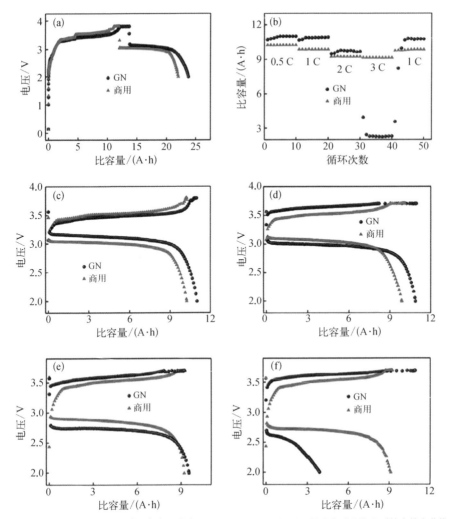

图 3-4 分别使用石墨烯和传统导电剂的 10 A·h LFP 电池在不同放电倍率下的性能对比

（a）化成过程；（b）倍率性能；（c）～（f）0.5/0.5 C、0.5/1 C、0.5/2 C 和 0.5/3 C 时的充放电曲线

离子需要的传输路径就越长，电池的倍率性能往往也越差。

　　笔者课题组研究了在不同正极极片厚度条件下，石墨烯导电剂对 LFP 倍率性能的影响。在较薄（厚度为 13 μm 和 26 μm）的极片中，随着锂离子电池正极中石墨烯导电添加剂使用量的增加（1% 增加到 10%），电池的倍率性能逐渐提高，并没有出现电池容量突降的情况。这说明在较薄的电池极片厚度下，石墨烯并不会对锂离子在整个电极范围内的传输行为产生很大的影响。而在较厚（39 μm 和 52 μm）的极片中，使用 5% 石墨烯导电剂的锂离子电池的容量性能低于使用 3.5%

石墨烯导电添加剂的锂离子电池。随着石墨烯导电添加剂用量的增多，电池的功率性能降低，证明在较厚的电池极片中，石墨烯导电添加剂使用量过多会显著降低电池的功率性能。当极片本身很薄时，锂离子需要传输的距离非常短，这时决定电池性能的关键因素是极片的电子导电性，所以随着锂离子电池中石墨烯导电添加剂使用量的增加，电池的功率性能提高。而当 LFP 电极片较厚时，锂离子传输的路径较长，在这种情况下石墨烯导电添加剂对锂离子传输的位阻效应直接导致了电池性能的突降。所以在评估石墨烯导电添加剂对锂离子电池能量密度和功率密度的影响时，要保证所使用电极的厚度与实际锂离子电池电极厚度一致。

为了降低石墨烯对锂离子传输的位阻效应，通过石墨烯的条带化以及表面引入孔隙，可以为锂离子的传输减少阻力或开辟通道。笔者课题组采用 KMnO₄ 活化，Piao 课题组采用 KOH 活化的方法，在石墨烯表面引入丰富的孔隙，然后将其作为 LFP 的导电剂。多孔石墨烯导电剂的表征结果如图 3-5 所示，使用活化

图 3-5 多孔石墨烯导电剂的表征

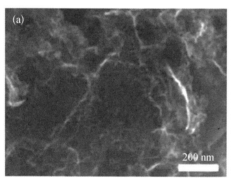
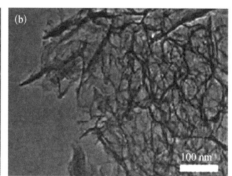
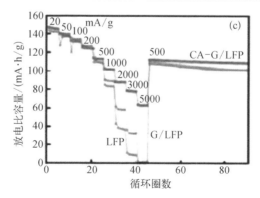

（a）多孔石墨烯的扫描电子显微镜（SEM）图像；（b）多孔石墨烯的透射电子显微镜（TEM）图像；（c）使用多孔石墨烯导电剂的 LFP 的电化学性能

石墨烯作为导电剂的 LFP 倍率性能大幅度提升,电流密度为 5 A/g 时 LFP 容量仍在 60 mA·h/g 以上。这进一步说明了石墨烯片层在 LFP 体系中对锂离子传输存在影响,同时也为石墨烯导电剂的实际应用提供了一种解决思路。

值得注意的是,活性颗粒的尺寸也会影响石墨烯导电剂在实际应用中的效果。一般来讲,LCO、NMC 等材料的粒径较大,通常为 10 μm 左右,而 LFP 粒径普遍较小,500~800 nm 居多。模拟计算结果表明,石墨烯与活性物质不同的尺寸比会影响电极孔隙的曲折度,进而影响锂离子传输的路径。当石墨烯片层尺寸小于活性物质或与其相当时,石墨烯导电剂对锂离子的位阻效应可以忽略不计;而当前者明显大于后者时,传输路径的曲折度很大。这就意味着,石墨烯用于功率型锂离子电池时,其尺寸要明显小于电极中活性物质的尺寸。

笔者课题组在微米尺寸 LCO 和纳米尺寸 LFP 中通过实验验证了该结论,具体结果如图 3-6 所示。在纳米尺寸 LFP 体系中使用石墨烯导电剂,在小于 2 C 的较低放电电流下,使用片径为 1~2 μm 的石墨烯导电剂的锂离子电池比使用传统导电剂的电池具备更好的电化学性能;但是当放电电流提高到 3 C 以上时,使用石墨烯导电剂的锂离子电池性能有明显的衰减,这与前述 10 A·h LFP 电池的结果趋势一致。当活性物质为 10 μm 左右的 LCO 体系时,使用相同的石墨烯导电剂在高达 5 C 的放电电流下,LCO 仍然具有很好的倍率性能,并没有发现石墨烯的引入对锂离子传输造成的位阻效应。我们据此提出了不同石墨烯/活性物质尺寸比的正极体系中的锂离子传输模型图(图 3-6)。在 LCO 的充放电过程中,石墨烯对锂离子传输的影响行为并不明显,而 LCO 活性物质会对锂离

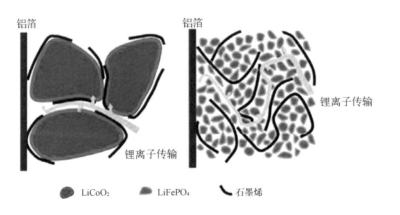

铝箔

铝箔

锂离子传输

锂离子传输

● LiCoO₂　　● LiFePO₄　　⌒ 石墨烯

图 3-6　锂离子传输模型图

子传输造成位阻效应,即由活性物质主导正极体系内部锂离子传输的路径。

3.2.1.2 石墨烯/炭黑二元导电剂

在电极内部构建导电网络时,如果能够综合利用石墨烯的"面-点"与炭黑的"点-点"接触模式,就可以在使用更少石墨烯的前提下进一步发挥正极活性材料的性能。事实上,在锂离子电池实际制备过程中,为了综合利用不同导电剂的优势,在更大程度上提高电池性能,往往不采用单一的导电剂,而是将两种不同的导电材料组成二元导电剂使用,在电极的不同尺度上同时建立导电网络。相比于单一的导电剂,不同尺度的导电剂可以分别从电极的不同层次上构建协同导电网络,因而具有更好的效果。

石墨烯和导电炭黑的接触模式之间存在着良好的互补效应,可以在电极内部同时建立"长程"和"短程"导电网络。石墨烯导电剂虽然可以在较少的使用量下通过片层之间的搭接构建良好的导电网络,从而大幅度提高整个电极的电导率。但是具体到每个活性材料颗粒上,其片层并不能完全覆盖整个颗粒表面,电子在"面-点"接触之外部分裸露表面上的传输显然会相对滞后。倘若将石墨烯片层完全包覆活性材料颗粒,一方面必然会造成其用量的增加,另一方面由于石墨烯片层对锂离子传输的阻碍作用,活性材料的电化学性能又会大幅度降低。因此,使用石墨烯导电剂时需要有维度更低的其他碳材料配合解决颗粒表面上的"短程"导电问题。炭黑导电剂是零维的碳纳米材料,可以均匀地附着在活性物质表面,增强活性物质颗粒表面的电子运输。如果与石墨烯导电剂结合起来使用,这种由炭黑颗粒构建的"短程"导电网络将会是石墨烯构筑的"长程"导电网络的一个很好的补充和完善。

笔者课题组在 LFP 和 LCO 正极体系中研究了石墨烯/导电炭黑二元导电剂的协同导电机制。在 LFP 正极体系中,使用二元导电剂可以显著降低电池中的极化现象。同时,相对于仅使用石墨烯导电剂的电池,石墨烯/导电炭黑二元导电剂能够大幅降低所需石墨烯的用量。图 3-7 是石墨烯/炭黑二元导电剂对 LCO 正极体系的性能改善结果。从图 3-7(a)的循环性能和图 3-7(b)的倍率性能可以看出,最优二元导电剂的用量为 0.2% 的石墨烯和 1% 的炭黑。LCO 在 1 C 下的循

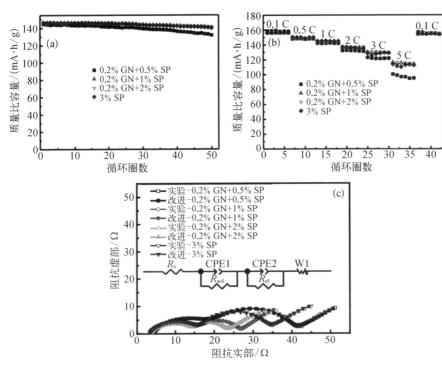

图 3 - 7 石墨烯/导电炭黑二元导电剂对 LCO 正极体系的性能改善结果

（a）循环性能；（b）倍率性能；（c）电化学阻抗

环性能以及 5 C 下的倍率性能都要优于使用 3%传统导电炭黑的锂离子电池的性能。该二元导电剂中石墨烯的使用量仅为 0.2%，而且导电剂的总量为 1.2%。

笔者课题组进一步将石墨烯和导电炭黑直接制成杂化材料，既可以防止石墨烯片层的团聚，改善石墨烯导电剂的分散，又能够进一步提高电子的导电效率，用于 LFP 体系时表现出良好的二元导电剂优势。所以，使用石墨烯/导电炭黑二元导电剂确实可以搭建更为有效的导电网络，达到降低成本和提高能量密度的效果，具有很好的实用前景。

3.2.2　石墨烯基复合物作为锂离子电池正极材料

3.2.2.1　石墨烯/LiMPO$_4$（Fe，Co，Mn，V）

目前，锂离子电池主流的正极材料主要包括钴酸锂、锰酸锂、三元材料和橄榄石结构的聚阴离子型化合物 LiMPO$_4$（Fe，Co，Mn，V）等，其中 LiMPO$_4$ 具有安全性能高、制造成本低和循环稳定性好等优点,是极具前景的一类锂离子电池正极材料。然而,LiMPO₄材料的电子导电性能较差,大大制约了其性能的发挥。而碳包覆作为提高材料电导率的常用手段,是解决这一问题的有效途径。作为一种理想的碳包覆原料,石墨烯具有大比表面积、优异的导电性能和化学稳定性,其与LiMPO₄材料复合时具有以下独特的优势:(1)石墨烯的片层结构可与LiMPO₄颗粒和集流体形成良好的电学接触,实现电子在集流体和LiMPO₄颗粒之间的快速迁移,从而显著降低电池内阻并减小极化;(2)石墨烯的高机械强度和化学稳定性保证了复合电极材料在循环过程中结构的稳定,从而提高其循环性能;(3)LiMPO₄负载在石墨烯片层之上,可以有效控制晶粒增长,使颗粒尺寸维持在纳米级别。

石墨烯包覆的工艺不同,则制备得到的石墨烯/LiMPO₄复合材料在形貌和结构方面也存在差异,因而对提高材料电化学性能的效果截然不同。目前而言,石墨烯/LiMPO₄复合材料的制备方法主要有固相法、液相法、水(溶剂)热法和喷雾干燥法等,以下针对这些方法分别做简要介绍。

1. 固相合成法

在传统LiMPO₄材料固相合成方法的基础上加入石墨烯或氧化石墨烯即得到石墨烯/LiMPO₄复合材料。具体步骤为:首先将锂源、铁源、磷源按一定比例分散到有机溶剂或水中,进行高能球磨;随后加入一定量的石墨烯或氧化石墨烯,超声分散、烘干;最后在保护气氛下高温煅烧,即可得到石墨烯/LiMPO₄复合材料。该方法合成工艺简单,但所需合成温度较高,煅烧时间较长。

Wang等首次通过固相法制备了含5%石墨烯的石墨烯/LiFePO₄复合材料。在0.1 C的倍率下,该复合材料具有161 mA·h/g的比容量。电流提高至50 C时,比容量仍可保持在70 mA·h/g。

为了降低石墨烯片层对锂离子的阻碍,可通过活化石墨烯表面形成多孔结构,从而缩短离子扩散路径,保证电极中离子传输的通畅性。选择活化后的石墨烯(CA‑graphene)与磷酸铁锂混合,再高温煅烧便得到CA‑graphene改性的磷酸铁锂复合材料(CA‑G/LFP)。活化石墨烯在包覆磷酸铁锂颗粒表面的同时,也阻止了纳米颗粒的团聚。此外,大比表面积的多孔活化石墨烯在磷酸铁锂纳米颗粒周围增强了电解液对活性颗粒的润湿性,有效增大了界面接触,从而增加了电化学反应活性面积,在改善电极循环稳定性的同时也使复合材料具有较高的倍率性能。

2. 溶胶凝胶法

溶胶凝胶法的制备主要分为前驱体制备——溶液-溶胶-凝胶转变——凝胶干燥和烧结三个过程。与固相法相比,该法可以使反应物之间混合得更加均匀,达到分子水平的混合。同时,溶胶-凝胶体系中组分的扩散在纳米尺度,因而相较于微米尺度的固相反应更容易进行。此外,溶胶凝胶法还有利于三维网络结构的形成。但是,溶胶凝胶法也存在一些问题,如原料成本较高、陈化时间(溶液到凝胶时间)较长等。

Liu 等和 Mun 等通过溶胶凝胶法成功制备了三维孔状自组装石墨烯/$LiFePO_4$和石墨烯/$Li_3V_2(PO_4)_3$复合材料。相比于未复合的磷酸铁锂或磷酸钒锂材料,所得复合材料具有高效的电子通道和更多的介孔结构,赋予其高导电性和高电解质渗透率的特性。导电的石墨烯网络将松散的磷酸铁锂或磷酸钒锂纳米颗粒有效连接起来,最终使得材料表现出优异的电化学性能。

3. 水(溶剂)热法

水热法是一种在密封的压力容器中,以水作为溶剂,在高温高压的条件下进行化学合成反应制备材料的方法。通过调控反应的时间、温度以及反应物的浓度和体系填充度等,就可以精确控制所制备材料的形貌和颗粒尺寸。溶剂热法与水热法类似,只是采用有机溶剂或有机-水混合溶剂。

Wang 等利用水热反应并结合后续热处理制备了石墨烯/$LiFePO_4$复合材料。其中,$LiFePO_4$颗粒负载在石墨烯表面或者嵌入石墨烯层间。电化学测试结果表明,石墨烯含量为 8% 的石墨烯/$LiFePO_4$复合材料在 0.1 C 和 10 C 下的放电容量分别为 160.3 mA·h/g 和 81.5 mA·h/g。由于石墨烯片在 $LiFePO_4$ 颗粒之间构筑了有利于电子传递的"桥梁",从而有效提高了 LiFePO$_4$ 的电化学性能。

4. 喷雾干燥法

喷雾干燥法通过机械作用,于干燥室中将稀料雾化,在与热空气的接触中,水分迅速汽化,使物料中的固体物质干燥成粉末,具有制备成本低、所得材料尺寸均一和产率高等优点。

中国科学院宁波材料技术与工程研究所刘兆平课题组通过喷雾干燥和紧随其后的退火过程制备了石墨烯改性的磷酸铁锂复合材料。首先,将氧化石墨烯与水热法制备的磷酸铁锂按质量比 1∶10 混合均匀,以去离子水为溶剂配成 10% 的混合溶液,并超声 5 min 以得到均质溶液。接着,在 200℃ 下进行喷雾干燥,形成氧化石墨烯/磷酸铁锂复合粉末。随后,将复合材料在氩气气氛下 600℃ 热处理 5 h,最终得到石墨烯/磷酸铁锂复合材料。在所得复合材料中,石墨烯纳米片松散地包覆在 LiFePO$_4$ 颗粒表面,形成连续的三维导电网络。这种结构有利于电子从石墨烯转移到 LiFePO$_4$ 颗粒表面,从而提高复合材料的倍率性能。电化学测试结果显示,在 60 C 的大电流下,复合材料放电容量仍有 70 mA·h/g。以 10 C 的倍率充电 20 C 的倍率放电循环 1000 次,容量保持率可达 85%。

3.2.2.2 石墨烯/锂金属氧化物(Mn,Co,Ni)

除了聚阴离子类正极材料 LiMPO$_4$(Fe,Co,Mn,V)之外,层状材料 LiCoO$_2$(LCO)、三元材料 LiNi$_{1-x-y}$Co$_x$Mn$_y$O$_2$(NCM)和尖晶石类材料 LiMn$_2$O$_4$ 也引起了很多人的兴趣。

近年来,LiMn$_2$O$_4$ 由于具有成本低、环保和储量高等优点而备受关注。但是由于 LiMn$_2$O$_4$ 较差的导电性能,使得其在电池中所能发挥的实际容量有限。目前大量的研究工作表明,与石墨烯复合可以有效提高 LiMn$_2$O$_4$ 的电化学性能。

Zhao 等利用锂锰氧化物和石墨烯自组装,形成石墨烯/LiMn$_2$O$_4$ 纳米复合材料,其中球形的 LiMn$_2$O$_4$ 纳米颗粒均匀地分散在石墨烯片层上。0.2 C 下的首次放电比容量为 146 mA·h/g,循环 80 圈后容量衰减率仅为 0.19%。与碳纳米管/LiMn$_2$O$_4$ 复合物相比,石墨烯/LiMn$_2$O$_4$ 的极化明显较小,因而表现出更高的容量和更好的循环性能。还原氧化石墨烯制备过程中残留的羟基、羰基及环氧基等亲水性的基团,使其能与 $LiMn_2O_4$ 更好地结合,从而减少制备和充放电过程中的相转移。

层状 $LiNi_{1-x-y}Co_xMn_yO_2$($0 \leqslant x$、$y \leqslant 1$、$x + y \leqslant 1$)(LNCMO)被称为三元正极材料,$LiNi_{1/3}Co_{1/3}Mn_{1/3}O_2$ 作为 $LiCoO_2$ 的一种替代物,具有比容量高、循环性能好以及结构稳定等优点,受到了广泛关注。但是同样地,三元材料也存在电子电导率低等正极材料所具有的普遍问题。C.V.Rao 等通过微乳液法制备了 $LiNi_{1/3}Co_{1/3}Mn_{1/3}O_2$,再通过球磨制备石墨烯/$LiNi_{1/3}Co_{1/3}Mn_{1/3}O_2$ 复合物。在 2.5～4.4 V 的电压区间内以 0.05 C、1 C 及 5 C 充放电,首次充电比容量分别为 188 mA·h/g、178 mA·h/g 和 161 mA·h/g,首次放电比容量分别为 185 mA·h/g、172 mA·h/g 和 153 mA·h/g,相比于原材料有了明显的提高。这得益于石墨烯的高电子导电性减少了电极活性材料之间的界面电阻,同时,石墨烯片层包覆在电极材料表面,抑制了金属氧化物的溶解和相转变,保证了循环过程中电极材料的结构稳定。

3.2.2.3 石墨烯/金属氧化物

作为正极材料,二维层状结构的 V_2O_5 成本低廉,具有较高的比容量和良好的循环稳定性,作为锂离子电池正极材料候选物之一,拥有广泛的应用前景。然而,在实际应用中 V_2O_5 受缓慢的电子动力学和 Li^+ 迁移的限制,在大倍率下表现出较低的比容量和较差的循环性能。引入石墨烯,不仅可以增强其导电性,还能起到稳定结构、防止钒溶解的作用。

G.D.Du 等用石墨烯对含有结晶水的 V_2O_5 进行改性,首先由水热法制备 $V_2O_5 \cdot nH_2O$,与石墨烯悬浮液混合后过滤得到石墨烯/$V_2O_5 \cdot nH_2O$ 复合物。在复合材料中,$V_2O_5 \cdot nH_2O$ 紧紧黏附在石墨烯片层的表面。对于石墨烯含量为 17.8% 的复合材料,在 1.5～4.0 V 的电位区间内以 30 mA/g 的电流充放电,首圈放电比容量为 299 mA·h/g,循环 50 圈后衰减至 174 mA·h/g;当复合材料中石墨烯的含量提高至 39.6% 时,首圈和循环 50 圈后的放电比容量分别为 212 mA·h/g 和 190 mA·h/g,电极的循环性能有了明显提高。

H. Liu 等通过水热法制备了石墨烯/V_2O_5纳米线复合物,在 1.5~4.0 V 的电位区间内,以 50 mA/g 的电流放电,首圈比容量为 412 mA·h/g;当电流增大到 1600 mA/g 时,首圈放电比容量仍有 316 mA·h/g,且具有良好的倍率性能。这一方面得益于引入的石墨烯增强了材料的电子导电性,另一方面纳米线结构的采用缩短了锂离子的扩散路径,从而综合改善了材料的电化学性能。

3.3 锂离子电池负极

根据反应类型的不同,目前的锂离子电池负极材料主要可分为嵌入型、合金型和转化型三种。其中,包括石墨、硬炭和软炭材料在内的碳材料是最典型的嵌入型负极材料,以石墨为例,其层间可以嵌入锂离子形成一系列插层化合物——石墨层间化合物(GIC),由于具有导电性好、首次库仑效率高、充放电平台稳定等优点,石墨仍是目前商业化程度最高的锂离子电池负极材料。合金型储锂材料是指能与锂发生合金化反应的金属及其合金、中间相化合物及复合物,以 Si、Sn、Ge、Al 等元素为代表,这类负极材料通常具有较高的容量,但同时在充放电过程中也伴随着巨大的体积变化,因而其循环性能相比于碳材料不够理想。转化反应型负极材料大多为过渡金属元素如 Fe、Co、Ni、Mn、V、Ti、Mo、W、Cu 等的氧化物、硫化物、氮化物、磷化物及氟化物等,这类材料与锂的反应机理较为复杂,往往也具有较高的容量。除此以外,尖晶石结构的钛酸锂 $Li_4Ti_5O_{12}$ 也是一类重要的锂离子电池负极材料。$Li_4Ti_5O_{12}$ 的工作电压为 1.4~1.6 V(vs. Li/Li^+),电解液一般在 1.2 V 以下的电位区间发生分解,因而可认为在循环过程中其表面不会形成 SEI 膜。同时,$Li_4Ti_5O_{12}$ 还是一种"零应变"材料,即在锂离子嵌入和脱出的前后,材料几乎不发生体积变化。上述特点赋予 $Li_4Ti_5O_{12}$ 稳定的结构,可实现高达 10000 次的长循环寿命,且倍率性能优异、安全性好。然而,由于 $Li_4Ti_5O_{12}$ 的实际比容量较低(约 165 mA·h/g)且工作电压较高,因此以其为负极材料的电池能量密度有限,并且使用时还存在较高温度下嵌锂态 $Li_7Ti_5O_{12}$ 与电解液发生化学反应导致胀气的问题。

合金型负极材料硅、锡、锗、铝等，以及基于转换反应的过渡金属氧化物，如铁、锰、钛以及钴的氧化物等作为当今最有潜力取代石墨的锂离子电池非碳负极材料，不仅储量丰富，而且具有数倍于后者的质量比容量。另外，非碳负极材料因其高的质量比容量以及较高的密度，相较于石墨在体积比容量方面同样极具优势。但是，严重的体积膨胀问题（约 400%）导致其质量和体积比容量相对于石墨的优势远低于理论计算。不仅如此，非碳负极的优异性能更多是在薄电极（<10 μm）和低电极负载量（<1 mg/cm²）条件下取得，从而限制了整个器件的质量和体积能量密度。因此，推进高容量非碳负极的商业化，不仅要求其在材料设计方面发挥非碳活性材料的高容量优势，增加电极的密度，同时需要提高电极厚度，增加活性物质在器件中的体积占比，真正获得以非碳材料为负极的高能量密度锂离子电池。但是，随着电极密度与厚度的增加，对电极本身的循环稳定性以及电极内部电子的传递、离子的传输性能都提出了更高的要求。

碳材料，特别是碳纳米材料构建的碳笼结构，是解决非碳负极材料问题的重要手段。在非碳负极中引入碳材料不仅能够提高材料的导电性，而且其作为支撑骨架可以预留空间来缓冲非碳负极材料充放电过程中的体积变化，从而使非碳负极的质量比容量与循环稳定性得到改善。但是碳纳米材料本身的容量和密度较低，而且常常因为不够合理的碳笼结构设计导致空间过剩，降低了碳/非碳复合材料的密度，这些都极大限制了锂离子电池负极的质量比容量，特别是体积比容量的提高。Yi Cui 教授等在硅纳米颗粒表面构建纳米、微米级层次碳笼结构，分别起到缓冲硅纳米颗粒体积膨胀以及提高材料振实密度的作用，从而实现电极质量与体积性能以及负载量的优化提高。该层次硅碳负极可以实现1000圈的循环，同时达到 97% 的容量保持率；同时，循环过程中库仑效率可达 99.87%，体积比容量达到 1270 mA·h/cm³，面容量可达到 3.7 mA·h/cm²，石榴型硅碳负极纳米、微米级层次碳笼结构设计如图 3-8 所示。尽管如此，该材料仍然存在大量的颗粒间空隙，振实密度仍然较低（0.53 g/cm³），导致电极密度仅为 0.4 g/cm³。因此对碳笼结构的精确设计，不仅是发挥非碳负极性能优势，特别是高体积性能优势的学术难题，也是新型高性能

图 3-8 石榴型硅碳负极纳米、微米级层次碳笼结构设计

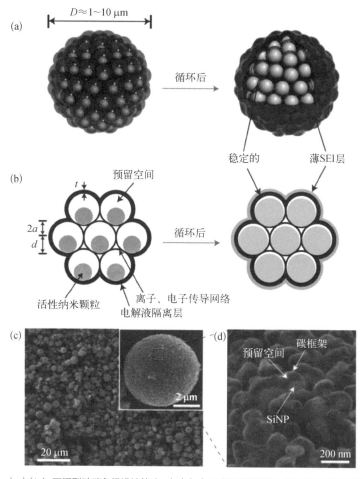

（a）（b）石榴型硅碳负极设计策略；（c）（d）石榴型硅碳负极 SEM 和 TEM 表征

负极产业化的必由之路。石墨烯材料具有优异的电子导电性、大比表面积和优异的机械性能，是良好的非碳活性物质负载体，其柔性的二维片层结构可以有效地缓解活性物质在充放电过程中的体积膨胀，提升电池的循环性能。实际上，石墨烯在电化学储能器件中的应用常常受到片层团聚的影响，难以发挥其纳米结构的优异性质。而石墨烯作为 sp² 杂化碳材料的结构单元，通过控制石墨烯纳米片的组织方式，可以实现新型碳质纳米材料自下而上的组装，甚至可以直接制备不同维度的具有特定功能的宏观体材料。因此，本节内容针对高容量非碳负极导电连续性与体积膨胀问题讨论石墨烯分别作为活性材料、电化学反应网络以及缓冲网络所发挥的重要作用，以及不同维度的石墨烯组装碳对于解决高容量

非碳负极问题的不同效果。

3.3.1 石墨烯在锂离子电池负极中的应用

1. 电极材料

理想的石墨烯其所有碳原子均暴露在表面,是真正的表面性固体,具有超大的比表面积(2630 m²/g),同时具有良好的导电性和导热性,是很有潜力的储能材料。在锂离子电池应用方面,石墨烯材料有其独特的优势:(1)石墨烯具有优良的导电和导热特性,亦即,本身已具有了良好的电子传输通道,而良好的导热性能也确保了其在使用中的稳定性;(2)聚集形成的宏观电极材料中,石墨烯片层的尺度在微纳米量级,远小于体相石墨,使得 Li^+ 在石墨烯片层之间的扩散路径较短;而且片层间距也大于结晶性良好的石墨,更有利于 Li^+ 的扩散传输。因此,石墨烯基电极材料同时具有良好的电子传输通道和离子传输通道,非常利于锂离子电池功率性能的提高。

2008 年,Yoo 等首先报道了石墨烯作为锂离子电池负极材料的研究,并与石墨进行了对比。当采用 50 mA/g 的电流密度充放电时,这种石墨烯电极材料的比容量为 540 mA·h/g;如果在其中掺入 C_{60} 和碳纳米管后,其比容量可高达 784 mA·h/g 和 730 mA·h/g;经 20 次循环后,容量均有一定程度的衰减。究其原因可能与材料中石墨烯片层的排列方式没有优化有关。如,以石墨烯压制形成的石墨烯纸作为锂离子电池负极材料时,循环性能就很不理想,即首次循环之后,比容量就下降到了 100 mA·h/g 以下(充放电电流密度为 50 mA/g)。大量研究表明,材料的电化学性能与材料中石墨烯片层的排列方式和片层结构密切相关,通过调控石墨烯片层的结构和排列方式从而调控材料的电子与离子传输能力是研究开发石墨烯基高性能电极材料的重要途径之一。

电池的功率性能与电极材料中 Li^+ 传输通道的排列和结构密切相关,充放电过程中 Li^+ 在负极材料中的扩散运动方向平行于石墨烯片层。由此可知,更加合理的 Li^+ 传输通道要求 Li^+ 在其中的扩散方向均平行于石墨烯片层,一种较理想的结构是石墨烯片层全都垂直于集流体排成阵列,这种结构既减小了 Li^+ 在石墨烯片层之间的扩散距离,同时也使 Li^+ 在石墨烯片层间的嵌入脱出更加快速。但这种结构的构建比较困难,因为在电极制备的过程中,石墨烯片层与集流体的接触方向是随机的,绝大多数石墨烯片层会平铺在集流体上,只有极少数石墨烯片层会垂直于集流体排列。要构建这种较为合理的 Li^+ 传输通道就要从石墨烯基电极材料的微观结构入手,制备出具有新颖结构的石墨烯纳米材料。

石墨烯大的比表面积及其良好的电学性能决定了其作为锂离子电池电极材料的巨大潜力,而如何有效地调控石墨烯的组装与排列使其形成良好的电子与离子传输通道则是构建高性能电极材料的关键。与此同时,通过化学方法在石墨烯结构中引入其他的活性位点或活性物质,进而实现化学储锂与物理储锂的有机结合则是另一个有前景的研究方向。但总体而言,石墨烯作为电化学活性材料存在首次不可逆容量过高以及充放电过程中没有稳定的电压平台的问题。另外,尽管全碳材料具有化学稳定性和热稳定性等优势,然而其较低的密度决定了其体积能量密度相对有限。因此,石墨烯及其组装碳材料作为电极材料并不具有实际应用价值。

2. 电化学反应网络

基于石墨烯构建连续、贯通的电化学反应网络是发挥石墨烯在锂离子电池电极中实现高效电子传导、离子作用的重要手段。在正极部分,我们已重点评述了石墨烯作为二维导电片层为正极活性颗粒构建"面对点"导电模式,同时与零维导电炭黑形成二元导电网络,高效发挥不同导电模式的协同作用,提高正极的电子传导性。

Yang 等采用 CVD 法构建三维连续多孔氮掺杂石墨烯笼结构包覆高容量锗,实现了对锗嵌锂膨胀的有效缓冲,大幅优化了电极的循环性能与倍率性能。基于牺牲性泡沫镍模板的两步 CVD 沉积石墨烯,可以为锗构建层次碳的缓冲结构:分别为具有充足预留空间的石墨烯笼限域结构和连续氮掺杂的石墨烯导电网络。该高质量层次石墨烯网络结构不仅实现了对锗活性颗粒嵌锂膨胀的充分缓冲（循环寿命高达 1000 圈，并保持约 1200 mA·h/g 的质量比容量），同时在很大程度上确保了在大倍率充放电过程中电子与离子的高效传导（在 40 C 条件下仍可保持 800 mA·h/g）。不仅如此，基于该石墨烯电化学网络的自支撑电极具有良好的柔性，即使在弯曲条件下，仍可保持良好的循环性能。

3. 缓冲网络

对于高容量的非碳负极材料，如合金型负极材料硅、锡、锗、铝等，以及基于转化反应的过渡金属氧化物，如铁氧化物、锰氧化物、钛氧化物以及钴氧化物等，在嵌锂过程中均会发生巨大的体积膨胀；而在不断的循环过程中，随着嵌锂膨胀和脱锂收缩过程的进行，严重的体积变化还导致非碳负极发生破裂、粉化，造成电极容量的急剧衰减。而为高容量非碳负极材料构建的石墨烯电化学反应网络，除了保证必要的电子与离子传输之外，必然发挥一定的缓冲网络的作用。其中，碳为非碳负极材料构建的核壳结构能够在一定程度上缓冲负极材料的体积膨胀，并能起到隔绝电解液、稳定 SEI 膜的作用。但是，因为内部缓冲空间的缺失，核壳结构在负极材料嵌锂膨胀时，极易发生破裂，从而在后续的循环过程中并不能很好地改善非碳负极的循环稳定性。蛋黄壳碳笼结构被证明是一种有效的缓冲非碳负极体积膨胀并稳定 SEI 膜的复合结构。其中，如图 3-9 所示，Yi Cui 教授等在微米硅表面生长了少层石墨烯笼作为保护层。该石墨烯笼结构内部具有合适的缓冲空间，同时该石墨烯笼结构相比于常用的无定形碳笼结构，具有更为优异的电子导电性以及机械稳定性。这样，该石墨烯笼结构即能有效地缓冲微米硅颗粒在嵌锂脱锂时的颗粒膨胀与粉碎，始终保持微米硅颗粒与碳导电网络的良好电学接触，从而在全电池测试条件下仍可实现 100 圈循环后 90% 的容量保持率。Zhao 等利用石墨烯均匀高效负载 SnO_2 量子点，作为锂离子电池负极材料表现出优异的循环稳定性以及倍率性能（2 A/g 电流密度下循环 2000 圈仍可实现 86% 的容量保持率）。上述研究证明了高导电石墨烯片层结构与高容量非碳量子点结合实现材料性能优化的可行性。

图3-9 针对微米
硅的石墨烯笼结构
设计

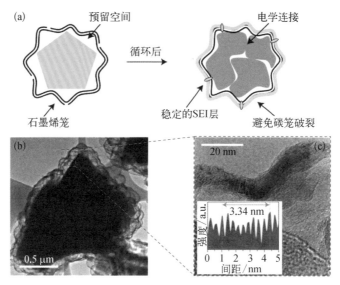

（a）石墨烯笼缓冲微米硅体积膨胀示意图；（b）（c）少层石墨烯笼的 TEM 表征

3.3.2 石墨烯/非碳复合材料作为锂离子电池负极

石墨烯应用在锂离子电池中能够发挥优异的电子传导性能从而提高电极整体的导电性，同时其大的比表面积及其大量官能团的存在能够高效负载非碳活性颗粒，而其优异的机械性能可以很好地缓冲非碳负极的体积膨胀。但石墨烯基宏观材料在实际应用过程中，由于片层间范德瓦耳斯力的存在，石墨烯片层极易发生堆叠，从而难以在电极工作过程中发挥纳米单层时所具备的优异理化性质。在石墨烯宏观体构建过程中，通过对石墨烯片层构建的纳米织构进行设计，实现石墨烯纳米片层优异理化性质到石墨烯宏观体的过渡，同时借助石墨烯宏观体内部纳米织构的调控，发挥石墨烯纳米片层所不具备的织构优势，如连续的导电网络、相互贯穿的孔道结构等对发挥所负载非碳活性颗粒的电化学性能具有重要的作用。石墨烯可以一维卷曲成纤维，二维堆叠成膜，三维组装成块体。低维度石墨烯宏观体，如一维石墨烯纤维和二维石墨烯膜具有良好的机械柔性和稳定的结构，从而能够作为自支撑电极或者柔性电极的基体。而石墨烯的三维组装体具有连续的导电网络以及相互贯通的孔结构,可以作为良好的电化学网络以及缓冲网络应用在非碳负极中。

1. 一维石墨烯/非碳复合材料

石墨烯纳米片层卷曲成一维纤维具有长程的一维电子传输通路,且在静电纺丝过程中,通过调控石墨烯片层与活性颗粒的接触模式,可以提高石墨烯纤维对非碳活性组分的电学接触。

Zhi 等利用静电纺丝技术获得石墨烯中空纤维,同时内部限域 MoS_2,值得注意的是,MoS_2 纳米片并非传统的"面对面"的同石墨烯片层相接触,而是"站立"在石墨烯纤维中空内部,形成"边对面"接触。如此高效的碳基负载模式可以实现 90% 的 MoS_2 含量(层数少于 5 层)。最终,该石墨烯纤维/MoS_2 复合材料作为自支撑电极,可以发挥出高可逆容量(1150 mA·h/g)且在 0.5 A/g 电流密度下循环 160 圈几乎不发生容量衰减。不只如此,该高效的碳-非碳接触模式确保该自支撑电极在 10 A/g 电流密度下仍可获得 700 mA·h/g 的质量比容量(图 3-10)。

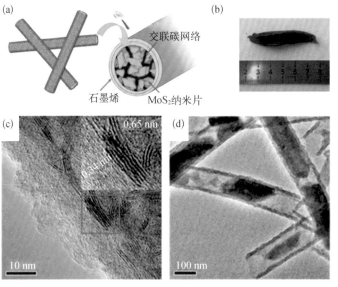

图 3-10 石墨烯中空纤维内部限域 MoS_2

(a)石墨烯纤维高效负载 MoS_2 纳米片层示意图;(b)石墨烯纤维/MoS_2 纺织成膜;(c)(d)不同 TEM 分辨率下该复合结构的"边对面"接触模式

2. 二维石墨烯/非碳复合材料

石墨烯片层堆叠成石墨烯膜,具有优异的柔性和结构稳定性,负载非碳活性颗粒,既能确保其电学连续性,又能保证嵌锂脱锂循环过程中的结构稳定性。

笔者课题组将纳米硅活性颗粒引入石墨烯膜中,同时利用聚丙烯腈(PAN)将硅活性颗粒紧紧黏结在石墨烯膜内部。如此致密稳固的石墨烯膜基硅负极,可以有效缓冲硅活性颗粒的体积膨胀,从而获得良好的循环性能(初始可逆容量达到 1711 mA·h/g,50 圈循环之后仍可保持 1357 mA·h/g 的容量)。D. A. Agyeman 等利用聚多巴胺连接石墨烯片层与硅纳米颗粒,基于石墨烯膜形成石墨烯-硅的三明治结构,从而大大提高了硅负极的结构与电学稳定性,在 300 mA/g 电流密度下循环 200 圈仍保持 1000 mA·h/g 的容量,容量保持率接近 100%。不仅如此,笔者课题组提出利用石墨烯膜内部纳米空间来限域生长 Sn 纳米片,大大提高了石墨烯片层同 Sn 纳米片的接触面积,从而大幅度提高了碳-非碳之间的电学连接,同时实现对 Sn 嵌锂膨胀的有效缓冲,在 100 mA/g 电流密度下循环 50 圈,仍可保持 650 mA·h/g 的质量比容量利用石墨烯薄膜层状结构限域生长 Sn 纳米片过程示意图如图 3-11 所示。实际上,在石墨烯碳膜限域非碳活性颗粒的过程中,非碳活性颗粒具有一定的尺寸(从纳米到微米),亦能

图 3-11 利用石墨烯薄膜层状结构限域生长 Sn 纳米片过程示意图

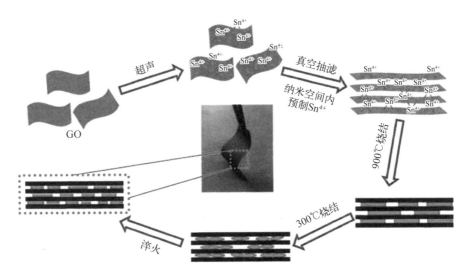

撑开石墨烯碳膜,能更好地发挥石墨烯碳膜内部空间传输锂离子,缓冲非碳活性颗粒体积膨胀的作用。石墨烯碳膜同时被应用在限域 SnO_2、FeO_x、Co_3O_4、MnO_2 等一系列高容量非碳活性颗粒,解决充放电过程中电学连续性以及体积膨胀的问题。尽管如此,二维石墨烯膜受限于垂直面的离子传输问题,仍难以在高负载、大倍率条件下完全可逆利用非碳活性颗粒的容量。

3. 三维石墨烯/非碳复合材料

石墨烯作为 sp^2 杂化碳材料的结构单元,通过控制其纳米片的组织方式,可以实现对这一新型碳质纳米材料自下而上的组装,从而获得不同维度的具有特定功能的宏观体材料。其中,石墨烯通过三维组装可以获得石墨烯块体材料。组装方法一般有 CVD 法、自组装法(如界面自组装、静电作用诱发自组装、水热自组装和金属离子辅助自组装)等。其中,三维石墨烯材料具有强机械强度,能够有效缓冲非碳活性组分在嵌锂脱锂过程中由于体积膨胀所产生的应力,有利于提高电极的循环稳定性。同时,石墨烯三维组装体作为电化学反应网络,以其良好的电子传导性和离子传输性,同样在锂离子电池领域得到了很好的应用。

C. Wu 等利用聚苯乙烯球作为牺牲性模板,构建连续多孔的三维石墨烯网络,通过预留空间对大尺寸 Sn 基活性颗粒的匹配,实现了对 Sn 基活性颗粒体积膨胀的有效缓冲,同时三维石墨烯连续高效的离子与电子传导性保证了 Sn 基活性颗粒容量的发挥。考虑到高容量非碳电极材料的实际应用,以石墨烯构建的缓冲网络对于高活性物质负载量条件下的优异电化学性能能够发挥重要的作用。Duan 教授等利用穿孔石墨烯三维网络负载 Nb_2O_5 直接作为锂离子电池负极,通过石墨烯网络的三维连续织构和相互连接的层次多孔结构有效提高了电子传导性、大大降低了厚电极内部的离子传输阻力,从而在高活性物质负载量($>10\ mg/cm^2$)和高倍率($>4\ mA/cm^2$)条件下,实现锂离子电池能量密度与倍率性能的协同提高,在 100 C 快速充放电条件下,仍可发挥 75 $mA \cdot h/g$ 的比容量[图 3-12(a)]。

随着用户便携性要求的提高,体积能量密度成为锂离子电池至关重要的性能指标,但高容量非碳负极材料在循环过程中巨大的体积膨胀严重限制了其体积性能优势的发挥。一般来说,石墨烯构建的电化学反应网络以及缓冲网络内

图 3- 12 三维石墨烯/非碳复合材料构建

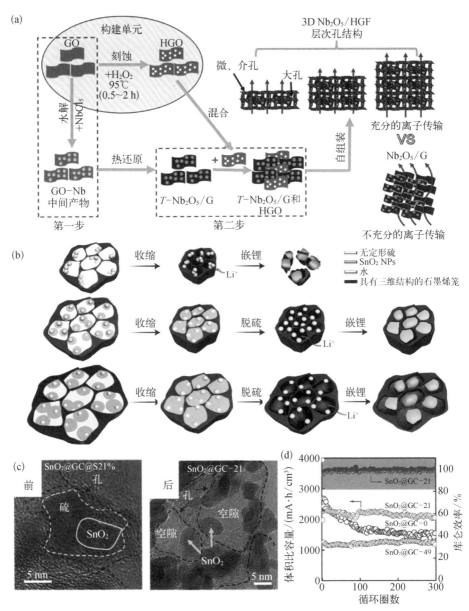

（a）三维层次穿孔石墨烯网络负载 Nb₂O₅示意图；（b）基于石墨烯的致密组装，硫模板法精确定制碳笼尺寸；（c）硫模板去除前后的 TEM 表征；（d）三维石墨烯/SnO₂复合物的体积性能

部无效空间较多，且使用量居高不下，难以避免碳纳米材料密度较低的问题，因而不利于锂离子电池体积能量密度的提高。我们团队在碳材料致密储能方面取得了重要的进展，通过毛细蒸发技术可以获得高密度、大比表面积的三维石墨烯

组装碳,应用在超级电容器方面可以大幅度提高其体积比容量。因此,基于石墨烯网络的致密化策略,利用毛细蒸发技术获得的三维致密石墨烯网络来作为碳反应网络有望大幅度提高储能器件的体积性能:采用液相组装法在非碳活性颗粒表面原位形成连续的三维石墨烯网络结构,同时利用水的毛细蒸发作用,从内而外实现石墨烯网络的原位收缩,通过提高复合材料密度来提高电极的体积性能。尽管如此,该复合材料收缩之后过于致密的碳结构难以提供足够的预留空间以缓冲非碳活性颗粒嵌锂时的体积膨胀,导致电极结构破裂、粉化,造成容量急剧衰减,最终仍难以实现非碳负极体积性能的提升。

三维石墨烯网络的致密构建,可以提高非碳电极的体积性能。在采用毛细蒸发技术构建致密石墨烯网络的过程中,将硫作为一种可流动的体积模板,实现了非碳活性颗粒石墨烯碳外衣的定制。硫模板法的提出,是在三维石墨烯致密网络中,巧妙利用硫如同"变形金刚"一样的流动性、无定形性,以及易去除等特点,在碳笼结构内部实现对非碳活性颗粒如二氧化锡纳米颗粒的紧密包覆。与传统的"形状"模板相比,硫模板的最大优势就是能发挥可塑性的体积模板作用,使紧致的石墨烯笼结构能够提供适形且尺寸精确可控的预留空间,最终完成针对活性二氧化锡的"量体裁衣"[图 3-12(b)~(d)]。这种具有合适预留空间且保持高密度的碳/非碳复合电极材料能贡献出极高的体积比容量,从而大幅度提高锂离子电池的体积能量密度。

3.4　其他应用

石墨烯是二维 sp^2 杂化的单层碳原子晶体,其优异的电学和力学性质能显著改善锂离子电池的电化学性能;其出色的热学性能使之应用于电池的热管理时同样具有良好的效果。石墨烯的低维结构可显著削减晶界处声子的边界散射,并赋予其特殊的声子模式,表现出优于传统材料的导热特性,实验测得其本征热导率高达 5300 W/(m・K),已超越碳纳米管、石墨等碳同素异形体的极限,更远超银和铜等金属材料。图 3-13 列出了碳同素异形体及其衍生物的热学性质。

利用相变材料(PCMs)储存来自电池的热量是锂离子电池组热管理的一种

图 3- 13　碳同素
异形体及其衍生物
的热学性质

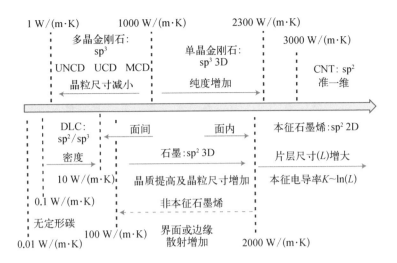

常用方法。当环境温度在一个较小的范围内变化时,相变材料可以吸收/释放热量并发生相变,从而有助于缓冲锂离子电池在使用过程中的温度波动。然而,普通相变材料的导热系数很低,室温下在 $0.17\sim0.35$ W/(m·K)范围内。相比之下,硅和铜的室温热导率分别约为 145 W/(m·K)和 381 W/(m·K)。通过改变相变材料的化学成分,可以调节其熔点和工作的温度范围。

　　Balandin 等在有机相变材料中引入少层石墨烯作为填料,使材料的导热系数提高了两个数量级以上(图 3-14),同时保持了其潜热储存能力。石墨烯薄片与石蜡的结合产生了良好的热耦合,显著降低了锂离子电池组内部的温升(图 3-15)。

图 3- 14　不同石
墨烯负载量下复合
相变材料的导热系
数随温度的变化

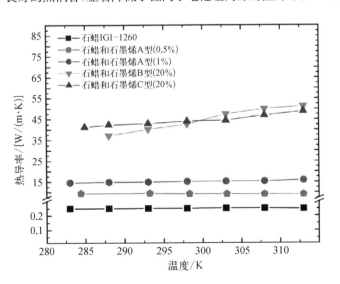

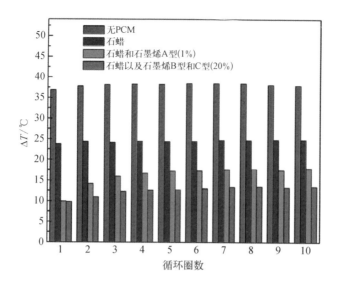

图 3-15 石墨烯复合相变材料在锂离子电池组热管理中的应用

3.5 材料设计展望

对于石墨烯基碳/非碳电极材料而言,充放电过程中嵌锂与脱锂造成的体积效应会引起活性材料严重的体积变化与表面变化问题,前者会造成活性材料本身的结构破裂以及对碳缓冲框架的机械冲击,而后者会造成持续的电解液接触、降解,反复的 SEI 膜生长。在上述工作综述中,基于石墨烯构建的碳笼结构可以较好地解决体积效应所带来的一系列问题,但是如何在完整保护破裂新表面的同时,实现对非碳活性颗粒体积膨胀的有效缓冲,以及如何在充分预留空间缓冲非碳活性颗粒体积变化的同时,始终保持对非碳活性颗粒的连续多点的电子供应是后续石墨烯碳笼/非碳活性颗粒复合电极材料构建的关键点。为了提高锂离子电池的能量密度,需要在高活性物质负载量以及稳定的电极体积与结构的条件下去提高活性物质在整个电极中的质量分数以及体积分数。

同时,随着便携式器件的迅速发展,小型化成为储能器件发展的重要趋势,即体积比容量成为电池越来越重要的性能指标。在电极做厚的过程中,在活性材料之中引入过多的空隙,虽然活性物质负载量得以增加,即面容量得到提高,但会占据过多的空间,造成体积比容量较低。因此,在电极做厚的过程中,也需要对电极做密。然而,电极做厚一般需要增加电极内部孔隙,降低离子传输曲折率,而电极做密则是对电极内部空间包括活性颗粒内部空间进行高效利用甚至是压缩的过程,两者彼此制约。这样,对厚电极进一步致密化意味着活性物质内部空间以及电极内部空间的减少,即离子传输曲折度进一步增加,缓冲非碳负极体积膨胀的预留空隙减少,如此便对电极体相离子传输、电极的体积变化以及结构稳定性提出了更为严苛的要求。

电极内部传质通道是电解液浸润和实现离子传输的必要路径,特别是在快速充放电过程中,电极容量的发挥对离子的传输速率有很高的要求;同时,为了面向实用化,提高电极的负载量会导致电极厚度增加,造成离子传输曲折率大幅度增加。三维石墨烯网络能够提供交联的离子传输通道,通过调控三维石墨烯网络的孔隙结构,平衡电极的厚度与密度,发挥微孔、介孔、大孔的协同作用,能够有效降低厚电极内部的离子曲折率。此外,提高整个石墨烯网络的机械性能以及对活性材料的限域缓冲能力,是缓解"厚密"电极体积膨胀问题、提高循环稳定性的重要方式。因此,构建短程、有序的离子传输通道,解决电极厚度增加后的离子传输问题,提高石墨烯网络导电性,优化石墨烯导电网络的连续性,不断提高、平衡电极的厚度与密度,构建高体积容量、高面容量、高倍率的非碳/碳复合电极,有助于推动基于碳纳米材料的复合电极材料在电化学储能器件中的实用化进程。不仅如此,考虑到石墨烯基非碳复合材料在锂离子电池中的实际应用,唯有通过最大限度地发挥石墨烯的导电作用、电化学网络以及缓冲网络的作用,才能在最低程度的碳用量条件下,实现对非碳负极的保护,避免副反应的发生,降低锂离子的不可逆消耗,最终达到首圈库仑效率和后续循环效率均满足产业化要求的目标。

参考文献

[1] Lewis G N, Keyes F G. The potential of the lithium electrode[J]. Journal of the American Chemical Society, 1913, 35(4): 340 - 344.

［2］ Harris W S. Electrochemical studies in cyclic esters[M]. University of California Radiation Laboratory, 1958.

［3］ Whittingham M S, Gamble Jr F R. The lithium intercalates of the transition metal dichalcogenides[J]. Materials Research Bulletin, 1975, 10(5): 363 - 371.

［4］ Whittingham M S. Electrical energy storage and intercalation chemistry[J]. Science, 1976, 192(4244): 1126 - 1127.

［5］ Mizushima K, Jones P C, Wiseman P J, et al. Li_xCoO_2 ($0 < x < 1$): a new cathode material for batteries of high energy density[J]. Materials Research Bulletin, 1980, 15(6): 783 - 789.

［6］ Yazami R, Touzain P. A reversible graphite-lithium negative electrode for electrochemical generators[J]. Journal of Power Sources, 1983, 9(3): 365 - 371.

［7］ Dudney N J, Li J. Using all energy in a battery[J]. Science, 2015, 347(6218): 131 - 132.

［8］ Park M, Zhang X, Chung M, et al. A review of conduction phenomena in Li-ion batteries[J]. Journal of Power Sources, 2010, 195(24): 7904 - 7929.

［9］ Bonaccorso F, Colombo L, Yu G, et al. Graphene, related two-dimensional crystals, and hybrid systems for energy conversion and storage[J]. Science, 2015, 347(6217): 1246501.

［10］ Kucinskis G, Bajars G, Kleperis J. Graphene in lithium ion battery cathode materials: a review[J]. Journal of Power Sources, 2013, 240: 66 - 79.

［11］ Wang J, Sun X. Understanding and recent development of carbon coating on $LiFePO_4$ cathode materials for lithium-ion batteries[J]. Energy & Environmental Science, 2012, 5(1): 5163 - 5185.

［12］ Spahr M E, Goers D, Leone A, et al. Development of carbon conductive additives for advanced lithium ion batteries[J]. Journal of Power Sources, 2011, 196(7): 3404 - 3413.

［13］ 闻雷,宋仁升,石颖,等.炭材料在锂离子电池中的应用及前景[J].科学通报,2013, 58(31): 3157 - 3171.

［14］ Zheng H, Yang R, Liu G, et al. Cooperation between active material, polymeric binder and conductive carbon additive in lithium ion battery cathode[J]. The Journal of Physical Chemistry C, 2012, 116(7): 4875 - 4882.

［15］ Long Y, Shu Y, Ma X, et al. In-situ synthesizing superior high-rate $LiFePO_4$/C nanorods embedded in graphene matrix[J]. Electrochimica Acta, 2014, 117: 105 - 112.

［16］ Su F Y, You C, He Y B, et al. Flexible and planar graphene conductive additives for lithium-ion batteries[J]. Journal of Materials Chemistry, 2010, 20(43): 9644 - 9650.

［17］ Tang R, Yun Q, Lv W, et al. How a very trace amount of graphene additive works for constructing an efficient conductive network in $LiCoO_2$-based lithium-ion batteries[J]. Carbon, 2016, 103: 356 - 362.

[18] Indrikova M, Grunwald S, Golks F, et al. The morphology of battery electrodes with the focus of the conductive additives paths [J]. Journal of The Electrochemical Society, 2015, 162(10): A2021 - A2025.

[19] Li X L, Zhang Y L, Song H F, et al. The comparison of carbon conductive additives with different dimensions on the electrochemical performance of LiFePO₄ cathode[J]. International Journal of Electrochemical Science, 2012, 7 (8): 7111 - 7120.

[20] Su F Y, He Y B, Li B, et al. Could graphene construct an effective conducting network in a high-power lithium ion battery[J]. Nano Energy, 2012, 1(3): 429 - 439.

[21] Wei W, Lv W, Wu M B, et al. The effect of graphene wrapping on the performance of LiFePO₄ for a lithium ion battery[J]. Carbon, 2013, 57: 530 - 533.

[22] Yao F, Gunes F, Ta H Q, et al. Diffusion mechanism of lithium ion through basal plane of layered graphene[J]. Journal of the American Chemical Society, 2012, 134(20): 8646 - 8654.

[23] Porcher W, Lestriez B, Jouanneau S, et al. Design of aqueous processed thick LiFePO₄ composite electrodes for high-energy lithium battery[J]. Journal of The Electrochemical Society, 2009, 156(3): A133 - A144.

[24] Singh M, Kaiser J, Hahn H. Thick electrodes for high energy lithium ion batteries [J]. Journal of The Electrochemical Society, 2015, 162(7): A1196 - A1201.

[25] Denis Y W, Donoue K, Inoue T, et al. Effect of electrode parameters on LiFePO₄ cathodes[J]. Journal of The Electrochemical Society, 2006, 153(5): A835 - A839.

[26] Zheng H, Li J, Song X, et al. A comprehensive understanding of electrode thickness effects on the electrochemical performances of Li-ion battery cathodes [J]. Electrochimica Acta, 2012, 71: 258 - 265.

[27] Ke L, Lv W, Su F Y, et al. Electrode thickness control: precondition for quite different functions of graphene conductive additives in LiFePO₄ electrode[J]. Carbon, 2015, 92: 311 - 317.

[28] Ha J, Park S K, Yu S H, et al. A chemically activated graphene-encapsulated LiFePO₄ composite for high-performance lithium ion batteries[J]. Nanoscale, 2013, 5(18): 8647 - 8655.

[29] Vijayaraghavan B, Ely D R, Chiang Y M, et al. An analytical method to determine tortuosity in rechargeable battery electrodes [J]. Journal of The Electrochemical Society, 2012, 159(5): A548 - A552.

[30] Sotowa C, Origi G, Takeuchi M, et al. The reinforcing effect of combined carbon nanotubes and acetylene blacks on the positive electrode of lithium-ion batteries [J]. ChemSusChem: Chemistry & Sustainability Energy & Materials, 2008, 1(11): 911 - 915.

[31] Cheon S E, Kwon C W, Kim D B, et al. Effect of binary conductive agents in

LiCoO₂ cathode on performances of lithium ion polymer battery [J].
Electrochimica Acta, 2000, 46(4): 599 – 605.

[32] Wang K, Wu Y, Luo S, et al. Hybrid super-aligned carbon nanotube/carbon black conductive networks: a strategy to improve both electrical conductivity and capacity for lithium ion batteries[J]. Journal of Power Sources, 2013, 233: 209 – 215.

[33] Liu X Y, Peng H J, Zhang Q, et al. Hierarchical carbon nanotube/carbon black scaffolds as short-and long-range electron pathways with superior Li-ion storage performance[J]. ACS Sustainable Chemistry & Engineering, 2013, 2 (2): 200 – 206.

[34] Seïd K A, Badot J C, Dubrunfaut O, et al. Multiscale electronic transport in $Li_{1+x}Ni_{1/3-u}Co_{1/3-v}Mn_{1/3-w}O_2$: a broadband dielectric study from 40 Hz to 10 GHz [J]. Physical Chemistry Chemical Physics, 2013, 15(45): 19790 – 19798.

[35] Seïd K A, Badot J C, Dubrunfaut O, et al. Multiscale electronic transport mechanism and true conductivities in amorphous carbon – LiFePO₄ nanocomposites [J]. Journal of Materials Chemistry, 2012, 22(6): 2641 – 2649.

[36] Dominko R, Gaberšček M, Drofenik J, et al. Influence of carbon black distribution on performance of oxide cathodes for Li ion batteries [J]. Electrochimica Acta, 2003, 48(24): 3709 – 3716.

[37] Badot J C, Ligneel É, Dubrunfaut O, et al. A multiscale description of the electronic transport within the hierarchical architecture of a composite electrode for lithium batteries[J]. Advanced Functional Materials, 2009, 19(17): 2749 – 2758.

[38] Chen Y H, Wang C W, Liu G, et al. Selection of conductive additives in Li-ion battery cathodes a numerical study[J]. Journal of the Electrochemical Society, 2007, 154(10): A978 – A986.

[39] Bauer W, Nötzel D, Wenzel V, et al. Influence of dry mixing and distribution of conductive additives in cathodes for lithium ion batteries[J]. Journal of Power Sources, 2015, 288: 359 – 367.

[40] Bockholt H, Haselrieder W, Kwade A. Intensive powder mixing for dry dispersing of carbon black and its relevance for lithium-ion battery cathodes[J]. Powder Technology, 2016, 297: 266 – 274.

[41] Dimesso L, Förster C, Jaegermann W, et al. Developments in nanostructured LiMPO₄ (M = Fe, Co, Ni, Mn) composites based on three dimensional carbon architecture[J]. Chemical Society Reviews, 2012, 41(15): 5068 – 5080.

[42] Moriguchi I, Nabeyoshi S, Izumi M, et al. 3D-ordered nanoporous LiMPO₄ (M = Fe, Mn) – carbon composites with excellent charging-discharging rate-capability [J]. Chemistry Letters, 2012, 41(12): 1639 – 1641.

[43] Wang Y, Feng Z S, Chen J J, et al. Synthesis and electrochemical performance of LiFePO₄/graphene composites by solid-state reaction[J]. Materials Letters, 2012,

71: 54 - 56.

[44] Zhu J, Yang R, Wu K. Synthesis of Li$_3$V$_2$(PO$_4$)$_3$/reduced graphene oxide cathode material with high-rate capability[J]. Ionics, 2013, 19(4): 577 - 580.

[45] Zhu Y, Murali S, Stoller M D, et al. Carbon-based supercapacitors produced by activation of graphene[J]. Science, 2011, 332(6037): 1537 - 1541.

[46] Liu H, Gao P, Fang J, et al. Li$_3$V$_2$(PO$_4$)$_3$/graphene nanocomposites as cathode material for lithium ion batteries[J]. Chemical Communications, 2011, 47(32): 9110 - 9112.

[47] Mun J, Ha H W, Choi W. Nano LiFePO$_4$ in reduced graphene oxide framework for efficient high-rate lithium storage[J]. Journal of Power Sources, 2014, 251: 386 - 392.

[48] Wang L, Wang H, Liu Z, et al. A facile method of preparing mixed conducting LiFePO$_4$/graphene composites for lithium-ion batteries[J]. Solid State Ionics, 2010, 181(37 - 38): 1685 - 1689.

[49] Zhou X, Wang F, Zhu Y, et al. Graphene modified LiFePO$_4$ cathode materials for high power lithium ion batteries[J]. Journal of Materials Chemistry, 2011, 21 (10): 3353 - 3358.

[50] Zhao X, Hayner C M, Kung H H. Self-assembled lithium manganese oxide nanoparticles on carbon nanotube or graphene as high-performance cathode material for lithium-ion batteries[J]. Journal of Materials Chemistry, 2011, 21 (43): 17297 - 17303.

[51] Venkateswara Rao C, Leela Mohana Reddy A, Ishikawa Y, et al. LiNi$_{1/3}$Co$_{1/3}$Mn$_{1/3}$O$_2$- graphene composite as a promising cathode for Lithium-ion batteries[J]. ACS Applied Materials & Interfaces, 2011, 3(8): 2966 - 2972.

[52] Du G, Seng K H, Guo Z, et al. Graphene - V$_2$O$_5$ · nH$_2$O xerogel composite cathodes for lithium ion batteries[J]. RSC Advances, 2011, 1(4): 690 - 697.

[53] Liu H, Yang W. Ultralong single crystalline V$_2$O$_5$ nanowire/graphene composite fabricated by a facile green approach and its lithium storage behavior[J]. Energy & Environmental Science, 2011, 4(10): 4000 - 4008.

[54] Armand M, Tarascon J M. Building better batteries[J]. Nature, 2008, 451 (7179): 652.

[55] Tao Y, Xie X, Lv W, et al. Towards ultrahigh volumetric capacitance: graphene derived highly dense but porous carbons for supercapacitors[J]. Scientific Reports, 2013, 3: 2975.

[56] Geim A K. Graphene: status and prospects[J]. Science, 2009, 324(5934): 1530 - 1534.

[57] Raccichini R, Varzi A, Passerini S, et al. The role of graphene for electrochemical energy storage[J]. Nature Materials, 2015, 14(3): 271.

[58] Berger C, Song Z, Li X, et al. Electronic confinement and coherence in patterned epitaxial graphene[J]. Science, 2006, 312(5777): 1191 - 1196.

[59] Choi N S, Chen Z, Freunberger S A, et al. Challenges facing lithium batteries and electrical double-layer capacitors[J]. Angewandte Chemie International Edition, 2012, 51(40): 9994 - 10024.

[60] Choi J W, Aurbach D. Promise and reality of post-lithium-ion batteries with high energy densities[J]. Nature Reviews Materials, 2016, 1(4): 16013.

[61] Shang T, Wen Y, Xiao D, et al. Atomic-scale monitoring of electrode materials in lithium-ion batteries using in situ transmission electron microscopy[J]. Advanced Energy Materials, 2017, 7(23): 1700709.

[62] Lu J, Chen Z, Pan F, et al. High-performance anode materials for rechargeable lithium-ion batteries[J]. Electrochemical Energy Reviews, 2018: 1 - 19.

[63] Schmuch R, Wagner R, Hörpel G, et al. Performance and cost of materials for lithium-based rechargeable automotive batteries[J]. Nature Energy, 2018, 3(4): 267.

[64] Eftekhari A. Low voltage anode materials for lithium-ion batteries[J]. Energy Storage Materials, 2017, 7: 157 - 180.

[65] Li W, Song B, Manthiram A. High-voltage positive electrode materials for lithium-ion batteries[J]. Chemical Society Reviews, 2017, 46(10): 3006 - 3059.

[66] Xu K. Nonaqueous liquid electrolytes for lithium-based rechargeable batteries[J]. Chemical Reviews, 2004, 104(10): 4303 - 4418.

[67] Etacheri V, Marom R, Elazari R, et al. Challenges in the development of advanced Li-ion batteries: a review[J]. Energy & Environmental Science, 2011, 4(9): 3243 - 3262.

[68] Yang Z, Zhang J, Kintner-Meyer M C W, et al. Electrochemical energy storage for green grid[J]. Chemical Reviews, 2011, 111(5): 3577 - 3613.

[69] Xu K. Electrolytes and interphases in Li-ion batteries and beyond[J]. Chemical Reviews, 2014, 114(23): 11503 - 11618.

[70] Ye M, Zhang Z, Zhao Y, et al. Graphene platforms for smart energy generation and storage[J]. Joule, 2018, 2(2): 245 - 268.

[71] Li X, Zhi L. Graphene hybridization for energy storage applications[J]. Chemical Society Reviews, 2018, 47(9): 3189 - 3216.

[72] Zhao F, Bae J, Zhou X, et al. Nanostructured functional hydrogels as an emerging platform for advanced energy technologies[J]. Advanced Materials, 2018: 1801796.

[73] Li H, Wang Z, Chen L, et al. Research on advanced materials for Li-ion batteries[J]. Advanced Materials, 2009, 21(45): 4593 - 4607.

[74] Gallagher K G, Trask S E, Bauer C, et al. Optimizing areal capacities through understanding the limitations of lithium-ion electrodes[J]. Journal of The Electrochemical Society, 2016, 163(2): A138 - A149.

[75] Ji L, Lin Z, Alcoutlabi M, et al. Recent developments in nanostructured anode materials for rechargeable lithium-ion batteries[J]. Energy & Environmental

Science, 2011, 4(8): 2682-2699.

[76] Liu Y, Zhou G, Liu K, et al. Design of complex nanomaterials for energy storage: past success and future opportunity[J]. Accounts of Chemical Research, 2017, 50(12): 2895-2905.

[77] Liu N, Lu Z, Zhao J, et al. A pomegranate-inspired nanoscale design for large-volume-change lithium battery anodes[J]. Nature Nanotechnology, 2014, 9(3): 187.

[78] Mo R, Rooney D, Sun K, et al. 3D nitrogen-doped graphene foam with encapsulated germanium/nitrogen-doped graphene yolk-shell nanoarchitecture for high-performance flexible Li-ion battery[J]. Nature Communications, 2017, 8: 13949.

[79] Li Y, Yan K, Lee H W, et al. Growth of conformal graphene cages on micrometre-sized silicon particles as stable battery anodes[J]. Nature Energy, 2016, 1(2): 15029.

[80] Zhao K, Zhang L, Xia R, et al. SnO_2 quantum dots@ graphene oxide as a high-rate and long-life anode material for lithium-ion batteries[J]. Small, 2016, 12(5): 588-594.

[81] Kong D, He H, Song Q, et al. Rational design of MoS_2@ graphene nanocables: towards high performance electrode materials for lithium ion batteries[J]. Energy & Environmental Science, 2014, 7(10): 3320-3325.

[82] Yun Q, Qin X, Lv W, et al. "Concrete" inspired construction of a silicon/carbon hybrid electrode for high performance lithium ion battery[J]. Carbon, 2015, 93: 59-67.

[83] Agyeman D A, Song K, Lee G H, et al. Carbon-coated Si nanoparticles anchored between reduced graphene oxides as an extremely reversible anode material for high energy-density Li-ion battery[J]. Advanced Energy Materials, 2016, 6(20): 1600904.

[84] Li Z, Lv W, Zhang C, et al. Nanospace-confined formation of flattened Sn sheets in pre-seeded graphenes for lithium ion batteries[J]. Nanoscale, 2014, 6(16): 9554-9558.

[85] Sun H, Mei L, Liang J, et al. Three-dimensional holey-graphene/niobia composite architectures for ultrahigh-rate energy storage[J]. Science, 2017, 356(6338): 599-604.

[86] Han J, Kong D, Lv W, et al. Caging tin oxide in three-dimensional graphene networks for superior volumetric lithium storage[J]. Nature Communications, 2018, 9(1): 402.

[87] Balandin A A, Ghosh S, Bao W, et al. Superior thermal conductivity of single-layer graphene[J]. Nano Letters, 2008, 8(3): 902-907.

[88] Balandin A A. Thermal properties of graphene and nanostructured carbon materials[J]. Nature Materials, 2011, 10(8): 569-581.

[89] Goli P, Legedza S, Dhar A, et al. Graphene-enhanced hybrid phase change materials for thermal management of Li-ion batteries [J]. Journal of Power Sources, 2014, 248: 37 - 43.

第 4 章

石墨烯在锂硫电池
中的应用

4.1 锂硫电池简介

经济社会的快速发展,特别是电动汽车的逐渐普及,对储能电池提出了更高的要求,需要其具有更高的能量密度和长的循环寿命。而电池的性能主要由电极材料决定,传统的过渡金属氧化物基正极材料如钴酸锂、锰酸锂和磷酸铁锂等的比容量已经临近其理论值,但仍不能满足实际应用对高能量密度的要求。而对于锂硫电池,如果硫经过反应最终生成 Li_2S,相应的正极理论比容量为 $1675\ mA\cdot h/g$,理论比能量可达 $2600\ W\cdot h/kg$,是目前锂离子电池理论能量密度的 $3\sim5$ 倍,被公认为最具前景的下一代锂二次电池。

4.1.1 特点

锂离子电池和锂硫电池两种储能体系的结构示意图如图 4-1 所示。锂离子电池的电化学反应是通过锂离子在正负极间的可逆嵌入/脱出行为进行的,如图

图 4-1 锂离子电池和锂硫电池两种储能体系的结构示意图

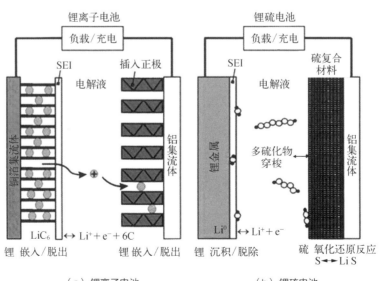

(a) 锂离子电池　　　　(b) 锂硫电池

4-1(a)所示。而锂硫电池是采用硫单质作为正极,锂金属为负极[图4-1(b)],充放电过程伴随了一系列硫价态的转变。1962年,Herbet等首先提出了采用硫作为正极的概念,然而因多硫化物穿梭效应造成活性物质利用率低、锂枝晶易造成安全问题等影响了锂硫电池的商用化。特别是20世纪90年代索尼公司将以石墨为负极的锂离子电池商用化后,锂硫电池的研究工作陷入停滞阶段。进入21世纪后,在对更高能量密度二次电池需求的推动下,研究者把目光重新转向锂硫电池这一具有高理论能量密度的储能电池系统。

4.1.2 工作机理

锂硫电池是多电子反应体系,其在放电过程中会形成各种价态的产物,这些产物包括易溶于电解液的高价态多硫化物和导电性差的最终还原产物 Li_2S_2 和 Li_2S。锂硫电池的电化学反应实际上是复杂的多步反应,其间伴随易溶解于电解液的多硫化物的生成和不溶产物(Li_2S_2 和 Li_2S)的形成。锂硫电池的放电过程大致可以分成三个阶段,有两个明显的放电平台[图4-2(a)]:

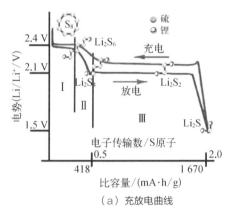

（a）充放电曲线

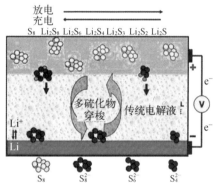

（b）多硫化物的穿梭效应

图 4-2　锂硫电池的工作示意图

第一个放电阶段(约2.4 V)主要对应于环状 S_8 分子得到2个电子并逐步被还原成 Li_2S_8 和 Li_2S_6,形成长链多硫化物,对应的反应方程式如下:

$$S_8 + 2e^- \longrightarrow S_8^{2-} \tag{4-1}$$

石墨烯电化学储能技术

$$3S_8^{2-} + 2e^- \longrightarrow 4S_6^{2-} \tag{4-2}$$

第二个放电阶段(2.4~2.1 V 电压快速降低)对应于 S_4^{2-} 的形成。对应的反应方程式如下：

$$2S_6^{2-} + 2e^- \longrightarrow 3S_4^{2-} \tag{4-3}$$

第三个放电阶段,在 2.1 V 附近有一个很长的放电平台,对应于长链的多硫化物得到两个电子生成不溶产物 Li_2S_2 和 Li_2S。对应的反应方程式如下：

$$S_4^{2-} + 2e^- + 4Li^+ \longrightarrow 2Li_2S_2 \tag{4-4}$$

$$Li_2S_2 + 2e^- + 2Li^+ \longrightarrow 2Li_2S \tag{4-5}$$

该反应过程生成的多硫化锂不溶于电解液且导电性较差,容易沉积到导电骨架上,造成活性物质的损失,并且反应是固相反应,属于慢速电极动力学过程。

在充电过程中,硫化物的氧化过程是可逆的,有两个充电平台在 2.2 V 和 2.5 V 附近,分别对应于 Li_2S 被氧化,生成 Li_2S_2 及其高价态的多硫化物。

锂硫电池在放电时,反应生成的多硫离子(S_n^{2-},$3 \leqslant n \leqslant 8$)容易溶于电解液中,在浓度梯度作用下通过隔膜扩散至负极,与锂金属反应生成低价态的多硫化物(S_n^{2-},$3 \leqslant n \leqslant 4$)和 Li_2S_2/Li_2S 固体颗粒。随着反应进行,负极金属锂附近的低价态的多硫化物的浓度逐渐变大,由于浓度梯度的存在,其又重新迁移回正极附近。当电池再次充电时,低价态的聚硫离子失去电子,又被逐渐重新氧化为高价态聚硫离子(S_n^{2-},$6 \leqslant n \leqslant 8$),以上过程循环往复,便在电池内部产生穿梭现象[图 4-2(b)],这一过程不仅造成电池放电过程中有效活性物质的损失,并且造成充电过程低的库仑效率。Mikhaylik 和 Akridge 等建立了相应的数据模型对锂硫电池的穿梭效应进行分析,通过将锂硫电池的充放电过程、充放电容量和自放电的理论模拟结果与实验数据进行比对,证实了自放电、库仑效率和过充保护都与穿梭现象密切相关。

4.1.3　面临的挑战

锂硫电池的商业化应用仍面临着诸多挑战,主要包括以下几方面：(1) 硫及最终产物硫化锂,导电性较差,造成电池内部极化加剧,不利于电子和离子的传输;(2)电池在充放电过程中会形成可溶于电解液的多硫化物,在正负极之间形成穿梭效应,导致活性物质的损失;(3)电池在充放电过程中会发生80%左右的体积膨胀,造成电池结构的破坏。

针对上述问题,广大科研工作者提出利用碳质材料对硫进行负载,实现对锂硫电池正极材料导电性的有效改善,并通过碳材料中的孔隙结构及表面化学修饰作用对多硫化物进行有效的物理阻隔及化学吸附作用,有效抑制多硫化物的流失,改善电池的电化学性能。作为碳材料中冉冉升起的新星,石墨烯是"至柔至薄"的碳基材料,良好的力学、热学、电学性能以及大比表面积和柔性片状的结构特征使其在锂硫电池中展示出很大的应用潜力;作为其他 sp^2 杂化碳基材料的基本结构单元,其既可以构成多孔网络结构,充分发挥石墨烯的优势,改善正极材料的导电特性,又具有丰富的孔隙结构,可以对多硫化物实施有效的物理限域效应,阻隔多硫化物的流失。此外,针对石墨烯的化学修饰方法也可以有效促进石墨烯材料表面改性,形成对多硫化物的有效吸附,抑制多硫化物的穿梭。

4.2　石墨烯在正极结构设计中的应用

石墨烯以其超大的理论比表面积、高的导电性、强的机械强度及可调控的表面化学性质等优点可用来解决锂硫电池存在的问题。近年来,研究者从石墨烯材料的结构设计和功能化等方面出发开展了诸多研究工作。一方面,通过新颖的石墨烯/硫复合正极结构设计,提高对多硫化物的吸附与物理限域作用,实现高的硫负载量和硫含量,同时最大化硫的利用率;另一方面,石墨烯材料的功能化设计,如表面官能团化、杂原子掺杂、聚合物修饰、与无机纳米粒子复合等,可以提高石墨烯基体与多硫化物之间的相互作用,有效抑制多硫化物的穿梭效应,提高硫活性物质的利用率。总的来说,这些设计策略均极大地提高了锂硫电池的放电容量和循环寿命,从电化学理论到工艺手段等方面均为锂硫电池的商业化应用提供了基础。

4.2.1　石墨烯/硫复合正极材料

因石墨烯独特的二维片状结构,大的比表面积和良好的导电性,其可以直接包覆硫纳米颗粒起到限制多硫化物穿梭的作用。Wang 等首次采用溶剂热制备的多孔石墨烯纳米片作为硫载体,通过热熔复合的方法,制备出石墨烯/硫的复合材料,表现出良好的电化学性能。Cao 等采用高温热剥离的石墨烯为基体,通过与溶解于二硫化碳中的硫复合,制备出三明治结构功能化石墨烯/硫复合材料。这种复合材料具有高的硫负载量(70%),高的堆积密度(0.92 g/cm³),并且在 1 C 放电倍率下放电容量可达 505 mA·h/g,但其具有较差的循环稳定性,这表明在长循环过程中,石墨烯纳米片层不能很好地抑制多硫化物溶解到电解液中。

氧化石墨烯作为石墨烯的重要衍生物,其表面丰富的含氧官能团能有效改善石墨烯的表面化学性质,使其呈现出特有的极性特质,保证对锂硫电池中多硫化物的有效化学吸附,在锂硫电池中也具有很重要的应用价值。张跃钢教授团队通过理论计算发现氧化石墨烯上的含氧官能团对硫具有强烈的化学吸附作用,因此将氧化石墨烯引入锂硫电池体系中,利用含氧官能团的化学锚定作用,实现了电化学反应过程中多硫化物的有效化学吸附。Dai 等将温和条件下氧化的石墨烯采用导电炭黑修饰后包覆在微米级的硫颗粒上,这不仅可以限制多硫化物的扩散损失,同时可有效缓冲充放电过程中活性物质的体积变化。Yang 等则采用电化学沉积的方式将硫颗粒限域在垂直于电极基底的石墨烯层间,得到的复合电极在 8 C 倍率下仍然有 400 mA·h/g 的放电容量。除此之外,以二维石墨烯片层为基本构筑单元构建三维石墨烯宏观体结构,通过石墨烯片层的层层搭接,构造出具有丰富孔隙结构的石墨烯基多孔材料,在锂硫电池中显示出更大的应用价值。中国科学院金属研究所的成会明院士团队利用水热过程中石墨烯/硫复合材料的三维自组装,制备了具有高电子和离子传输性的石墨烯基多孔宏观体材料。其作为锂硫电池中活性物质硫的载体,可以有效地促进电池材料中电子和离子的传输,降低电池反应内部极化问题的发生。另外,还原石墨烯表面残留的含氧官能团,可以有效地实现对多硫化物的化学吸附,阻止多硫化物向电解液中的扩散。以该材料作为锂硫电池的正极表现出优异的高倍率、长循环性能,这显示出石墨烯基多孔碳材料在锂硫电池中的应用前景。另外,张跃钢教授也研究了具有不同孔隙结构的三维石墨烯导电基底在锂硫电池中的应用价值。他们利用水热过程制备的三维石墨烯凝胶作为锂硫电池的活性物质硫的载体,通过后续干燥水分方式的不同,制备了具有致密多孔结构的石墨烯/硫复合材料,利用致密的孔隙结构对多硫化物实施更为有效的物理限域。

石墨烯是由碳原子构成的二维至轻至薄的碳材料,在锂硫电池的电极构造过程中能极大地改善电极材料的电子传输特性,但是,不可忽视的一点是,碳材料的引入必然会降低电池极片的实际压实密度,导致电池的实际能量密度降低。针对此问题,杨全红教授团队提出以硫化氢为还原剂制备高密度石墨烯基碳/硫复合材料的工艺。利用硫化氢对氧化石墨片层表面化学情况的精确调控,引发石墨烯/硫片层在温和状态下的三维自组装,获得了具有丰富孔隙结构的石墨烯/硫复合水凝胶(HrGO/S)(图 4 - 3)。在后续的干燥过程中,通过对水分脱除

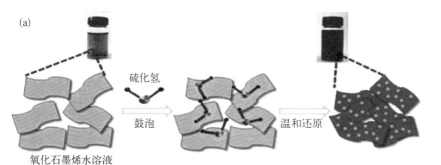

图 4-3 以硫化氢为还原剂制备高密度石墨烯/硫复合材料示意图及材料表征

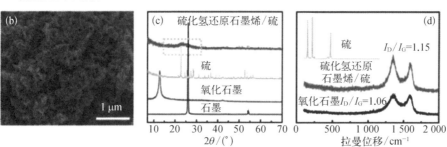

(a)硫化氢还原氧化石墨烯流程示意图;(b)HrGO/S 的 SEM 图像;(c)石墨、氧化石墨、硫和 HrGO/S 的 XRD 表征;(d)硫、HrGO/S 和氧化石墨的拉曼光谱表征

机制的调控,获得了低密度和高密度两种代表性的石墨烯/硫杂化材料。研究结果表明,高密度多孔石墨烯/硫复合材料出现典型的"墨水瓶"型孔结构,类似于我们生活中的"烧麦"结构,这一结构有助于提高石墨烯网络对于多硫化物的限域作用,使硫及产生的多硫化物向外溶解的时候遇到较大阻力从而被限制在"烧麦"内部,而锂离子则可以畅通地迁移,该复合材料作为锂硫电池正极材料具有良好的体积比容量,为高体积能量密度锂硫电池的发展提供了良好的解决方案。在此基础上,该研究团队进一步发展了具有"墨水瓶"型孔结构的三维石墨烯电极,通过"烘干+磷酸酸化"的手段在致密的三维石墨烯网络中产生大量介孔,当与多硫化物复合作为正极,锂片作为负极进行测试时,可在器件水平实现 408 W·h/L 的高电化学性能表现。其次,通过调节磷酸的用量即可有效地调节整体电极内部的孔容,为器件水平实现锂硫电池的高体积能量密度提供了研究策略。

除氧化石墨烯外,异质原子(氮、硫、磷等)掺杂的石墨烯对多硫化物也具有很好的化学吸附作用。Wang 等通过研究发现,将氮掺杂石墨烯作为硫的载体,掺杂的氮原子对 Li^+ 具有更强的吸引力,从而使得多硫化物能更好地吸附于多孔碳材料的表面。当作为锂硫电池的正极材料时,其初次放电容量可以达到 1480 mA·h/g,200 圈循环之后,其容量保持率高达 90%,表明氮掺杂多孔碳材料能够有效吸附多硫化物,抑制穿梭效应,从而改善锂硫电池的电化学性能。Manthiram 等利用水热反应分别制备了氮掺杂、硫掺杂及氮硫双掺杂石墨烯三维泡沫宏观体,并将它们分别作为锂硫电池的正极物质载体。氮、硫双掺杂石墨烯三维结构具有极其优异的导电特性,也为离子的快速传输提供了便捷的通道,降低了电池内部电化学反应的极化内阻。同时,氮与硫的双掺杂能够改变石墨烯的表面化学性质,使其对多硫化物具有强的化学吸附作用,实现了硫活性物质的高负载。在负载量高达 4.6 mg/cm² 的情况下,0.5 C 循环 500 圈后,其单圈的容量衰减率仅为 0.078%,表明氮硫双掺杂石墨烯三维结构能显著改善锂硫电池的电化学性能。同时,该方法也为高负载锂硫电池正极材料的设计提供了思路,为锂硫电池的商业化进程奠定了基础。

另外,石墨烯作为由碳原子构成的二维单层材料,其超强的柔韧特性及成膜特性也为制备柔性锂硫电池器件提供了很好的指导思路。中国科学院苏州纳米技术与纳米仿生研究所的陈立桅教授以石墨烯作为纳米硫活性物质的导电基底,通过控制含硫有机溶剂的滴加速率,控制纳米硫的成核过程,制备了高活性纳米硫/石墨烯复合材料,后续通过高导电聚合物 PAQS 的添加,利用真空抽滤方式制备了具有柔性自支撑特性的锂硫电池正极材料,利用石墨烯片层搭接的多孔结构及 PAQS 添加剂对多硫化物的物理阻隔及化学吸附作用实现对多硫中间产物的有效阻隔,所得电池材料显示出优异的电化学性能,在 1200 圈的长循环之后,其容量仍能保持在 559 mA·h/g。南开大学牛志强以氧化石墨烯作为柔性锂硫电池电极材料的制备前驱体,利用含氧官能团对纳米硫颗粒的成核干扰,实现了硫在石墨烯表面的均匀负载,随后,在还原过程中,研究者以锌箔作为基底,同步实现了 GO 片层的还原及 rGO-S 复合材料在锌箔表面的富集自组装,制备得到了具有丰富孔隙结构及强机械特性的 rGO-S 复合薄膜材料。该薄膜材料作为锂硫电池的电极材料时,显示出优异的电化学性能,并且,其制备所得的软包电池及电缆式电池也具有优异的电化学稳定特性。

4.2.2 石墨烯/硫/碳复合正极

石墨烯作为硫载体虽然可以实现快速的充放电过程,缓解活性物质的体积变化,同时有效抑制穿梭效应造成的一系列问题。但是,石墨烯本身二维的片状结构易造成堆叠或者阻碍锂离子的传输等,借助于石墨烯"至薄至柔"的结构特点,其可以与其他结构碳材料复合,发挥不同材料之间的协同作用,从而实现更优异的电化学表现。目前,研究较多的石墨烯基复合碳材料包括石墨烯/碳管、石墨烯/碳纤维和石墨烯/多孔碳等。

作为典型的一维材料,碳纳米管与石墨烯不同,表现出一维空间上的各向异性,如导电性、导热性和力学特点。将石墨烯与碳管进行复合,可以设计出更为有效的硫载体材料。Wei 等采用 CVD 的方法在 FeMgAl 层状双氧化物纳米片上生长出石墨烯/单壁碳纳米管杂化材料,石墨烯与碳管之间本身的互连结构强化了电子的传输,同时石墨烯和碳管间的内部空隙则为硫的存储提供了空间。因此,得到的石墨烯/碳纳米管/硫正极在 5 C 倍率下循环 100 圈仍然有 650 mA · h/g 的容量。相比于碳纳米管,碳纤维较低的成本更利于大规模应用,将石墨烯引入碳纤维/硫复合材料中同样可有效提高电极的循环稳定性。Liu 等采用石墨烯包覆负载硫的碳纤维的策略构建了三明治结构的"核壳"结构,中间的碳纤维在电极内部构建的快速的长程导电网络,外层的石墨烯则极大地减少了硫的损失,强化了电化学循环的稳定性。由该复合材料构建的扣式锂硫电池可在 1 C 倍率下循环 1500 圈,容量衰减率仅为 0.043%。

多孔碳具有丰富的多级孔结构,孔的存在为存储活性物质硫和限制中间产物多硫化物的扩散起到了物理限制作用。将多孔碳材料与石墨烯进行复合,可利用石墨烯作为材料内部的"微型集流体",提升材料本身的导电性。石墨烯/硫/多孔碳复合材料设计如图 4-4 所示。

Yang 等利用石墨烯为模板,在水热过程中,以葡萄糖为原料生成沿着石墨烯生长的碳片结构,进一步碱活化处理增大其比表面积和孔容后,可将其作为良好的储硫载体。为进一步改善碳片的孔结构,提高硫含量的同时改善离子和电子的传输,Huang 等则在聚吡咯/石墨烯复合材料合成过程中引入二氧化硅纳米颗粒,作为介孔模板。碳化和氢氟酸刻蚀后再进一步结合氢氧化钾活化增加材料本身的微孔含量,得到大比表面积、高孔容的碳片结构。该材料在负载 89% 的硫含量情况下,0.5 C 倍率仍然可放电 965 mA · h/g,有力地证明了改善石墨烯基碳片孔结构可取得优异的电化学性能(图 4-4)。类似的,Li 等则在有机金属框

图 4-4 石墨烯/硫/多孔碳复合材料设计

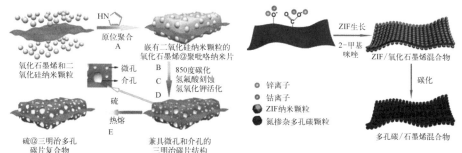

(a)多级孔结构碳片/硫复合材料制备示意图

(b)石墨烯作为模板调控有机金属框架网络结构生长示意图

架材料合成过程中加入氧化石墨烯,调控材料生长的过程,进一步热处理后,可以得到多孔碳片结构。相比较纯的有机框架金属材料碳化产物,其比表面积明显增加为560 m^2/g,可有效提高与活性物质的接触和促进活性物质的转化,同样实现了锂硫电池性能的提升,在 0.1 C 下首次放电达 1372 mA · h/g,并可循环 300 圈。

4.2.3　石墨烯/硫/聚合物复合正极材料

聚合物通常具有独特的分子链结构和大量的功能性官能团,因此,将聚合物引入石墨烯-硫复合中既可以对充放电过程中活性物质的体积变化起到很好的缓冲作用,同时也可以通过物理和化学双重作用限制多硫化物的扩散损失,提高锂硫电池的电化学稳定性。就结构设计角度而言,通常将石墨烯作为导电基底,而将聚合物层则作为包覆层。

两亲性的聚合物,如聚乙二醇(polyethylene glycol,PEG)和聚乙烯吡咯烷酮(polyvinyl pyrrolidone,PVP)等,被较早报道应用于锂硫电池中。Cui 课题组在理论计算的基础上指出了 PVP 分子中的 C $=\!\!=$ O 官能团与多硫分子之间具有较强的结合能。当使用 PVP 作为黏结剂时,可同时实现对活性物质硫和导电碳的分散作用,因此其相较于常规的 PVDF 黏结剂表现出更为稳定的循环性能。

导电聚合物,如聚苯胺、聚吡咯和 PEDOT：PSS 等,不仅具有普通聚合物的多样化分子结构,同时也具有优异的导电性能,这有利于实现高硫含量电极中活性物质的充分利用。Tour 课题组通过原位聚合的方式在石墨烯纳米带表面复合一层聚苯胺,然后通过热处理的方式将硫引入复合物中,得到硫/聚苯胺/石墨烯复合材料。石墨烯和聚苯胺可以协同提高对硫的限制作用,抑制穿梭效应的发生。Qiu 等则以石墨烯为模板合成了石墨烯基的介孔碳片结构,在碳片表面聚合生成一层纳米聚吡咯包覆层后,再引入活性物质硫,石墨烯在复合材料中作为微型集流体,介孔碳片和聚吡咯则实现物理和化学双重固硫作用。

除了上述的两亲性聚合物和导电聚合物外,Nafion 因分子表面带负电荷,可选择性地允许锂离子的通过而阻挡带负电的多硫离子。Liu 等通过搅拌和烘干的方式首次将 Nafion 引入石墨烯/硫复合材料中,锂离子可自由地通过表面的 Nafion 层进入内部并与活性物质硫反应,而多硫离子则因静电排斥作用难以扩散出来。因此,这种 Nafion 包覆的石墨烯/硫复合材料在 0.1 C 表现出 960 mA·h/g 的高可逆容量。与之类似,多巴胺同样可以起到对石墨烯/硫的良好包覆作用。Jin 等将功能性的多巴胺作为包覆层引入石墨烯/硫复合物中,作为多硫化物的固定成分和活性物质体积膨胀的缓冲层。当进一步从表面化学设计的角度实现多巴胺与聚丙烯酸黏结剂的交联反应强化电极稳定性,复合物可实现在 0.5 A/g 的电流密度下稳定循环 500 圈。

石墨烯/硫聚合物复合材料的设计如图 4-5 所示。

图 4-5 石墨烯/硫/聚合物复合材料的设计

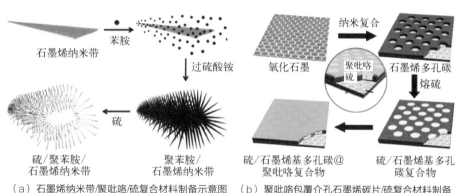

（a）石墨烯纳米带/聚吡咯/硫复合材料制备示意图　　（b）聚吡咯包覆介孔石墨烯碳片/硫复合材料制备

4.2.4　石墨烯/硫/无机颗粒复合正极材料

近年来,随着对锂硫电池电化学过程研究的进一步深入,极性的无机纳米颗粒,包括氧化物、硫化物、碳化物和磷化物等,表现出对硫和其放电产物较强的吸附和催化活性。将这个无机颗粒负载于二维石墨烯基底上,一方面可以实现纳米颗粒的充分分散,减小其团聚,实现其与活性物质硫之间的充分接触;另一方面,石墨烯基底为复合材料提供了良好的电子传输通路,强化了电化学的转化过程。

　　TiO_2、MnO_2等氧化物材料是较早被研究的无机纳米颗粒。Kim 等将氧化石墨烯与钛源一起水热,得到三维石墨烯与纳米二氧化钛的复合结构,三维互连的石墨烯网络不仅可存储大量的硫,同时可以在电极内部构建快速的导电网络,而均匀分布在石墨烯片层上的二氧化钛纳米颗粒则可较强地吸附溶解的多硫化物,减少穿梭效应的发生。Xie 等则通过一步水热的方式将氧化石墨烯和二氧化锰同时包裹在碳纳米管表面,碳纳米管构筑快速的电子传输网络,而氧化石墨烯和二氧化锰则起到双重吸附多硫化物的作用。因此,得到的复合材料在负载 80% 的高硫含量的情况下,仍然表现出优异的倍率性能和循环稳定性,在 1 C 倍率下放电比容量达 960 mA·h/g,在 0.2 C 倍率下循环 100 圈比容量仍有963.5 mA·h/g。Zheng 等通过水热合成法将还原氧化石墨烯与Fe_2O_3相结合,旨在解决锂硫电池倍率性能较差和循环稳定性欠佳的问题。水热法得到的还原氧化石墨烯负载 Fe_2O_3 纳米颗粒作为锂硫电池正极硫载体,展现出优异的动力学和电化学性能。Fe_2O_3 纳米颗粒可以实现对于多硫化物的有效限域,同时,在可溶性多硫化锂向不溶的硫化锂转变时起到一定的促进作用,从而提升了硫的利用率。在大倍率 5 C 循环下,经过 1000 圈循环后每圈的衰减率仅为0.049%。

　　除此之外,一些具有良好导电性的金属碳化物和氮化物等也不断被发现,相比较氧化物,这些碳化物和氮化物不但可以实现对多硫分子的吸附作用,同时引起良好的导电性也加速了多硫化物的进一步转化,实现了电化学过程的催化效应。因此,与石墨烯复合后作为硫载体能有效提升电极的电化学性能。Li 等提出的多孔氮化钒/石墨烯复合材料负载液相的 Li_2S_6 作为活性物质时,在 0.2 C 倍率下可放电 1471 mA·h/g,循环 100 圈后,容量仅衰减 15%,为锂硫电池的正极硫载体材料设计提供了参考。Zhang 等则提出导电性的极性纳米颗粒不仅可以吸附溶解的多硫化物,同时可以促进锂硫电池充放电过程中的液-液相转化和液-固相转化。该研究团队将导电性的碳化钛纳米颗粒,引入石墨烯网络中,通过电化学过程分析和表征证实,碳化钛修饰的石墨烯/硫正极具有更快的电化学动力学过程。

石墨烯/硫/无机颗粒复合材料的设计如图4-6所示。无机极性纳米颗粒的引入起到了改变石墨烯表面性质的作用,使得原先非极性的石墨烯表面表现出较高的亲硫性,极大地提高了正极的电化学稳定性。

图4-6　石墨烯/硫/无机颗粒复合材料的设计

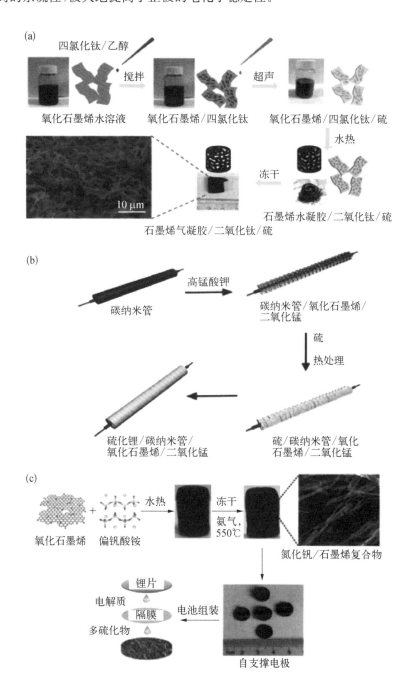

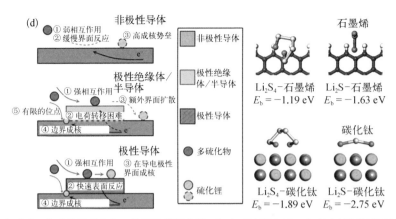

图4-6　续图

（a）纳米二氧化钛颗粒修饰三维石墨烯示意图；（b）CNTS/GO/MnO₂复合材料制备示意图；
（c）三维石墨烯/氮化钒复合结构制备示意图；（d）极性的碳化钛纳米颗粒修饰石墨烯界面示意图

4.2.5　石墨烯/Li₂S复合正极材料

传统锂硫电池中多是以单质硫或多硫化物作为锂硫电池的正极活性物质，此时，负极需采用金属锂或含锂化合物作为锂硫电池的负极，而以金属锂作为负极仍存在着极大的安全隐患，在充放电过程中极易形成锂枝晶，造成电池的破坏。针对此问题，研究者提出利用锂硫电池的放电产物富锂 Li_2S 作为电池的正极材料，此时，可以将其与硅或其他石墨类负极材料匹配，构建锂硫电池。其理论质量比容量可以达到 1166 mA·h/g，而且作为放电终态物质，Li_2S 作为电池的正极材料可以有效避免电池充放电过程中的体积膨胀问题，体现出很大的优势。石墨烯/Li_2S 复合材料的设计如图4-7所示。

Li等将溶有 Li_2S 的酒精溶液缓慢滴加至预先准备好的 rGO 薄膜上，使 Li_2S 纳米颗粒能均匀负载于 rGO 片层上，rGO 作为 Li_2S 纳米颗粒沉积层能有效控制 Li_2S 纳米颗粒的颗粒尺寸在 25~50 nm，Li_2S 纳米颗粒能显著降低锂离子传输的能量势垒，提高活性物质的利用率，并且，Li_2S 纳米颗粒与 rGO 片层之间的相互作用也能显著改善电池中电子和离子的传输特性，当用作锂硫电池的正极材料时，在 5 C 的情况下循环 200 圈之后，其容量仍能保持在 462.2 mA·h/g。

图 4-7 石墨烯/ Li_2S 复合材料的设计

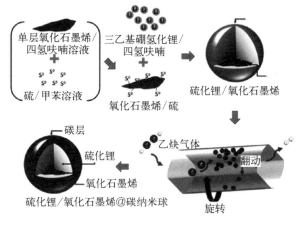

（a）合成 Li_2S/GO@C 复合结构示意图

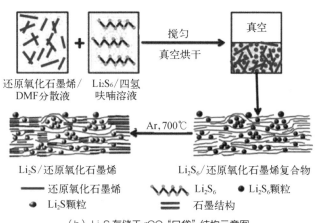

（b）Li_2S 存储于 rGO "口袋" 结构示意图

Kung 等采用具有三维"口袋"结构的石墨烯作为导电骨架,在结构中插入纳米尺寸的 Li_2S 颗粒,最终制备出 Li_2S 含量约为 66% 的正极材料。利用简单的液相制备及热处理还原过程,同步实现了 Li_2S_6 到 Li_2S 及氧化石墨烯到高导电石墨烯的过程,所得纳米尺寸的 Li_2S 颗粒均匀分布于高导电石墨烯片层之上。相较于传统微米尺寸材料,纳米尺寸的电极材料能显著降低电池内部的能量势垒,缓解极化问题的发生。纳米态 Li_2S 颗粒的形成也可以有效改善电池结构中活性物质的利用率,所得电池材料的初次放电容量可以达到 $982\ mA \cdot h/g$,表现出其作为锂硫电池正极材料的潜力。

Manthiram 等针对大块 Li_2S 颗粒的低利用率、电子传输较差以及快速的容量衰减等问题,提出利用简单的"液体渗透-蒸发"方法将 Li_2S 纳米颗粒沉积到氮掺杂及硼掺杂的石墨烯气凝胶中,利用由石墨烯片层搭接而成的三维高导电网络结构,改善 Li_2S 的电化学活性。该方法能显著降低初次极化电势,改善 Li_2S 的活性物质利用率,另外,由理论计算可知,石墨烯片层上的掺杂原子对 Li_2S 及多硫化物具有很强的化学吸附作用,能显著抑制电池循环过程中的多硫化物穿梭效应,因此,当作为锂硫电池的正极材料时,其显示出极其优异的循环稳定性及高倍率特性。

Cairns 等构建了一种高倍率、长循环寿命的电池。电极材料具有纳米球形态,这种具有核壳结构的电极材料最内层为氧化石墨层,中间层为 Li_2S,最外层采用 CVD 方法包覆了一层碳质材料。氧化石墨的作用是通过含氧官能团与多硫化物之间的相互作用提高电池的循环稳定性,而外层包覆的碳则既可以阻止多硫化物的溶解也可以为硫化物提供导电通路。这种电池在 2 C 的循环倍率下首圈循环比容量达到 650 mA·h/g,每圈容量损失仅为 0.046%。循环1500圈后仍能保持 99.7% 的库仑效率。

4.3　石墨烯在锂硫电池隔膜中的应用

隔膜是锂硫电池的重要组成部分,其主要功能是隔离正极和负极防止电池内部短路以及维护离子传输通道。锂硫电池在充放电过程中产生的多硫离子容易溶解到电解液中并能穿过隔膜,在正负极之间移动而引起穿梭效应,这导致锂硫电池的库仑效率偏低,电池的循环稳定性差。因此,对隔膜进行修饰,避免多硫离子移向金属锂负极是提高锂硫电池循环稳定性的一种有效途径。石墨烯因其优异的导电性,较大的二维片层结构,可调节的表面化学性质等优点,可以与其他组分(如碳材料、有机物、无机物等)复合来修饰隔膜,从而起到有效抑制多硫化物穿梭的目的。

4.3.1　石墨烯及其衍生物修饰隔膜

高导电性的石墨烯材料对隔膜进行修饰,不仅可以在正极材料和隔膜之间构建有效的"集流体"界面层,大幅降低界面反应阻力,同时还能加强对于中间产物多硫化物的物理阻隔作用,降低穿梭效应造成的不良影响。另外,在石墨烯中引入含氧官能团或氮、硫等杂原子还可以有效提高对于多硫化物的化学吸附能力,提升电池的循环稳定性。石墨烯修饰隔膜结构设计如图4-8所示。

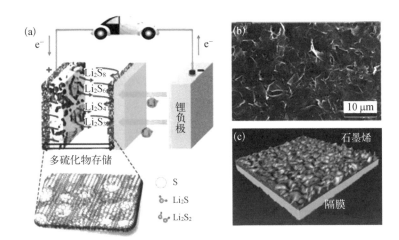

图4-8 石墨烯修饰隔膜结构设计

(a) 采用剥离石墨烯片修饰隔膜构建的GCC/S+G-隔膜结构示意图;(b) GCC 的表面 SEM 图像;(c) G-隔膜的三维重建

张强课题组报道了一种由大比表面积、大介孔孔容的导电石墨烯作为功能层的不对称隔膜结构。当与具有高活性物质负载量及含量的正极配合使用时,面积比容量可以达到 5.5 mA·h/cm²,并体现出优异的循环稳定性。另外,中国科学院金属研究所李峰课题组利用剥离的石墨烯片层,构筑了一种三明治电池构型(GCC/S+G-隔膜)。石墨烯修饰的隔膜在提供良好导电网络的同时,还能够有效限制多硫化物向负极一侧的迁移,缓解穿梭效应带来的不利影响。在 1.5 A 的放电电流条件下,锂硫电池循环 300 圈之后容量可以保持在 680 mA·h/g,单圈的容量衰减率仅有 0.1%。随后,该课题组又报道了一种新颖的全石墨烯结构的锂硫电池体系。其中,部分氧化的石墨烯作为多硫化物吸附层配合由高导电性石墨烯及多孔石墨烯构成的硫正极使用。得益于不同石墨烯材料之间的协同作用,锂硫电池中活性物质的利用效率得到显著提高。初始放电容量可以达到 1500 mA·h/g,并且在循环 400 圈之后,仍然可以保持

$4.2\ \text{mA}\cdot\text{h}/\text{cm}^2$ 的高面容量。

氧化石墨烯表面含有丰富的含氧官能团,利用这一优异的特性,清华大学魏飞教授课题组将其作为功能材料来修饰隔膜,实现了对于 Li^+ 的高效选择透过性。氧化石墨烯表面的羟基官能团带有负电荷,可以通过静电排斥作用抑制多硫化物向负极一侧的扩散。同时氧化石墨烯片层之间的间隙可以为 Li^+ 的扩散提供通道,保证其正常的传输。采用这一方法,锂硫电池在低倍率的放电条件下的库仑效率可以达到 95% 以上,容量损失也可以降到每圈 0.23%,显著高于对照组。借助于剪切力的作用,Mainak 等实现了氧化石墨烯片层在硫正极表面的高度定向排列。这样的一种策略可以显著减少扭曲片层的存在,最大限度地降低离子的传输阻力。与导电的涂碳隔膜配合使用时,可以使得硫含量分别达到 70% 和 80% 的电极体现出良好的倍率性能。在 1 C 下循环 400 圈,容量可以保持在 70% 以上,显著提升了锂硫电池的电化学性能。陈远富课题组采用还原后的氧化石墨烯修饰传统的 PP 隔膜。部分还原的氧化石墨烯一方面可以实现对于离子的选择透过性,另一方面利用其较好的导电性还能够有效降低电极的界面电阻,实现电池性能的整体提升。氧化石墨烯修饰隔膜结构设计如图 4-9 所示。

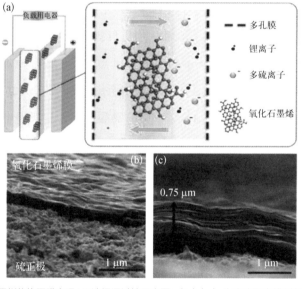

图 4-9　氧化石墨烯修饰隔膜结构设计

（a）氧化石墨烯修饰隔膜实现 Li^+ 选择通过性示意图;（b）（c）为高度取向排列氧化石墨烯修饰层横截面 SEM 图像

另外,N、S、P、B 等杂原子或者功能官能团的有效引入可以提高对于多硫离子的化学锚定与捕获,进而大幅度提升锂硫电池的循环稳定性。Li 等报道了一种用硼掺杂的还原氧化石墨烯修饰的隔膜。该功能材料具有 2.17%(质量分数)的硼含量和大比表面积等特性,不仅表现出良好的导电性,还可以加强对于多硫化物的物理及化学吸附作用,同时显著降低电池自放电现象的发生,从而明显提升锂硫电池体系的电化学性能。氟原子与磺酸基团掺杂的 rGO 修饰隔膜也体现出了对于多硫化物明显的吸附作用,大幅度提升了锂硫电池的循环稳定性。为了进一步增强功能层对于中间产物多硫化物的化学吸附作用,提升活性物质的利用效率,Zhang 等提出了用氮、磷原子双掺杂的多孔石墨烯修饰隔膜的策略。DFT 计算表明相比于单原子掺杂、双原子掺杂的石墨烯表现出对于多硫化物更强的吸附能力。在 2 C 的倍率下,锂硫电池不仅可以表现出 633 mA·h/g 的初始容量,在 500 圈的循环内也可以维持每圈 0.09% 的容量衰减率,显著高于单原子掺杂的石墨烯修饰隔膜体系。随后,Kumar 等采用氮、硫双原子掺杂的石墨烯海绵作为中间层修饰隔膜。在提升正极材料导电性的同时,引入的双杂原子可显著增强对多硫化物的化学吸附能力。

4.3.2 石墨烯/碳材料修饰隔膜

纳米碳材料具有优异的导电性及可调控的表面化学与孔结构。将其与石墨烯材料进行复合,在作为中间层修饰隔膜的过程中,导电的纳米碳材料不仅可以有效降低隔膜/电极界面的接触阻抗,同时还可以起到调节孔隙结构与活化多硫化物的作用,大幅提升活性物质的利用效率。鉴于此,国家纳米科学中心智林杰课题组将氧化石墨烯与碳纳米管复合作为二元功能材料修饰传统的商业隔膜。氧化石墨烯表面上的含氧官能团对于多硫化物具有化学锚定作用,可以显著降低穿梭效应对锂硫电池循环稳定性带来的不利影响。同时,碳纳米管可以调节氧化石墨烯的片层间距,为 Li^+ 的快速传输提供通道。其构建的长程有序的导电网络也能够对捕获的多硫化物实现二次的利用,减少“死硫”的出现,提高活性物质的利用效率。在修饰层负载量仅为 0.3 mg/cm^2 的条件下,锂硫电池在 1 C 放电

下循环 100 圈后容量仍可以保持在 750 mA·h/g。石墨烯/碳材料修饰隔膜结构
设计如图 4-10 所示。

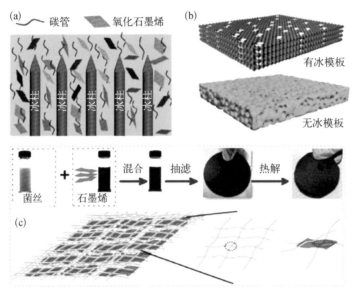

图 4-10　石墨烯/
碳材料修饰隔膜结
构设计

（a）冰模板法制备 GO/CNT 气凝胶示意图；（b）有/无冰模板 GO/CNT 气凝胶结构示意图；
（c）GFC 功能层制备过程及结构示意图

　　Kim 等利用真空抽滤的方式报道了类似的方法，实现了锂硫电池性能的明显
提升。为了进一步提升两者之间的协同作用，刘等采取了冰模板的方法调节两种
复合材料的结构。形成的气凝胶复合材料具有分级的孔结构，有序、垂直排列的大
孔与介孔相互贯穿，还原后构成的三维导电骨架一方面可以提供快速的电子、离子
传输通道，为循环过程中活性物质的体积膨胀提供空间，同时还能够有效缓解穿梭
效应的发生，提升活性物质的利用效率。以此复合材料修饰商业隔膜，可显著改善
锂硫电池的电化学性能。初始 0.2 C 倍率下，放电容量可达 1309 mA·h/g。在 4 C
大电流密度放电下循环 600 圈，容量仍可保持 78% 以上。

　　Li 等报道了一种由中空的碳纳米纤维及还原氧化石墨烯共同构建的中间层
材料。该中间层不仅能够有效拦截多硫化物向负极的迁移，同时能够为电子与
离子的传输提供畅通无阻的通道。即使在 10 C 的大倍率条件下放电，容量仍可
以维持在 630 mA·h/g，显著提高了活性物质的利用效率。

武汉理工大学麦立强课题组报道了一种以石墨烯骨架碳层与碳化的真菌丝纤维共同构筑的结构(GFC)作为锂硫电池的功能层。碳化后的真菌纤维使得该功能层具有 8.62% 的氮含量及 8.12% 的氧含量,同时具有优异的导电性。结合多种优势,该功能层在增强对多硫化物限制作用的同时,提升了活性物质的利用效率。1 C 下循环 300 圈,容量可以稳定保持在 700 mA·h/g。即使在 5 C 的大倍率条件下放电,容量仍可达到 650 mA·h/g。

张强课题组报道了一种由热解后的卟啉与石墨烯复合的轻质阻隔层材料。一方面,该材料表面大量的氮掺杂位点提供了多硫化物高效的锚定能力及电解液浸润性;另一方面,基体超高的导电性保证了电子的快速传输,显著提升了活性物质的转化动力学。基于此,在活性物质负载量高达 8 mg/cm² 时,锂硫电池仍然体现出良好的倍率性能与循环稳定性。该工作基于"界面调控"策略,为高性能锂硫电池功能隔膜设计提供了全新的思路。

4.3.3 石墨烯/有机物修饰隔膜

石墨烯具有典型的二维纳米层状结构,容易成膜并且具有很好的力学强度和柔韧性。Cheng 等通过涂布的方法在隔膜表面涂覆一层石墨烯作为功能性中间层,获得 G@PP 隔膜。然后在 G@PP 隔膜表面涂覆硫/碳复合材料获得 S-G@PP隔膜,以金属锂为负极组装成锂硫电池,如图 4-11(a)所示。这种新

图 4-11 石墨烯/有机物修饰隔膜结构设计

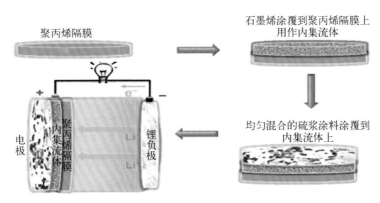

（a）石墨烯作为修饰隔膜用作锂硫电池结构示意图

图 4-11 续图

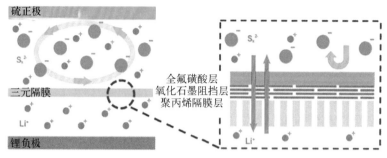

硫正极

三元隔膜

锂负极

全氟磺酸层
氧化石墨烯阻挡层
聚丙烯隔膜层

（b）PP/GO/Nafion 隔膜用作锂硫电池原理示意图

颖的结构设计具有以下几个方面的作用：（1）轻薄的石墨烯涂层作为集流体可以提供电子转移通道，避免使用铝箔作为集流体；（2）采用高容量纯硫，不需要任何复杂的载体，质量能量密度可以大大提高；（3）隔膜表面的石墨烯可以物理抑制多硫化锂在电解液中的迁移，并能够贮藏更多的活性物质，缓解穿梭效应对电池性能的影响，提高电池的循环稳定性；（4）硫和石墨烯涂层之间的黏附性提高，降低了内阻和电池的极化，提高了电池的倍率性能；（5）电极与隔膜一体化具有更大的柔性，便于制备柔性电池。相比于普通的锂硫电池，这种方式组装的锂硫电池的接触电阻从 1100.52 Ω 减小到 52.62 Ω，同时在 0.3 A/g 的电流密度下电压平台的极化值从 287 mV 减小到 162 mV。此外，在 1.5 A/g 的高倍率下循环 300 圈后，这种电池的放电比容量仍可保持在 680 mA·h/g，同时库仑效率可达 97%，经计算，容量衰减率仅为每圈 0.1%。研究人员用这种方法设计出柔性一体化锂硫电池正极，将石墨烯分散后抽滤在隔膜上，随后将纯硫活性物质的浆料直接涂覆在石墨烯一侧。组装成的锂硫电池循环性能得到大幅提高，在 1.5 A/g 和 3 A/g 的电流密度下，经 500 圈循环后容量还有 663 mA·h/g 和 522 mA·h/g。隔膜修饰层过厚不利于电池中离子的传输，难以使电池体系获得高能量密度。清华大学张强课题组采用超薄的氧化石墨烯薄层封闭 Celgard 隔膜上的大孔，然后利用全氟磺酸树脂 Nafion 修饰在氧化石墨烯上，加强对多硫化物的电荷排斥功能，如图 4-11（b）所示。该结构可使功能层在负载量仅为 0.053 mg/cm² ，厚度仅为 100 nm 的情况下，有效抑制多硫化物的跨膜扩散，抑制穿梭效应。采用该隔膜组装锂硫电池，在不含硝酸锂添加剂的情况下可将库仑效率从 80% 提升至

95%以上；与硫负载量高达 4.0 mg/cm² 的正极配合使用时仍能实现 73%的硫利用率及优异的倍率特性。

  Huang 等由二硫苏糖醇（DTT）、维生素 C 和谷胱甘肽等在室温下能自发高效剪断存在于蛋白质中的双硫键（—S—S—）从而破坏蛋白质的三维结构这一现象而受到启发，将二硫苏糖醇辅助切割多硫离子的概念引入锂硫电池体系，设计并发展了具有石墨烯/二硫苏糖醇（Gra/DTT）插层膜的多孔碳纳米管/硫正极（PCNTs‐S@Gra/DTT），并证实 DTT 可以通过与多硫化物高效反应快速消除多硫离子在电解液中的累积。借助 DTT 的此特殊功能，Gra/DTT 插层膜可以使多孔碳负载硫的正极呈现出优异的倍率性能和循环稳定性。PCNTs‐S@Gra/DTT 电池在 1 C 的倍率下（初始放电容量为 997 mA·h/g）循环 400 圈后，可逆容量仍高达 880 mA·h/g，对应的每圈容量衰减率仅有 0.029%；在 2 C、3 C 的倍率下循环 400 圈后，容量分别从 975 mA·h/g 和 762 mA·h/g 降低到 723 mA·h/g 和 635 mA·h/g，相应的每圈容量衰减率分别为 0.065% 和 0.042%。特别引人关注的是，此 PCNTs‐S@Gra/DTT 电池，在 5 C 的高倍率下也能保持高的循环稳定性，其循环 1100 圈后对应的容量衰减率仅为 0.036%。

  通过精确控制的膜层孔结构，可以更有效地实现锂离子的选择性透过功能。南京大学周豪慎研究组创造性地提出一种以金属有机骨架化合物（MOF）为基元材料的氧化石墨烯复合功能隔膜。他们采用 Cu₃(BTC)₂ 型 MOF（HKUST‐1）作为"离子筛"，其典型的孔道直径约为 0.9 nm，远小于多硫化物的离子直径。同时，氧化石墨烯材料的层间距约为 1.3 nm，小于多硫化物的离子直径，从而实现了锂离子的选择性透过。采用这种孔道精确设计的 MOF 隔膜，可将锂硫电池的容量衰减率在 1500 圈中降低至每圈 0.019%。与纯氧化石墨烯隔膜相比，MOF/氧化石墨烯复合隔膜降低了锂离子的运输阻力，有效提升了锂硫电池的倍率性能。

4.3.4 石墨烯/无机物修饰隔膜

  碳化物、氮化物、氧化物等无机物具有较高的热稳定性和力学性能，利用无机物极性的特点实现与多硫化物的化学吸附作用,缓解多硫物引起的穿梭效应。

多硫化锂穿梭是阻碍锂硫电池实际使用的主要障碍之一。在隔膜上构建由碳或非碳材料组成的夹层是抑制多硫离子穿梭的有效途径,但是夹层的引入阻碍了锂离子扩散而且捕获的多硫离子很难重复利用。针对上述问题,杨全红团队采用石墨烯和碳化钛(TiC)构建出面内异质结构,通过直接使用石墨烯作为模板和碳源在热处理下与 $TiCl_4$ 反应来制备。在这个过程中,石墨烯部分转化为 TiC 形成异质结构,这有利于减少对锂离子和电子的阻挡。而且 TiC 具有很高的导电性,对多硫离子具有强烈的吸附性。因此,将这种异质结构过滤到隔膜上能有效地阻止多硫离子的穿梭,并且极大地提高硫的利用率和循环稳定性,在 1 C 的电流密度下循环 500 圈后,容量保持率达到了 84%。

氮化硼纳米片与石墨烯等电子具有极高的抗氧化性和良好的化学惰性,好的电绝缘性,大比表面积,高的热导电性和稳定性。澳大利亚迪肯大学 Ying Chen 课题组利用固态球磨法开发出带正电荷的氨基氮化硼纳米片(FBN),并将其运用到锂硫电池体系中。带负电的多硫离子可以被表面带正电的氮化硼纳米片捕获并且在充放电过程中将其释放。研究者在碳纳米管/硫(CNT/S)正极表面涂覆一层带正电荷的氨基氮化硼/石墨烯(FBN/G)复合材料,开发了一种薄且有选择性的中间层以减小电荷转移阻抗,缓解多硫离子的穿梭。这种 FBN/G 膜质量轻,仅占整个正极的 6% 左右。FBN/G 膜作为夹层可以有效地降低电荷转移内阻,将多硫离子拦截在正极一侧,并且与没有夹层的锂硫电池相比表现出优异的循环稳定性,在 1 C 和 3 C 的电流密度下循环 1000 圈,平均每圈的衰减率只有 0.0067% 和 0.0037%。

4.4 锂硫电池催化

锂硫电池充放电过程中硫的转化过程包括固态硫到液态硫的固-液阶段,液态硫到多硫化锂的液-液过程,多硫化锂到 Li_2S_2/Li_2S 的液-固转化过程以及 Li_2S_2/Li_2S 到多硫化锂的固-液转化过程。在这个多步骤电化学反应中,如何促进多硫化锂的转化,减少可溶性多硫化锂在电解液中的累积,是从源头上抑制穿梭效应的解决方案。在传统化工生产领域,对于非常稳定的反应物分子,要破坏它们的化学键而使其活化需要较大的能量,即反应的活化能较高。催化剂可以通过降低目标反应的活化能来提高反应速率,从而提高化学工业生产效率。研究表明,催化剂加速多硫化锂转化,抑制穿梭效应示意图如图 4-12 所示,在多步反应中引入催化作用,通过降低反应势垒,调控液态硫到多硫化锂的液-液过程,加快多硫化锂向 Li_2S_2/Li_2S 以及硫转化的液-固过程的反应速率,从而降低多硫化锂在电解液中的累积浓度,是从准源头解决穿梭效应问题"主动出击"的解决方案。

图 4-12 催化剂加速多硫化锂转化,抑制穿梭效应示意图

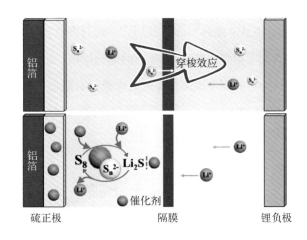

良好的催化剂载体是充分发挥催化剂性能的关键。石墨烯具有大的比表面积和优异的导电性,在构建电池碳/非碳复合电极结构过程中,有望降低碳的用量,同时可以加速电池在充放电过程中的电子传递和离子传输,提升电池的能量密度和功率密度。此外,石墨烯作为 sp² 杂化碳材料的结构单元,通过控制石墨烯纳米片的组织方式,可以实现新型碳质纳米材料自下而上的组装,甚至可以直接制备不同维度的具有特定功能的宏观体材料。石墨烯三维组装体以其良好的电子传导性和离子传输性,同样在电池领域得到了很好的应用。石墨烯材料也是良好的活性物质负载体,其柔性的二维片层结构可以有效地缓解活性物质在充放电过程中的体积膨胀,提升电池的循环性能。因此,石墨烯可以作为催化剂的载体,通过液相组装或化学气相沉积方法得到石墨烯催化剂复合材料,并将其作为硫的载体或催化中间层,实现抑制穿梭效应、提高锂硫电池电化学性能的目的。

4.4.1 过渡金属化合物催化剂

在传统脱硫再生过程中,Fe_2O_3常被用作催化剂以提高生产效率。借鉴此思路,杨全红团队以$FeCl_3$为前驱体,通过水热法将α-Fe_2O_3纳米颗粒原位负载到三维多孔石墨烯上并将其作为单质硫的载体应用于锂硫电池中。如图4-13(a)所示,α-Fe_2O_3纳米颗粒能够与多硫化锂强烈结合,加速其向不溶的放电产物转化,有效抑制穿梭效应,提高了活性物质的利用率,使得锂硫电池在较高的电流密度下(5 C)能够稳定循环1000圈以上,平均每圈衰减率仅为0.049%。在此基础上,该团队首次明确提出"锂硫电池中的催化作用"(catalytic effect in Li-S batteries),已被认为是解决锂硫电池穿梭效应最为有效的策略之一,并成为目前锂硫电池领域的研究热点。

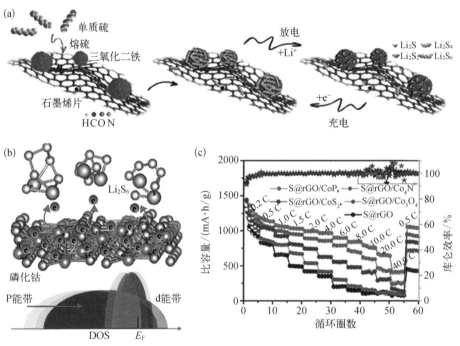

图4-13 (a)硫和Fe_2O_3纳米颗粒在石墨烯表面的转化过程示意图;(b)理论计算多硫化锂与CoP的相互作用图;(c)Co基化合物在各个倍率下的性能对比图

清华大学张强教授团队从"大禹治水"传说中取得灵感,发现充放电过程中形成的多硫化物引起的穿梭效应问题不仅可采用"堵截"的方法,也可以通过加

石墨烯电化学储能技术

速多硫化物向不溶的放电产物转化以"疏通洪水",避免其在电解液中累积。该团队将具有催化作用的二硫化钴与石墨烯机械混合后用作硫正极,实验证明极性二硫化钴与多硫离子作用力更强,催化加速了多硫化锂向硫化锂的转化,有效地抑制了穿梭效应。因此,在0.5 C的电流密度下,质量分数为15%的二硫化钴使正极容量提升达60%。

中国科学技术大学钱逸泰院士团队和王功名教授课题组通过实验和理论结合的方式,如图4-13(b)(c)所示,研究了金属钴基化合物(Co_3O_4,CoS_2,Co_4N以及CoP)在Li-S化学中的动力学行为,发现钴基化合物中阴离子的价电子的p能带中心相对费米能级的位置是影响Li-S电池界面电子转移反应动力学性质的主要因素。通过对还原氧化石墨烯(rGO)/Co基化合物在多硫化锂向硫化锂的转化动力学性能的研究,发现制备的金属钴基化合物表现出完全不同的电化学动力学行为,其中rGO/CoP对多硫化合物转化的能垒最低,而且反应电流最大。通过电化学性能测试进一步证明S@rGO/CoP正极材料的极化电压最小,而且具有最优的倍率性能,甚至在40 C的电流密度下,容量仍有417.3 mA·h/g,为当时最高的功率密度(137.3 kW/kg)。DFT模拟结果表明,与其他Co基化合物相比,CoP对Li_2S_6以及Li_2S的吸附能相对适中,同时电荷差分密度分析表明,吸附能与材料表面电荷的局域程度有很大的相关性。结合其电化学性能,发现过强或过弱的吸附能都不利于多硫化合物电化学转化的动力学性能,这与催化反应中的Sabatier理论一致。通过尝试关联不同钴基化合物的阴离子价带的p能带中心位置与多硫化合物电化学转化的动力学性能,发现改变阴离子价电子的p能带中心相对费米能级的位置,能够有效调控界面电子转移反应动力学,从而成为影响锂硫电池电化学动力学性能的主要因素。

4.4.2 单原子催化剂

单原子催化剂是一种单分散单原子固载催化剂,理论原子利用率为100%,集多相催化剂和均相催化剂的优点于一身。单原子催化已在热催化、电催化领域显示出良好的应用前景,是催化领域重要的发展方向。将单原子催化剂引入锂硫电池,可以在提高锂硫电池性能的同时,减小催化剂加入对能量密度的损失。Arava 等将催化剂(Pt、Ni)沉积在石墨烯上用于锂硫电池中,研究表明在放电过程中形成的可溶性多硫化物优先被石墨烯上负载的催化剂锚定,在充电过程中促进不溶的 Li_2S_2/Li_2S 向可溶的多硫化锂转化,增强硫活性物质的可逆性。电化学结果表明:与纯石墨烯电极相比,负载 Pt 催化剂的石墨烯电极可以将充放电比容量提高 40%,在 0.2 C 电流密度下循环 100 圈后库仑效率仍可达到 99.3%,表现出优异的电化学性能。

中国科学技术大学季恒星教授等在掺氮石墨烯基底上引入单分散钴原子催化剂(Co‐N/G)并将其用作硫载体,结合原位 X 射线吸收光谱和第一性原理计算,作者发现 Co‐N‐C 配位中心作为双功能电催化剂分别促进放电和充电过程中 Li_2S 的形成和分解。因此,即使在质量分数为 90% 的超高硫载量下,Co‐N/G 也具有较高的硫利用率和 1210 mA·h/g 的比容量。斯坦福大学崔屹教授等通过负载可控、成分可调的晶种生长策略在石墨烯上成功合成了单原子催化剂。在理论模拟计算结果指导下,选择并制备了用于高性能 Li‐S 电池的钒原子催化剂。单原子钒活性催化位点有利于固体 Li_2S 在放/充电过程中的形成和分解,保证了硫的高利用率。实验结果表明由于石墨烯和 LiPSs 之间的相互作用很弱,氧化还原过程缓慢,穿梭效应无法抑制,在循环过程中存在"死硫化锂"团聚[图4‐14(a)],导致容量快速衰减和硫活性物质利用率低,而多功能单原子催化剂与多硫化锂的作用力强,充放电过程中促进多硫化锂与硫化锂之间的转化[图4‐14(b)],提高硫的利用率,从而增强了锂硫电池的循环寿命。

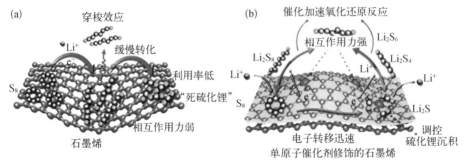

图4‐14 硫活性物质分别在石墨烯(a)和石墨烯基单原子催化剂(b)上转化过程的示意图

单原子催化剂虽然极大地提升了催化效率以及催化活性,但其制备过程复杂,制备成本较高,难以实现大规模生产,因此开发简单高效的单原子催化剂制备方法显得尤为重要。

4.4.3　异质结构催化剂

锂硫电池充放电过程中涉及多步氧化还原反应和相转变过程,单一催化剂难以实现多硫化物的快速"吸附"与"转化"过程。杨全红团队创造性地设计出孪生 TiO_2 - TiN 异质结构,将其负载到石墨烯上,利用 TiO_2 对多硫化物的强吸附性和 TiN 的高导电性,多硫化锂在两者界面上实现了快速的"诱捕-迁移-转化"过程,即使在高硫负载下也能极大地抑制多硫化物的穿梭。电池在 0.3 C 的电流密度下经过 300 次循环后仍保留 927 mA · h/g 的容量。对于 3.1 mg/cm² 和 4.3 mg/cm² 的硫负载,在 1 C 的电流密度下循环超过 2000 次,容量保持率分别为 73% 和 67%,表现出优异的循环性能和应用前景。为了更加有效地实现对多硫化锂的催化转化,该课题组创造性地设计出异质结构催化中间层。利用石墨烯作为模板和碳源,原位获得了由石墨烯和碳化钛(TiC)共同构筑的石墨烯碳化钛异质结构催化剂。TiC 优异的导电性减少了锂离子和电子的扩散势垒,并且促进了多硫化锂的捕获和转化,极大地提高了硫利用率和循环稳定性。将二维层状的碳化钛/二氧化钛($Ti_3C_2T_x$/TiO_2)异质结构与石墨烯复合作为催化中间层材料显著提升了锂硫电池的电化学性能。该异质结构催化剂有效克服了单一 $Ti_3C_2T_x$ 组分的功能局限性,为高性能锂硫电池用催化剂的构建提供了新的思路。通过原位硫化 WO_3 制备了 WS_2 - WO_3 异质结构,通过控制硫化程度调节结构,进而平衡 WO_3 对多硫化物的吸附能力和 WS_2 对多硫化物的催化活性。实验结果表明,WS_2 - WO_3 异质结构能有效促进多硫化物的转化,提高硫的利用率。在正极材料中加入 5%(质量分数)WS_2 - WO_3 异质结构作为添加剂,可以使电池表现出优异的倍率性能和循环稳定性。阿德莱德大学乔世璋教授、苏州大学孙靖宇教授等也相继在锂硫电池体系中引入异质结构催化剂,探究催化作用机理及其对电化学性能的影响,为催化剂的理性设计奠定基础。

TiO$_2$ - TiN 异质结构的设计原理和循环性能图如图 4 - 15 所示。

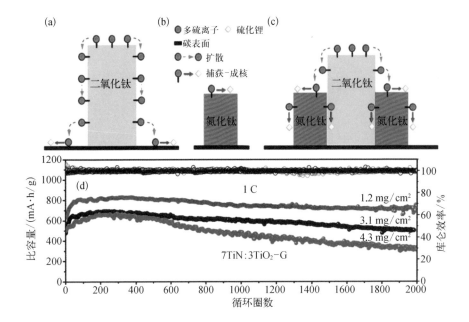

图 4 - 15 TiO$_2$ - TiN 异质结构的设计原理和循环性能图

4.5 结论与展望

石墨烯材料因其具有大的比表面积和优异的导电性,在提高锂硫电池容量、循环寿命及抑制多硫化物穿梭效应方面起到了非常重要的作用。具有不同结构形貌和功能性的石墨烯材料可以用来限制和捕捉多硫化物,并阻挡多硫化物的扩散。孔结构的调控和表面功能化对石墨烯材料非常重要,因为其不但要满足对限制多硫化物的要求,另外也要达到储能器件对高体积能量密度的要求。

然而,石墨烯材料因其大的片层和蓬松的结构,降低了电池最终的体积能量密度。此外,在实验室阶段,需要添加大量的电解液来浸润石墨烯/硫正极,这进一步降低了电池整体的能量密度。因此,需要在兼顾电池性能的同时,提高石墨烯电极的面密度,促进活性物质与电解液的充分接触。作为其他 sp^2 碳质材料的基本结构单元和一种柔性二维材料,石墨烯通过组装可以实现纳米结构致密化,例如设计

"烧麦"结构,来实现对多硫化物的有效限制及提高器件整体的体积能量密度。

石墨烯材料因其开孔结构及与多硫化物之间较弱的作用力,不能完全抑制多硫化物的穿梭,这需要将石墨烯材料与其他基体复合,如高分子材料、无机功能纳米粒子等,利用两种或多种材料相互之间的协同作用,来限制多硫化物的穿梭,最终提高锂硫电池的电化学性能。

尽管实验室阶段锂硫电池的性能取得巨大的进步,但是应清楚地看到测试条件与商业化需求仍存在很大的差异,需要更多的努力来实现锂硫电池的商业化。

总的来说,对石墨烯材料的功能角色应有更深刻的理解,才能实现石墨烯材料在锂硫电池中的更好应用。

参考文献

[1] Wang H L, Yang Y, Liang Y Y, et al. Graphene-wrapped sulfur particles as a rechargeable lithium-sulfur battery cathode material with high capacity and cycling stability[J]. Nano Letters, 2011, 11(7): 2644 - 2647.

[2] Li B, Li S M, Liu J H, et al. Vertically aligned sulfur-graphene nanowalls on substrates for ultrafast lithium-sulfur batteries[J]. Nano Letters, 2015, 15(5): 3073 - 3079.

[3] Zhou G M, Yin L C, Wang D W, et al. Fibrous hybrid of graphene and sulfur nanocrystals for high-performance lithium-sulfur batteries[J]. ACS Nano, 2013, 7 (6): 5367 - 5375.

[4] Li H F, Yang X W, Wang X M, et al. Dense integration of graphene and sulfur through the soft approach for compact lithium/sulfur battery cathode[J]. Nano Energy, 2015, 12: 468 - 475.

[5] Zhang C, Lv W, Zhang W, et al. Reduction of graphene oxide by hydrogen sulfide: a promising strategy for pollutant control and as an electrode for Li - S batteries[J]. Advanced Energy Materials, 2014, 4(7): 1301565.

[6] Li H, Tao Y, Zhang C, et al. Dense graphene monolith for high volumetric energy density Li - S batteries [J]. Advanced Energy Materials, 2018, 8 (18): 1703438.

[7] Ji L, Rao M, Zheng H, et al. Graphene oxide as a sulfur immobilizer in high performance lithium/sulfur cells[J]. Journal of the American Chemical Society, 2011, 133(46): 18522 - 18525.

[8]　Song J，Yu Z，Gordin M L，et al. Advanced sulfur cathode enabled by highly crumpled nitrogen-doped graphene sheets for high-energy-density lithium-sulfur batteries[J]. Nano letters，2016，16(2)：864 - 870.

[9]　Zhou G，Paek E，Hwang G S，et al. Long-life Li/polysulphide batteries with high sulphur loading enabled by lightweight three-dimensional nitrogen/sulphur-codoped graphene sponge[J]. Nature Communications，2015，6：7760.

[10]　Chen H，Wang C，Dai Y，et al. Rational design of cathode structure for high rate performance lithium-sulfur batteries[J]. Nano Letters，2015，15(8)：5443 - 5448.

[11]　Cao J，Chen C，Zhao Q，et al. A flexible nanostructured paper of a reduced graphene oxide-sulfur composite for high-performance lithium-sulfur batteries with unconventional configurations[J]. Advanced Materials，2016，28(43)：9629 - 9636.

[12]　Zhao M Q，Liu X F，Zhang Q，et al. Graphene/single-walled carbon nanotube hybrids：one-step catalytic growth and applications for high-rate Li - S batteries [J]. ACS Nano，2012，6(12)：10759 - 10769.

[13]　Niu S，Lv W，Zhang C，et al. A carbon sandwich electrode with graphene filling coated by N-doped porous carbon layers for lithium-sulfur batteries[J]. Journal of Materials Chemistry A，2015，3(40)：20218 - 20224.

[14]　Chen X，Xiao Z，Ning X，et al. Sulfur-impregnated，sandwich-type，hybrid carbon nanosheets with hierarchical porous structure for high-performance lithium-sulfur batteries[J]. Advanced Energy Materials，2014，4(13)：1301988.

[15]　Chen K，Sun Z，Fang R，et al. Metal-organic frameworks（MOFs）-derived nitrogen-doped porous carbon anchored on graphene with multifunctional effects for lithium-sulfur batteries[J]. Advanced Functional Materials，2018：1707592.

[16]　Seh Z W，Zhang Q F，Li W Y，et al. Stable cycling of lithium sulfide cathodes through strong affinity with a bifunctional binder[J]. Chemical Science，2013，4 (9)：3673 - 3677.

[17]　Li L，Ruan G D，Peng Z W，et al. Enhanced cycling stability of lithium sulfur batteries using sulfur polyaniline-graphene nanoribbon composite cathodes[J]. ACS Applied Materials & Interfaces，2014，6(17)：15033 - 15039.

[18]　Dong Y，Liu S，Wang Z，et al. Sulfur-infiltrated graphene-backboned mesoporous carbon nanosheets with a conductive polymer coating for long-life lithium-sulfur batteries[J]. Nanoscale，2015，7(17)：7569 - 7573.

[19]　Cao Y，Li X，Aksay I A，et al. Sandwich-type functionalized graphene sheet-sulfur nanocomposite for rechargeable lithium batteries[J]. Physical Chemistry Chemical Physics，2011，13(17)：7660 - 7665.

[20]　Wang L，Wang D，Zhang F，et al. Interface chemistry guided long-cycle-life Li - S battery[J]. Nano Letters，2013，13(9)：4206 - 4211.

[21]　Huang J Q，Wang Z，Xu Z L，et al. Three-dimensional porous graphene aerogel cathode with high sulfur loading and embedded TiO_2 nanoparticles for advanced

lithium-sulfur batteries[J]. ACS Applied Materials & Interfaces, 2016, 8 (42): 28663 - 28670.

[22] Li Y, Ye D, Liu W, et al. A MnO₂/graphene oxide/multi-walled carbon nanotubes-sulfur composite with dual-efficient polysulfide adsorption for improving lithium-sulfur batteries[J]. ACS Applied Materials & Interfaces, 2016, 8(42): 28566 - 28573.

[23] Sun Z, Zhang J, Yin L, et al. Conductive porous vanadium nitride/graphene composite as chemical anchor of polysulfides for lithium-sulfur batteries[J]. Nature Communications, 2017, 8: 14627.

[24] Peng H J, Zhang G, Chen X, et al. Enhanced electrochemical kinetics on conductive polar mediators for lithium-sulfur batteries[J]. Angewandte Chemie, 2016, 55(42): 12990 - 12995.

[25] Wang C, Wang X S, Yang Y, et al. Slurryless Li₂S/reduced graphene oxide cathode paper for high-performance lithium sulfur battery[J]. Nano Letters, 2015, 15(3): 1796 - 1802.

[26] Han K, Shen J, Hayner C M, et al. Li₂S-reduced graphene oxide nanocomposites as cathode material for lithium sulfur batteries[J]. Journal of Power Sources, 2014, 251: 331 - 337.

[27] Zhou G, Paek E, Hwang G S, et al. High-performance lithium-sulfur batteries with a self-supported, 3D Li₂S-doped graphene aerogel cathodes[J]. Advanced Energy Materials, 2016, 6(2): 1501355.

[28] Hwa Y, Zhao J, Cairns E J. Lithium sulfide (Li₂S)/graphene oxide nanospheres with conformal carbon coating as a high-rate, long-life cathode for Li/S cells[J]. Nano Letters, 2015, 15(5): 3479 - 3486.

[29] Peng H J, Wang D W, Huang J Q, et al. Janus separator of polypropylene-supported cellular graphene framework for sulfur cathodes with high utilization in lithium-sulfur batteries[J]. Advanced Science, 2016, 3(1): 1500268.

[30] Zhou G, Pei S, Li L, et al. A graphene-pure-sulfur sandwich structure for ultrafast, long-life lithium-sulfur batteries[J]. Advanced Materials, 2014, 26(4): 625 - 631.

[31] Fang R, Zhao S, Pei S, et al. Toward more reliable lithium-sulfur batteries: an all-graphene cathode structure[J]. ACS Nano, 2016, 10(9): 8676 - 8682.

[32] Huang J Q, Zhuang T Z, Zhang Q, et al. Permselective graphene oxide membrane for highly stable and anti-self-discharge lithium-sulfur batteries[J]. ACS Nano, 2015, 9(3): 3002 - 3011.

[33] Shaibani M, Akbari A, Sheath P, et al. Suppressed polysulfide crossover in Li - S batteries through a high-flux graphene oxide membrane supported on a sulfur cathode[J]. ACS Nano, 2016, 10(8): 7768 - 7779.

[34] Lin W, Chen Y, Li P, et al. Enhanced performance of lithium sulfur battery with a reduced graphene oxide coating separator[J]. Journal of the Electrochemical

Society, 2015, 162(8): A1624 - A1629.

[35] Wu F, Qian J, Chen R, et al. Light-weight functional layer on a separator as a polysulfide immobilizer to enhance cycling stability for lithium-sulfur batteries[J]. Journal of Materials Chemistry A, 2016, 4(43): 17033 - 17041.

[36] Vizintin A, Lozinšek M, Chellappan R K, et al. Fluorinated reduced graphene oxide as an interlayer in Li – S batteries[J]. Chemistry of Materials, 2015, 27 (20): 7070 - 7081.

[37] Lu Y, Gu S, Guo J, et al. Sulfonic groups originated dual-functional interlayer for high performance lithium-sulfur battery[J]. ACS Applied Materials & Interfaces, 2017, 9(17): 14878 - 14888.

[38] Gu X, Tong C j, Lai C, et al. A porous nitrogen and phosphorous dual doped graphene blocking layer for high performance Li – S batteries[J]. Journal of Materials Chemistry A, 2015, 3(32): 16670 - 16678.

[39] Xing L B, Xi K, Li Q, et al. Nitrogen, sulfur-codoped graphene sponge as electroactive carbon interlayer for high-energy and-power lithium-sulfur batteries [J]. Journal of Power Sources, 2016, 303: 22 - 28.

[40] Zhang Y B, Miao L X, Ning J, et al. A graphene-oxide-based thin coating on the separator: an efficient barrier towards high-stable lithium-sulfur batteries[J]. 2D Materials, 2015, 2(2): 8.

[41] Huang J Q, Xu Z L, Abouali S, et al. Porous graphene oxide/carbon nanotube hybrid films as interlayer for lithium-sulfur batteries[J]. Carbon, 2016, 99: 624 - 632.

[42] Liu M, Yang Z, Sun H, et al. A hybrid carbon aerogel with both aligned and interconnected pores as interlayer for high-performance lithium-sulfur batteries [J]. Nano Research, 2016, 9(12): 3735 - 3746.

[43] Zhang Z, Wang G C, Lai Y Q, et al. A freestanding hollow carbon nanofiber/ reduced graphene oxide interlayer for high-performance lithium-sulfur batteries [J]. Journal of Alloys and Compounds, 2016, 663: 501 - 506.

[44] Chai L, Wang J, Wang H, et al. Porous carbonized graphene-embedded fungus film as an interlayer for superior Li – S batteries[J]. Nano Energy, 2015, 17: 224 - 232.

第 5 章

石墨烯在锂空气
电池中的应用

5.1 锂空气电池概述

支撑经济快速发展的化石能源消耗与日俱增,这不仅会带来国际油价的持续攀升,更会直接或间接带来气候变暖以及雾霾天气等诸多环境问题。随着地球上已探明的化石能源储量的日益减少,人们也在不断寻求可替代传统化石能源的新能源。为了逐渐减少对化石能源的依赖,致力于社会的可持续发展,我国政府开始大力扶持国家智能电网的建设并倡导广泛使用电动汽车。以当今社会广泛使用的储能器件——锂离子电池为例,锂离子电池在过去 20 年作为各种可移动电子设备的电源,促进了通信、电子等行业的发展。但是锂离子电池能量密度受其理论容量限制,不能满足未来日益增长的对可移动设备高能量密度的要求,因此,研发具有更高能量密度的能量储存与转化体系是目前储能领域重要的研究方向。而锂空气电池这一热点也正是在这样的研究背景下逐渐受到人们的关注。

锂空气电池由于金属锂具有较小的摩尔质量(6.94 g/mol)和极大的电化学当量(约为 3861 mA·h/g),以及较高的理论工作电压(约 2.96 V vs. Li$^+$/Li),因而具有超高的理论比能量(约为 3582 W·h/kg)。其高能量密度优势以及潜在的应用前景吸引越来越多的人投入该领域的研究热潮之中。如果能够实现锂空气电池体系的多次可逆循环以及高容量的性能表现,那将无疑对整个电池行业甚至人类社会的发展都具有跨时代的意义。由于锂空气电池放电产物在空气气氛下稳定性较差,所以现阶段主要是在纯氧气气氛下来评估电池性能,因而本章节将主要介绍锂氧气电池的相关研究进展。

5.1.1 锂空气电池的特点

锂空气电池作为一种新型的储能元件,具有以下优点。

(1)环境友好并且具有超高的比能量。与通常的锂离子电池相比,锂空气电池的正极是氧气,其来自外界环境。另外,当排除氧气后计算所得的电极体系理论比能量可达到 11586 W · h/kg,比常见的锂离子电池体系高出 2 个数量级。

(2) 电极反应具有理论可逆性。(有机系)锂空气电池的电极反应产物 Li_2O_2 具有很好的理论可逆性,如果能够有效缓解充放电过程中所出现的极化现象以及避免电解液分解等问题,真正实现锂空气电池高容量可逆循环,那么其无疑具有非常广阔的实际应用前景。

5.1.2 锂空气电池的工作机理

传统锂离子电池的基本电化学反应是基于锂离子在正负极之间的可逆嵌入/脱出的过程。不同于离子电池的"摇椅式"工作机制,锂空气电池则是利用金属锂作为负极发生氧化反应以及氧气在正极催化剂上发生还原反应而产生电势差,进而可以对外电路供电的能量存储与转换装置。对于锂空气电池而言,在放电过程中,负极金属锂首先失去电子变成 Li^+,而电解液中 Li^+ 从负极通过电解液传递到具有多孔结构的正极并与扩散而来的氧气发生反应,生成不溶性的固体放电产物(Li_2O_2 或者 LiOH),而电子则从负极经由外电路传输到正极,以构成一个完整的回路。而充电过程则对应于正极催化剂上放电产物的分解,同时会产生 Li^+ 扩散到电解液中并伴随氧气的释放。锂空气电池工作原理示意图如图 5-1 所示。

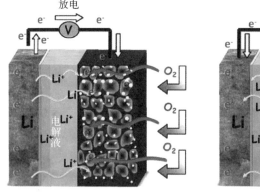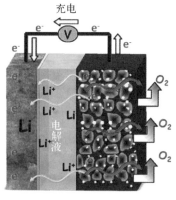

图 5-1 锂空气电池工作原理示意图

锂空气电池一般由金属锂负极、电解液(质)、隔膜、氧气气体扩散正极组成,每个组分都会影响电池整体性能的发挥。而根据所选用的电解液不同,还可以将锂空气电池具体分为有机系、水系、有机/水混合系以及全固态锂空气电池,锂空气电池中的常见结构构型如图5-2所示。每种电池构型具有其特定的优势但也都存在明显的问题,所以对于最优装置的选择仍然存在着一定争议,不过现阶段的研究主要集中在有机系锂空电池体系。

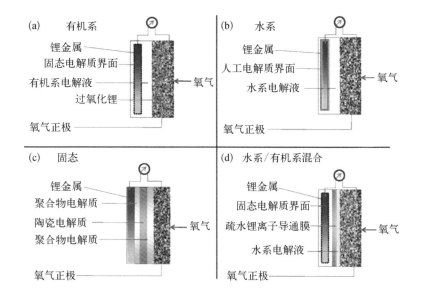

图5-2 锂空气电池中的常见结构构型

5.1.3 锂空气电池存在的问题

自从 K. M. Abraham 在 1996 年首次报道了实际比能量为 250～350 W·h/kg 的有机系锂空气电池以来,锂空气电池在实际应用过程中还存在很多技术问题亟待解决。而在诸多限制中,以下几个方面的问题又显得尤为突出。

(1) 放电产物过氧化锂(Li_2O_2)在正极上的堆积。一般来说,在负极金属锂过量的情况下,锂空气电池充放电循环终止主要是由于放电产物堵塞氧扩散电极孔道所致。由于放电产物 Li_2O_2 的溶解度和导电性都很差,因而 Li^+ 和 e^- 无法有效地转移,同时随着充放电循环的不断进行,放电产物会逐渐堵塞孔道,阻碍气体的有效传输,并显著减少电化学反应活性位的暴露程度,从而导致充电电压和放电电压平台之间有较大的差异,电极反应极化现象明显。

（2）金属锂负极的使用。金属锂本身的超高化学反应活性以及循环过程中伴随的巨大体积变化导致其表面生成的 SEI 膜不稳定和可能产生的金属锂枝晶等问题限制了金属锂负极的进一步应用。此外由于锂空气电池体系中存在非常活泼的反应组分（锂和氧气），而常用的隔膜无法有效阻隔氧气的穿梭，所以在金属锂负极一侧会发生一系列的副反应，这些副产物的生成不仅会降低金属锂的离子电导率，还会进一步降低其电化学稳定性和可逆性。

（3）电解液的分解。锂空气电池充电过程中极化现象明显，充电电压逐渐增大使电解液易发生分解。只有那些电化学窗口较宽（氧化电位高）的电解液溶剂才可以抵抗较高的充电电压。此外，正极放电过程中产生的中间产物 O_2^- 具有很强的亲核性，容易与电解液发生亲核反应并造成电解液的分解，并伴随一系列副产物的生成（包括碳酸锂、甲酸锂、羧酸锂、锂的有机物等）。

（4）电池体系中高效的添加剂使用。现阶段锂空气电池中所需的添加剂主要包括导电剂（降低阻抗，以减少产物极化），正极催化剂和电解液添加剂（降低正极反应过程中的电化学极化，以有效降低充电电压）。电解液添加剂通过自身更低的氧化电位，从而有效降低充电过电势。但添加剂的引入也可能导致电池体系发生更多的副反应，具体的反应机制仍需要后续更深入的研究。

（5）"防水透氧膜"的制备。现有的研究实验测试装置中 O_2 的分压约为 0.1 MPa，但实际空气中 O_2 的分压为 0.021 MPa，实际的气氛环境并不完全等同于实验测试环境，并且由于空气中的水汽会腐蚀金属锂负极，空气中的 CO_2 会使放电产物中 Li_2O_2 的含量减少且主要生成物 Li_2CO_3 不具有优异的电化学可逆性，因而如何合成出一种有效的"防水透氧膜"也是未来锂空气电池体系能真正利用空气气氛并实现规模化应用的关键。

5.2   锂空气电池正极催化剂材料的研究进展

对于有机系锂空气电池体系来说，电池具有良好的电化学可逆性是 Li_2O_2 稳定和可逆形成/分解的必要但不充分条件，只有当正极反应是由稳定和可逆的

Li_2O_2形成/分解为主时,才构建了真正意义上的可充电式二次锂空气电池。从热力学角度上来讲,锂和氧气结合生成 Li_2O_2 的电位在 $U_0 = 2.96$ V(vs. Li^+/Li)。理论上当外部施加电压大于 2.96 V 时($U > U_0$),Li_2O_2 便会发生分解,并重新在正极释放出氧气。但正如典型的锂空气电池充放电曲线图 5-3(a)所示,充电电压一般要在 4.0 V 以上才开始分解 Li_2O_2。这主要是因为在放电过程中放电产物 Li_2O_2 会在多孔碳基催化剂的孔隙内逐渐累积[图 5-3(b)],从动力学上来讲会影响后续氧扩散的进行以及锂离子的传输,再加上 Li_2O_2 本身较差的电子电导率,从而造成充电过程需要很高的过电势才能分解这些新生成的 Li_2O_2。为了有效降低充电过电势从而提高能量转换效率,通常需要加入各种有效的多孔催化剂来催化电化学反应的进行。

图 5-3 碳基正极催化剂

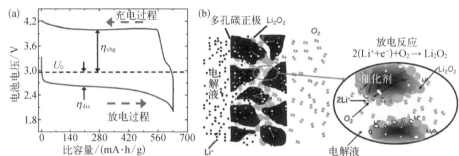

(a)典型的基于 Super-P 基正极催化剂有机系锂空气电池的首圈充放电曲线;(b)氧扩散正极在放电过程所发生的变化示意图

正极催化剂也就是通常所说的氧气气体扩散正极,是锂空气电池的核心组成部分,理想的锂空气电池正极催化剂材料应该具有以下几点特征:(1)正极催化剂应具有优异的电子电导率及较短的离子传输路径,以确保电化学反应的顺利进行;(2)正极催化剂材料应具有一定的比表面积及层次孔结构来支持氧气的快速传输和有效吸附,并具有足够的孔容和机械强度,以有效储存放电过程中新产生的放电产物并适应充放电过程中所引起的电极材料的体积变化;(3)正极催化剂材料应具有优异的电化学催化性能,不仅可以有效地传输电子、离子和氧气以确保电化学反应的进行,同时还可以有效地催化分解所生成的放电产物;(4)正极催化剂材料在对应的电化学窗口内应该具有较高的电化学稳定性,不与电解液以及放电过程中产生的中间产物发生反应;(5)从商用实用性上来说,正极催化剂材料还应该具有制备工艺相对简单,价格成本可控,对环境相对友好无污染等特点。

目前针对锂空气电池所存在的问题和上述提供的有关锂空气电池用正极催化剂材料的可能设计方案,通常的方法是选用贵金属、过渡金属/金属氧化物和具有优异电导率的碳基材料作为正极催化剂,以提高锂空气电池的能量转换效率并改善其循环性能。相比于价格昂贵且结构设计相对复杂的金属基催化剂,碳质材料具有成本低廉、轻质、丰富的表面化学状态及易调控的孔隙结构等特点,因而其成为最广泛使用的正极催化剂。而碳基催化剂的稳定性、导电性、孔结构、比表面积、微观形态和催化活性均会对锂空气电池的循环性能、倍率性能、容量特性以及能量转换效率等产生较大的影响。

在一个理想的锂空气电池体系中,碳基催化剂可以作为导电网络支持电化学反应的进行,同时其内部结构的孔隙也能够有效储存放电产物 Li_2O_2。但是需要指出的是无论是不规则的膜状还是传统的线圈状的 Li_2O_2,这些新生的产物均不溶于有机电解液中,因而会在放电过程中引起碳基电极发生巨大的体积膨胀,这可能会导致碳基电极的结构塌陷进而影响锂空气电池的整体性能表现。为了解决上述问题,我们需要构建一种既具有良好机械稳定性同时还兼有足够孔隙空间的碳基正极催化剂。除了结构稳定性方面,我们同样需要关注碳基电极的(电)化学稳定性。现有的研究结果表明,由于锂空气电池在放电过程中会产生亲核性很强的超氧根离子,它不可避免地会与制备电极时用到的聚合物黏结剂发生副反应,随之产生的副产物则可能以膜状物质沉积在正极基底,这会极大抑制正极催化剂的催化活性。如果我们设计并构建一种具有自支撑型结构的碳基电极结构,那么便可以规避由于使用黏结剂而可能导致的一系列问题。同时需要注意的是,碳基材料在充电过程具有高度氧化性的环境条件下会变得不再稳定,而放电产物 Li_2O_2 也会与碳材料通过相关(电)化学反应产生可能的副产物 Li_2CO_3。理论上认为只有在较高充电电压下(>4 V)才能分解这些副产物 Li_2CO_3,所以这些副反应的发生,不仅会消耗碳基催化剂上的活性位点,同时也会极大抑制充电过程中的电荷转移,最终导致充电过电势的增加,并影响电池的循环稳定性。因此,如何有效地保护碳/过氧化锂界面以防止碳被氧化也成为一个重要的研究热点。

5.3 石墨烯在锂空气电池电极材料中的应用

5.3.1 石墨烯基正极催化剂

作为具有典型二维结构的碳材料,石墨烯由于其超大的理论比表面积、良好的电导率和优异的机械性能而备受关注。Zhou 等在 2011 年首先将石墨烯作为氧扩散正极应用在锂空气电池中,但是由于其易自发堆叠成二维片层结构而阻塞氧气的扩散,因而会造成放电性能的降低,通过对材料进行一定的结构调控可以提高石墨烯基材料作为氧扩散正极的电化学性能表现。对于石墨烯基正极催化剂材料而言,主要决定其放电性能表现的是其孔容大小,尤其是孔径中的介孔含量比例,而不是通常认为的比表面积。从动力学角度上考虑,在放电过程中,氧气通过气相开放通道或作为溶解氧通过电解液扩散至电极上。无论是哪种氧气传输路径都只能在电解液、电极和氧气三相共存反应区域内形成 Li_2O_2。这也意味着形成越多的三相区域将越有利于生成更多的 Li_2O_2,也就可以获得更高的放电容量。如果孔径太小并且在微孔范围内,则微孔的入口将很快被所形成的 Li_2O_2 所堵塞,从而阻止后续放电反应的进行。另外,具有更多大孔分布的石墨烯基材料由于大孔易被电解液浸润,将会减少三相反应区域,同样会降低放电容量。而更大的孔隙也意味着锂空气电池的体积能量密度会大幅降低。此外,由于氧扩散正极中的氧传输情况会随着催化剂负载量的增加而进一步恶化,所以石墨烯基催化剂负载量的增加也会降低锂空气电池的放电容量表现。

Zhao 等通过软模板法构建了三维多孔氮掺杂石墨烯气凝胶,该气凝胶具有内部互相关联的纳米笼所搭接形成的网络结构,这样的结构有利于氧气的快速传输和活性位点的充分暴露。Sun 等通过硬模板法制备出的具有发达孔隙结构的多孔石墨烯,由于可以为 Li_2O_2 提供充足的存储空间,因而可以有效缓解循环过程中正极的体积变化,进而可以很好地维持碳基电极结构的完整性(图 5 - 4)。

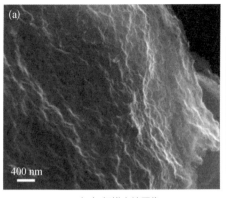

图 5 - 4　硬模板法制备的多孔石墨烯电极

（a）扫描电镜图像　　　　　　　（b）透射电镜图像

　　Xiao 等的研究表明，通过胶体乳液的方法可以形成如图 5 - 5 所示的自组装法制备的多孔石墨烯电极。功能化的石墨烯纳米片聚集成松散堆积的破碎的蛋型结构，并留下遍布于整个电极的互相连通的扩散通道，氧气则可以通过这些通道源源不断地扩散到电极的内部，同时通道壁上的孔结构则提供了氧还原反应所需的三相界面区域，并可以为所生成的反应产物提供大量的储存空间而不会阻碍氧气的持续扩散，这种独特的结构是氧扩散正极的理想结构设计。相应的

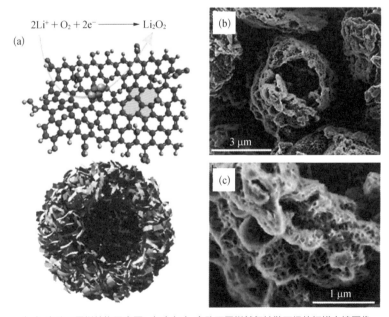

$$2Li^+ + O_2 + 2e^- \longrightarrow Li_2O_2$$

图 5 - 5　自组装法制备的多孔石墨烯电极

（a）多孔石墨烯结构示意图；（b）（c）多孔石墨烯基氧扩散正极的扫描电镜图像

　　　　　　　　　　　　　　　　　　石墨烯电化学储能技术

DFT 理论计算结果表明石墨烯上的缺陷和官能团有利于形成彼此分离的纳米尺寸的 Li_2O_2 颗粒,这有助于防止氧扩散正极中的阻塞,并极大地提高石墨烯基氧正极的放电容量。

图 5-6(a)显示了利用该功能化石墨烯材料作为氧扩散正极的锂空气电池的放电曲线,其中碳负载量为 $2\ mg/cm^2$。该电池首先在 0.2 MPa 的纯氧气氛中进行测试,其放电容量可达 15000 mA·h/g,放电平台稳定在 2.7 V 左右。同样使用该电极装配成软包电池,并在湿度为 20%,氧气分压为 0.021 MPa 的空气气氛下进行测试[图 5-6(b)]。在 $0.1\ mA/cm^2$ 的电流密度下,放电容量仍可以超过 5000 mA·h/g,是相同测试条件下使用科琴黑为氧扩散正极的锂空气电池的两倍。

图 5-6 以多孔石墨烯为氧扩散正极的锂空气电池的电化学性能表现

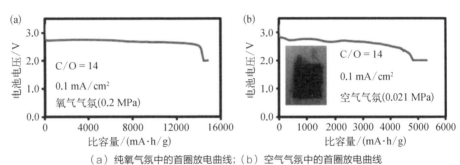

(a)纯氧气氛中的首圈放电曲线;(b)空气气氛中的首圈放电曲线

我们团队通过硬模板法和毛细蒸发诱导干燥的方法合成出致密但仍然多孔的石墨烯宏观体(THPGM),并首次强调了具有高体积能量密度的锂空气电池(图 5-7)。致密的石墨烯宏观体具有高密度($1.04\ g/cm^3$)和微观多孔($688\ m^2/g$)的性质,且其块体内部中本身存在的直径为 $1\sim6$ nm 的孔和去除硬模板后产生的 40 nm 的孔有利于离子的迁移和氧气扩散,同时为放电产物提供了足够的储存空间。由致密但微观多孔的石墨烯宏观体制成的氧扩散正极具有高体积密度,丰富的孔隙结构和坚固的结构等优点,最终导致锂空气电池表现出超高的体积能量密度(1109 W·h/L),并在限容 1000 mA·h/g 条件下可稳定循环 157 圈。

除了传统的电极制备方法,石墨烯基材料可以不需要导电剂和黏结剂等直接构建整体电极,这种优化的电极结构有利于电子和物质的传递过程,可以提高整体

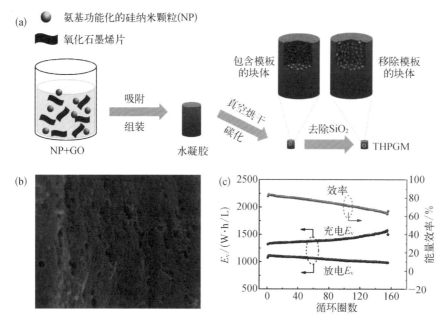

图 5-7 致密多孔石墨烯宏观体为氧扩散阴极的锂空气电池电化学性能表现

（a）毛细蒸发诱导干燥法制备致密多孔石墨烯宏观体流程示意图；（b）致密多孔石墨烯宏观体电极的扫描图；（c）该锂空气电池体积能量密度-循环曲线图

电极的性能。为了解决由于黏结剂的使用而导致碳基催化剂所发生的团聚，Liu等使用铝基底辅助热还原的方法，成功地在铝集流体上原位构建了具有三维结构自支撑型的石墨烯/铝电极。复合电极具有低堆积密度的三维多孔网络结构，这有利于氧气在电极内部的快速传输，并可以为放电产物提供足够的储存空间。Connell 等直接利用冷压模塑的方法制备了具有高面负载量（约为10 mg/cm²）的多孔石墨烯基氧扩散正极。虽然电极厚度显著增加，但是石墨烯面内的多孔结构保证了锂离子和氧气的有效传输，因而构建的锂空气电池仍具有超高的面容量表现（约为 40 mA·h/cm²）。Zhang 等利用简单有效的原位溶胶-凝胶方法，使用氧化石墨烯凝胶为前驱体在泡沫镍上构建了具有自支撑型结构的层次多孔碳（FHPC），通过将活性多孔碳颗粒均匀地分散在石墨烯上，最大限度地利用其活性比表面以利于传质的进行。模板法制备的石墨烯/多孔碳电极如图 5-8 所示。使用该层次多孔碳作为氧扩散正极的锂空气电池在电流密度为 0.2 mA/cm²（280 mA/g）时，放电容量可达 11060 mA·h/g。即使电流密度增加了 10 倍达到 2 mA/cm²（2.8 A/g），也能获得高达 2020 mA·h/g 的放电容量。

图5-8 模板法制备的石墨烯/多孔碳电极

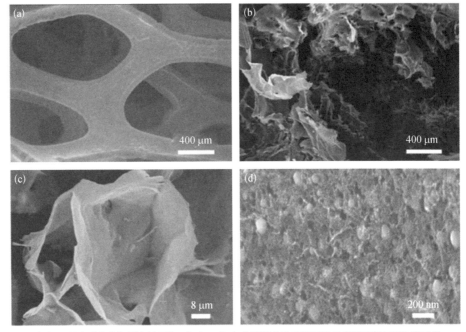

（a）初始泡沫镍的扫描电镜图像；（b）～（d）泡沫镍上构建的石墨烯/多孔碳的扫描电镜图像

  Zhou 等提出一种真空辅助热膨胀处理的策略，以构建具有分级中-大孔结构的微米尺寸大小的多孔石墨烯(图 5-9)。后续的热还原处理可以显著降低含氧官能团的数量，并有效地调整最终材料的微观孔结构。当使用该石墨烯作为正极催化剂时，可表现出高达 19800 mA·h/g 的放电容量。并在 1000 mA·h/g 的循环深度下可稳定循环 50 圈以上。

  由于掺杂杂原子(例如 N、B、P 和 S)可以增加碳网络中缺陷浓度并利于边缘端面上活性位点的暴露，所以杂原子掺杂的碳材料的氧还原催化活性会得到显著增强。Sun 等将 N 掺杂和 S 掺杂的石墨烯分别作为氧扩散正极并应用在有机系锂空气电池体系中。发现掺杂石墨烯由于引入一定量的缺陷均可导致放电容量急剧增加，而 S 掺杂石墨烯还会影响放电产物的形态并表现出与初始未掺杂石墨烯截然不同的充电行为。图 5-10 显示了 Li_2O_2 在 S 掺杂石墨烯上的生长机理。O_2 首先得到电子被还原成 O_2^-，并与 Li^+ 结合形成 LiO_2，然后在石墨烯表面上通过歧化反应或者进一步得电子形成细长型的 Li_2O_2 微晶。不同的放电电流密度可以获得不同形态的放电产物。虽然杂原子掺杂有利于提高石墨烯基锂

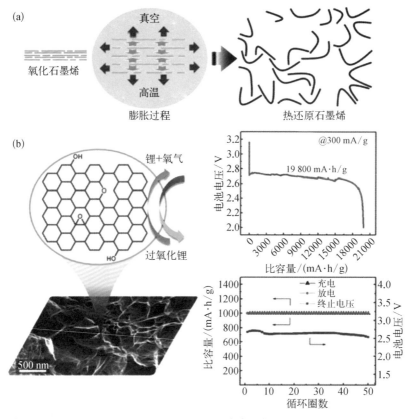

图 5-9 真空辅助
热膨胀处理得到的
多孔石墨烯

（a）真空辅助热膨胀石墨烯制备过程及结构示意图；（b）以热还原石墨烯为正极催化剂的锂空气电
池的电化学性能表现

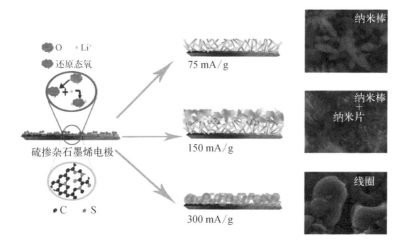

图 5-10 Li₂O₂ 在
S 掺杂石墨烯上的
生长机理

　　　　　　　　　　　　　　　　　　　　　　　　石墨烯电化学储能技术

空气电池的放电性能,但是其具体影响机制仍需要进一步研究。

5.3.2 石墨烯/其他组分复合材料基正极催化剂

考虑到石墨烯基正极催化剂自身催化活性有限,且在高压条件下易发生分解,可以考虑将石墨烯与其他活性组分复合从而构建更加高效的正极催化剂。

1. 石墨烯/过渡金属基催化剂

利用石墨烯作为良好的导电网络,同时在石墨烯基底上负载一些催化活性较高的组分(如 Co_3O_4)来提高正极催化剂的催化活性。需要注意这些非碳组分(如 Pd)的添加也可能导致最终生成片状的放电产物 Li_2O_2,相比于传统的线圈状放电产物,独特的片状 Li_2O_2 可以更加均匀地分布在氧扩散正极上,进而可以缓解体积膨胀效应并维持整体电极结构的稳定性。Dai 课题组通过直接成核,生长和锚定无机纳米材料在具有氧化官能团的纳米碳基底(如氧化石墨烯和酸化碳纳米管)上,构建相应的无机/纳米碳杂化材料。由于电催化纳米颗粒和纳米碳基底之间存在较强的化学连接和电耦合作用,导致最终形成的非贵金属基电催化剂可以表现出显著提高的催化活性。Cao 等通过在石墨烯纳米片上原位成核和生长 α-MnO_2 纳米棒,进一步说明了在有机系锂空气电池中 α-MnO_2/石墨烯杂化体中氧化物和碳的协同催化效应(图 5-11)。α-MnO_2/石墨烯杂化物在充放电过程中均表现出优异的催化活性,在

图 5-11 α-MnO_2/石墨烯杂化体中氧化物和碳的协同催化效应

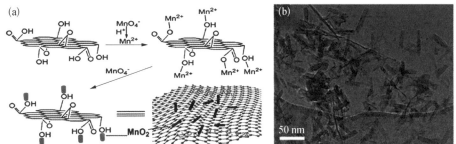

(a) 在石墨烯上生长α-MnO_2纳米棒的示意图和形成的α-MnO_2/石墨烯杂化物的结构示意图;
(b) 该杂化物的透射电镜图像

200 mA/g(0.06 mA/cm²)的电流密度下可提供 11520 mA·h/g 的高可逆容量，而 α-MnO₂ 和石墨烯的机械混合物只能提供 7200 mA·h/g 的可逆容量。该电池在 25 次循环中表现出良好的循环性能，并具有稳定的可逆容量和放电/充电电压平台。

Zhang 等采用三聚氰胺作为骨架模板，通过浸渍氧化石墨烯和 Co²⁺ 前驱体溶液及后续热处理的方法成功构建了三维石墨烯包裹的具有核壳结构的 Co/CoO 纳米粒子的自支撑型复合材料。进一步的电化学和结构分析表征表明放电后生成的 Li₂O₂ 颗粒主要生长在 Co/CoO 表面，这样便可以有效避免充放电过程中发生在石墨烯电极上的一系列副反应，从而提高锂空气电池的电化学稳定性。Ryu 等通过静电纺丝的方法成功地合成出一维 Co₃O₄ 纳米纤维锚定在二维石墨烯纳米片两侧的石墨烯/Co₃O₄ 复合材料（图 5-12）。在合成过程中，非共价官能团化的石墨烯纳米片有助于形成均匀的前驱体溶液，并阻止 Co₃O₄ 发生自团聚现象。该正极催化剂可充分利用 Co₃O₄ 的高催化活性，加上石墨烯纳米片基底可有效地进行电子传输，因而使用该复合材料作为正极催化剂的锂空气电池表现出优异的电化学性能。

图 5-12 石墨烯/Co₃O₄复合材料

（a）该氧扩散正极透射电镜图像；（b）以石墨烯/Co₃O₄为正极催化剂的锂空气电池电化学性能表现

2. 石墨烯/贵金属基催化剂

Wu 等利用牺牲模板法和随后的物理气相沉积方法构建了多孔石墨烯纳米笼/铂复合催化剂（图 5-13）。独特的空心石墨烯纳米笼基底不仅可以提

石墨烯电化学储能技术

供许多纳米尺度范围的"气-液-固"三相区域作为氧化还原反应的活性位点,同时其微观结构中富有的介孔可以支持氧气的快速传输。此外,分散在石墨烯纳米笼上的金属铂颗粒通过自身较强的原子吸附作用,可作为 Li_2O_2 优先形核生长位点,并诱导生成尺寸更小的无定形的 Li_2O_2,这会更利于充电反应的进行。

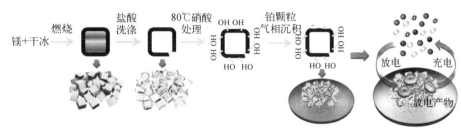

图 5-13 多孔石墨烯纳米笼/铂复合正极催化剂制备过程示意图

Sun 等通过 SiO_2 硬模板法首先制备出具有发达孔隙结构的多孔石墨烯,并通过进一步浸渍的方法负载金属钌颗粒在多孔石墨烯片层上,最终合成了多孔石墨烯/钌复合正极催化剂(图 5-14)。通过微观扫描电镜观察可以发现,未负载金属钌的多孔石墨烯上主要生成尺寸较大的线圈状 Li_2O_2,而多孔石墨烯/钌复合催化剂上生成的放电产物主要是纳米片状的 Li_2O_2,因而使用复合催化剂的锂空气电池表现出优异的电化学性能,其具有高达 17700 mA·h/g 的完全放电容量,同时具有低过电势(约 0.355 V),而在限容量 1000 mA·h/g 的条件下可稳定循环 200 圈以上。

Wang 等在泡沫镍基底上通过化学气相沉积石墨烯及随后的溶液浸渍金离子前驱体溶液的方法,合成了具有夹层结构的多孔石墨烯/金纳米颗粒/金纳米片复合正极催化剂(图 5-15)。该材料作为正极催化剂时可以发现放电生成的 Li_2O_2 薄膜(小于 10 nm)限定在石墨烯片层和纳米金片层中间的金纳米颗粒表面上。Li_2O_2 这种独特的成核生长方式可以有效地缓解氧扩散正极由于放电产物的积累而导致的电极失活,并可以显著减少放电产物和石墨烯基底以及电解液之间的接触。

Zhou 等通过真空辅助热膨胀和高温热处理以及随后的乙二醇溶液还原法

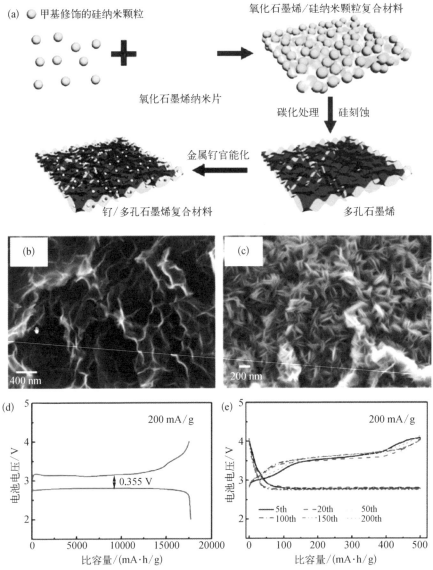

图 5 - 14　多孔石墨烯/钌复合正极催化剂

（a）硬模板法诱导形成多孔石墨烯及在多孔石墨烯上负载金属钌纳米颗粒的合成示意图；（b）该复合催化剂的扫描电镜图像；（c）该复合催化剂放电后的扫描电镜图像；（d）（e）以多孔石墨烯/钌为正极催化剂的锂空气电池电化学性能曲线

成功合成了金属铱颗粒修饰的多孔石墨烯复合正极催化剂（图 5 - 16）。其中具有层次孔结构的石墨烯基底可确保电子的快速传导，并支持氧气的快速传输和电解液的良好浸润。负载在石墨烯片层上的金属铱颗粒可以为 Li_2O_2 的生成和

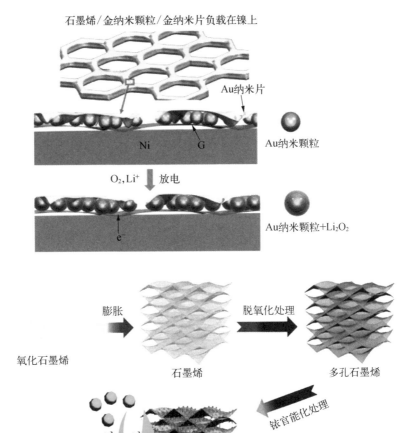

分解提供高效稳定的催化活性位点。

　　而利用石墨烯和催化剂之间的协同作用,构建的石墨烯基复合材料甚至
可以改变锂空气电池的充放电机理。Amine 等的实验结果证明金属铱纳米
颗粒和石墨烯的复合物可以有效抑制锂空气电池放电中间产物超氧化锂的
歧化反应,并稳定超氧化锂为放电产物,从而实现充电过程中过电位的降低
和充放电效率的改善。Grey 等通过实验证明可利用石墨烯和碘化锂之间的
协同作用,将含有衡量水分的锂空气电池放电产物由过氧化锂转化为氢氧化
锂,并制备具有超低充电电位(约 3.0 V)和超长循环寿命(2000 次)的锂空气

电池。

需要指出的是,如果只采用非碳基组分作为正极催化剂,则可彻底避免由于碳材料的结构以及化学不稳定性而导致的一系列问题。如使用基于纳米多孔金为正极催化剂的锂空气电池被证实可以具有良好的能量效率以及循环稳定性(图 5-17)。此外,基于结构稳定性方面的考虑,也可以利用自支撑的氮化钛(TiN)纳米管阵列作为非碳载体,通过原位电化学沉积的方法将氧化钌 RuO_x 沉积在 TiN 阵列上(图 5-18)。有别于传统电极制备过程中简单机械混合的方法,通过原位化学沉积制备出的电极活性组分与集流体基底之间有更好的附着力作用。垂直排列的 TiN 纳米管阵列可允许电子的快速传导和氧气的快速传输,并可以提供足够的空隙来储存 Li_2O_2,有效缓解电池循环过程中的体积膨胀效应。而作为活性组分的 RuO_x 催化剂颗粒可进一步促进氧析出反应的进行,并可避免因使用碳材料而导致的副反应,最终显著提高锂空气电池的循环稳定性。

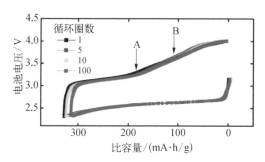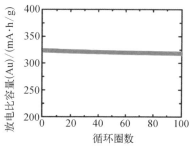

图 5-17 基于纳米多孔金为正极催化剂的锂空气电池循环性能图

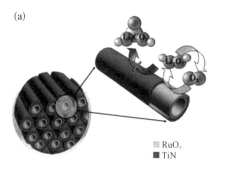

图 5-18 氧化钌/氮化钛复合正极催化剂

(a) 氧化钌/氮化钛复合催化剂结构示意图;(b) 该复合催化剂的扫描电镜图像

石墨烯电化学储能技术

5.4　应用前景与展望

　　锂空气电池由于其超高的理论能量密度逐渐受到大家的关注。过电势较高、能量转换效率较低以及循环倍率性能较差等问题已经成为限制锂空气电池进一步实际应用的主要障碍。正极催化剂材料是锂空气电池的核心组件,其表现出的催化性能直接决定了锂空气电池的整体性能表现。而碳质材料,尤其是近些年来新兴的石墨烯基材料由于其具有的超大比表面积、优异的电导率、易调的表面化学状态以及丰富的层次孔结构,可以为自下而上的可控设计与组装氧扩散正极提供基元材料。与此同时,在石墨烯基材料以及整体式电极材料中引入高活性的氧还原和氧析出反应催化剂以及对其进行孔结构设计和优化,进而实现对电化学反应过程中电子和物质传递过程的优化也是一个很有前景的研究方向。

　　然而对于常见的非水溶剂锂空气电池体系而言,在放电过程中氧气会得到电子并最终在多孔催化剂上生成 Li_2O_2,而这个过程同时还会伴随着诸如超氧根离子 O_2^- 以及超氧化锂 LiO_2 等中间产物的生成与分解。一般认为这些以氧还原态形式存在的物种会与石墨烯基正极材料以及电解液发生一些副反应并最终导致副产物的生成,如何深入地理解上述副反应发生的反应机制进而有的放矢地规避这些副反应,则成为提高锂空气电池使用寿命以及稳定性的关键。下一步的工作可以主要从以下几个方面着手。

　　(1)由于碳基材料和电解液可能会与放电产物 Li_2O_2 以及超氧根发生副反应,所以碳基(石墨烯基)材料作为正极催化剂时通常表现出较差的电极/电解液稳定性。因而如何找到一种同时兼具高化学和电化学稳定性的电解液组分,以及如何通过合适的材料保护来提高碳基正极催化剂材料的稳定性,仍然是锂空气电池体系发展的一个重要挑战。需要注意的是,单独考虑电解液的稳定性是不合适的,而应当结合所选用的电极材料,从锂空气电池的整体去考虑稳定性这一问题,这无疑也是今后有关电解液研究应该着重注意的事项。

（2）由于 Li_2O_2 的生成会阻隔催化活性表面与电解液和氧气接触，导致电子传输受阻，并不断消耗电化学活性表面，从而使得电池性能恶化，所以也需要特别关注 Li_2O_2 在氧扩散正极上的生长动力学过程。目前大多数锂空气电池测试均使用限制容量循环来避免因 Li_2O_2 的过度长大而造成活性表面的不可逆损失。一般来说，小电流密度下倾向于生成尺寸更大且结晶度高的 Li_2O_2 固体颗粒，因而会有更高的容量表现；而大电流密度下则倾向于形成更薄的 Li_2O_2 薄膜，虽然更易分解但是具有较差的容量表现。这导致无法追求兼具高能量密度和高功率密度的锂空气电池。现有的报道指出可以通过调控碳基（石墨烯基）正极催化剂的比表面积来调控 Li_2O_2 的生长动力学，进而可以在能量密度与功率密度之间寻找一个平衡点，而这也需要进行相关电化学反应机理的深入分析。

（3）对于有机系锂空气电池体系来说，如果只使用粉末衍射（XRD）方法来表征放电产物则可能会引起误解，因为它只能检测出结晶性较强的 Li_2O_2 固体，而无法检测出结晶性较差的锂羧酸盐等副产物。通常情况下这些副产物无法在充电过程中分解，并会造成正极催化剂的快速失活。因而需要我们将电化学测量与多种光谱/分析技术相结合去真正评估电极催化剂材料的稳定性。如傅里叶变换红外（FTIR）测试技术可以用来检测在正极上所生成的非晶态产物，而核磁共振氢谱（^1H-NMR）通过使用 D_2O 萃取隔膜/电极可以用来检测电解液中或者电极上的特定产物。通过原位微分电化学质谱（in-situ DEMS）则可以确定充放电过程中相应的电荷/质量平衡，并因此确定是否有非氧气等其他气体生成。

（4）考虑到石墨烯基正极催化剂本身催化活性有限，因而可以考虑将石墨烯基材料作为催化剂模板，并在催化剂结构设计中引入第二相催化活性组元，以提高石墨烯基正极催化剂的催化活性。目前常用的催化剂有铂、金、钌、钯等贵金属以及铁、钴、锰的金属氧化物等。石墨烯基材料作为这些催化材料的载体其作用主要体现在减少贵金属的使用量、降低正极催化剂的构建成本、改善电催化剂在电极材料中的分散以减少材料团聚、有效地控制电催化剂的晶粒粒径以提高活性比表面积等。石墨烯基材料具有的优异电子电导率可以确保良好的电子传导,其内部的层次孔结构可以确保 Li^+ 和 O_2 的快速传输,具有合适的孔容以容纳放电产物(Li_2O_2),同时发挥活性组分的催化作用,最终通过两种组元的协同效应提高锂空气电池的整体性能表现。锂空气电池中石墨烯基正极的理想结构模型如图 5-19 所示。

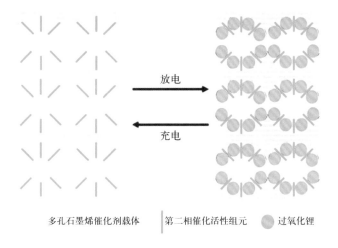

放电

充电

多孔石墨烯催化剂载体　第二相催化活性组元　过氧化锂

(5) 构建基于非过氧化锂放电产物的锂空气电池构型。前文已经讲述了可利用石墨烯和催化剂活性组分间的协同效应分别构建基于超氧化锂和氢氧化锂放电产物的锂空气电池,同时表现出超高的循环稳定性和能量效率。除此之外,还可通过形成稳定的氧化锂为放电产物来进一步提升锂空气电池的容量和能量表现。已有相关研究证明在高温条件下(约 150℃)使用熔融盐电解质可实现稳定且高度可逆的氧化锂生成/分解,最终构建的基于四电子转移过程的锂空气电池具有超低的充放电过电势(约 0.2 V)和超高的循环稳定性(150 圈)。另外,考虑到从正极扩散而来的氧气所引起的锂金属负极失活严重制约了锂空气电池的循环使用寿命,可以考虑利用氧化锂作为放电产物并将其预先添加到石墨烯基导电网络中,并通过进一步控制充放电深度实现氧化锂/过氧化锂之间的可逆循环。相关研究结果表明由于有效避免了氧气的使用/生成,所构建的封闭式锂空气电池不仅可以匹配现有的电池装配技术,还可以明显缓解锂金属负极的失活,进而可表现出极好的循环稳定性。

（6）虽然锂空气电池具有超高的质量能量密度，但是由于传统的锂空气电池要求正极催化剂具有高度发达的孔隙结构以有效地储存放电产物，因而导致其具有较低的体积能量密度表现。对于未来的储能器件而言，必须同时考虑储能体系的质量和体积能量密度表现。而为了提高体积能量密度，我们可以从电极材料本身出发对结构进行设计优化。有理由相信，如果我们能够提高锂空气电池的体积性能表现，同时保持其优于其他常规储能装置的质量能量密度优势，无疑可以大大增加其未来大规模实际应用的可能性。

石墨烯基材料在锂空气电池中具有广阔的应用前景，但锂空气电池体系较为复杂，其涉及锂金属负极、氧扩散正极、电解液以及隔膜等各方面因素的匹配和优化等问题。目前相关研究仅仅处在起步阶段，相信经过不断地探索与开发，石墨烯基材料有望在将来广泛应用于高效、安全的高性能锂空气电池中。

参考文献

[1] Bruce P G, Freunberger S A, Hardwick L J, et al. Li‐O₂ and Li‐S batteries with high energy storage[J]. Nature Materials, 2012, 11(1): 19 - 29.

[2] Girishkumar G, McCloskey B, Luntz A C, et al. Lithium-air battery: promise and challenges[J]. The Journal of Physical Chemistry Letters, 2010, 1: 2193 - 2203.

[3] Yoo E, Zhou H. Lithium-air rechargeable battery based on metal-free graphene nanosheet catalysts[J]. ACS Nano, 2011, 5(4): 3020 - 3026.

[4] Wang Z L, Xu D, Xu J J, et al. Oxygen electrocatalysts in metal-air batteries: From aqueous to nonaqueous electrolytes[J]. Chemical Society Reviews, 2014, 43 (22): 7746 - 7786.

[5] Sun B, Huang X, Chen S, et al. Porous graphene nanoarchitectures: an efficient catalyst for low charge-overpotential, long life, and high capacity lithium-oxygen batteries[J]. Nano Letters, 2014, 14(6): 3145 - 3152.

[6] Xiao J, Mei D, Li X, et al. Hierarchically porous graphene as a lithium-air battery electrode[J]. Nano Letters, 2011, 11(11): 5071 - 5078.

[7] Wang Z L, Xu D, Xu J J, et al. Graphene oxide gel-derived, free-standing, hierarchically porous carbon for high-capacity and high-rate rechargeable Li‐O₂ batteries[J]. Advanced Functional Materials, 2012, 22(17): 3699 - 3705.

[8] Li Y, Wang J, Li X, et al. Discharge product morphology and increased charge

performance of lithium-oxygen batteries with graphene nanosheet electrodes: the effect of sulphur doping[J]. Journal of Materials Chemistry, 2012, 22(38): 20170 –20174.

[9] Ottakam Thotiyl M M, Freunberger S A, Peng Z, et al. The carbon electrode in nonaqueous Li‐O₂ cells[J]. Journal of the American Chemical Society, 2013, 135 (1): 494 – 500.

[10] Zhou W, Zhang H, Nie H, et al. Hierarchical micron-sized mesoporous/macroporous graphene with well-tuned surface oxygen chemistry for high capacity and cycling stability Li‐O₂ battery[J]. ACS Applied Materials & Interfaces, 2015, 7(5): 3389 – 3397.

[11] Cao Y, Wei Z, He J, et al. α‐MnO₂ nanorods grown in situ on graphene as catalysts for Li‐O₂ batteries with excellent electrochemical performance[J]. Energy & Environmental Science, 2012, 5(12): 9765 – 9768.

[12] Peng Z, Freunberger S A, Chen Y, et al. A reversible and higher-rate Li‐O₂ battery[J]. Science, 2012, 337: 563 – 566.

[13] Lim H D, Lee B, Bae Y, et al. Reaction chemistry in rechargeable Li‐O₂ batteries[J]. Chemical Society Reviews, 2017, 46(10): 2873 – 2888.

[14] Qin L, Zhai D, Lv W, et al. Dense graphene monolith oxygen cathodes for ultrahigh volumetric energy densities[J]. Energy Storage Materials, 2017, 9: 134 – 139.

[15] Zhang C, Lv W, Tao Y, et al. Towards superior volumetric performance: design and preparation of novel carbon materials for energy storage[J]. Energy & Environmental Science, 2015, 8(5): 1390 – 1403.

[16] Chang Y, Dong S, Ju Y, et al. A carbon-and binder-free nanostructured cathode for high-performance nonaqueous Li‐O₂ battery[J]. Advanced Science, 2015, 2 (8): 1500092.

[17] Wu F, Xing Y, Zeng X, et al. Platinum-coated hollow graphene nanocages as cathode used in lithium-oxygen batteries[J]. Advanced Functional Materials, 2016, 26: 7626 – 7633.

[18] Zhou W, Cheng Y, Yang X, et al. Iridium incorporated into deoxygenated hierarchical graphene as a high-performance cathode for rechargeable Li‐O₂ batteries[J]. Journal of Materials Chemistry A, 2015, 3(28): 14556 – 14561.

[19] Wang G, Tu F, Xie J, et al. High-performance Li‐O₂ batteries with controlled Li₂O₂ growth in graphene/Au-nanoparticles/Au-nanosheets sandwich [J]. Advanced Science, 2016, 3(10): 1500339.

[20] Ryu W H, Yoon T H, Song S H, et al. Bifunctional composite catalysts using Co₃O₄ nanofibers immobilized on nonoxidized graphene nanoflakes for high-capacity and long-cycle Li‐O₂ batteries[J]. Nano Letters, 2013, 13(9): 4190 – 4197.

[21] Qiao Y, Jiang K, Deng H, et al. A high-energy-density and long-life lithium-ion

battery via reversible oxide-peroxide conversion[J]. Nature Catalysis, 2019, 2: 1035 - 1044.

[22] Lu J, Lee Y J, Luo X, et al. A lithium-oxygen battery based on lithium superoxide [J]. Nature, 2016, 529: 377 - 382.

[23] Liu T, Leskes M, Yu W, et al. Cycling Li - O_2 batteries via LiOH formation and decomposition[J]. Science, 2015, 350(6260): 530 - 533.

[24] Xia C, Kwok C Y, Nazar L F. A high-energy-density lithium-oxygen battery based on a reversible four-electron conversion to lithium oxide[J]. Science, 2018, 361 (6404): 777 - 781.

[25] Lin Y, Moitoso B, Martinez-Martinez C, et al. Ultrahigh-capacity lithium-oxygen batteries enabled by dry-pressed holey graphene air cathodes[J]. Nano Letters, 2017, 17(5): 3252 - 3260.

第 6 章

石墨烯在钠离子电池中的应用

6.1　钠离子电池技术概述

近几年,化石能源污染的危害性逐渐显现,传统化石能源越来越匮乏,人们对绿色环保新能源的需求越来越迫切。在这样的背景下,锂离子电池的应用范围也从便携式电子设备扩大到了工业大规模应用方面。据记载,20 世纪中期全球碳酸锂当量的生产和消耗以每年 2000 t 的速率增长。而可再生能源(如风能、太阳能等)在世界范围内的迅速发展也使得大规模储能技术成为制约经济可持续发展的重要问题,风能及太阳能等可再生能源的不连续性与能源需求的连续性之间的矛盾日益突出,人们对于大规模基站式储能设备的需求已迫在眉睫。虽然以锂离子电池为代表的大规模储能体系因具有高能量密度和效率高等优势,已经成为储能领域的宠儿。然而,为了满足日益庞大的市场需求,仅仅依靠能量密度、充放电倍率等性能来衡量电池材料是远远不够的。电池的制造成本、资源的回收利用率以及能否长远地可持续发展也将成为评价电池材料的重要指标。由于锂元素在地壳中的储量极其有限(丰度仅为 0.0065%)且分布不均,其高昂的材料成本导致了在基站式储能领域中投资成本居高不下,难以大规模应用。而与锂同主族的碱金属元素钠,具有与锂相似的物化性质。且在地壳中的储量是锂的 4~5 个数量级倍,价格也更加低廉。此外,钠离子电池还具有一些其他的优势,比如其能够利用分解电势更低的电解质溶剂和电解质盐,电解质的选择范围更宽;电化学性能相对稳定,使用比锂离子电池更加安全。因此,即使钠离子电池相比锂离子电池能量密度更低,但在价格因素比能量密度更为关键的应用场合中,如智能电网和可再生能源大规模储能等方面,钠离子电池仍然被认为是锂离子电池优良的廉价替代品(表 6 - 1)。构建性能优异的钠离子二次电池,将比锂离子电池具有更大的应用前景。

钠离子电池的工作原理与锂离子电池类似(图 6 - 1),主要由正极、负极、隔膜和电解液组成。充电时,Na^+ 从正极材料(以 $NaMnO_2$ 为例)中脱出,经过电解液嵌入负极材料(以硬炭为例),负极处于富钠态,正极处于贫钠态,同时电子通

表 6-1 锂和钠的性质对比

	Na	Li
相对原子质量	23	6.94
离子半径/nm	0.102	0.069
半电池电势	-2.71	-3.04
熔点/℃	97.7	180.5
地壳储量	2.64%	0.01%
分布	广泛分布	70%集中于南美
成本/(元/千克)	约为2	约为40

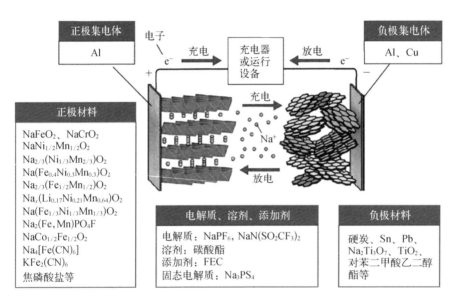

图 6-1 钠离子电池的工作原理示意图

过外电路转移到负极,保持电荷平衡;放电时则相反。在充放电过程中,钠离子经电解液可逆地往返于正极和负极之间,电解液中的钠离子浓度保持不变。

与锂离子电池相似,钠离子电池高度可逆的正极材料也是基于嵌入反应,其主要选取原则如下:(1)选取的正极材料应能允许大量的钠进行可逆地嵌入和脱嵌,具有较高的比容量;(2)具有较高的氧化还原电位,这样才能使电池具有较高的输出电压;(3)应当具有良好的结构稳定性和电化学稳定性:即在整个可能嵌入/脱嵌过程中,钠离子的嵌入和脱嵌应可逆,主体结构没有或发生很少变化;(4)嵌入化合物应有较好的电子电导率和离子电导率,以减少极化,方便大电流充放电;(5)嵌入化合物在整个电压范围内应有较好的化学稳定性,不与电解质等发生反应;(6)从实用角度而言,嵌入化合物应该具有制备简单、资源丰富、价格便宜、对环境无污染、质量轻等特点。目前钠离子电池正极材料的研究主要集中于层状过渡金属氧化物、聚阴离子材料（例如磷酸盐、焦磷酸盐、氟代硫酸盐、氯氧化物以及 NASICON 材料）和有机化合物。

石墨烯粉体或薄膜本身具有良好的导电性能，可直接用作钠离子电池负极材料。如图 6-2 所示，还原氧化石墨烯粉体作为电极材料应用到钠离子电池负极材料中，虽然其在首圈表现出较高的储钠容量，但由于其较大的比表面积和缺陷，首次库仑效率低于 30%，且并不像石墨在锂离子电池中那样，有很长的放电平台，而是一段斜坡，并且在 0.4~0.6 V 有较大的不可逆容量。钠离子电池针对大规模智能电网的储能系统，其对价格和性能同样的敏感。故单纯地将石墨烯粉体作为电极材料并不具备使用价值。

图 6-2 还原氧化石墨烯粉体作为钠离子电池负极材料

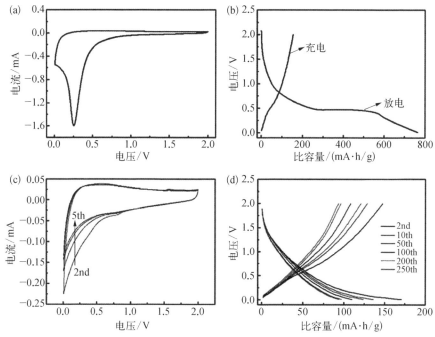

（a）首圈 CV 曲线；（b）首圈充放电曲线；（c）第 2~5 圈 CV 曲线；（d）不同圈数的充放电曲线

但因其较大的比表面积，较强的导电性能，石墨烯在钠离子电池中的研究依然具有十分重要的意义，主要表现为：（1）石墨烯作为碳材料的基本结构单元，是研究钠离子在碳材料中储存行为的重要载体；（2）石墨烯具有较强的导电性，可以和其他负极材料,如钛基材料、过渡金属氧化物、过渡金属硫化物、磷基材料以及有机材料进行复合,从而构建三维导电网络,提升电极材料的导电性,增强其电化学性能。石墨烯作为导电添加剂已经被成功应用到锂离子电池领域,钠离子电池与锂离子电池工作原理相同,其在导电添加剂领域也应该有充分的研究及应用推广。

不仅在钠离子电池领域,石墨烯在钠离子电容器、钠金属负极、钠空气电池、钠硫电池等领域均具有广泛的研究。

6.2　石墨烯在钠离子电池电极材料中的应用

6.2.1　石墨烯用作钠离子电池负极材料

6.2.1.1　钠离子电池负极材料研究进展

锂离子电池因为有合适的负极材料(石墨)而在 20 世纪 90 年代便开始了商业化应用,与锂离子电池的研发处于同一起跑线的钠离子电池至今仍未大规模产业化,缺少合适的负极材料是其主要原因之一。金属钠不能直接作为负极,因为其会产生"钠枝晶",刺破隔膜造成电池短路,有重大的安全隐患。达到商业化标准的钠离子负极应该满足如下要求:(1)脱嵌钠的电位较低;(2)脱嵌钠的极化较小;(3)在脱嵌钠循环过程中结构稳定性好;(4)材料在电解液中的化学性质稳定;(5)电极材料资源丰富,价格低廉,合成工艺简单。目前研究包括碳材料、合金类材料、过渡金属氧化物/硫化物、钛基负极和有机材料负极等。

1. 碳负极

石墨可以可逆脱嵌锂离子并具有很好的电化学性能——372 mA·h/g 的高比容量、低电压平台和长循环稳定性。钠离子的半径(0.102 nm)大于锂离子的半径(0.069 nm),无法与石墨形成稳定的一阶插层化合物,无法与钠离子形成稳定插层化合物。传统的石墨材料并不能直接用在钠离子电池中。通过增大石墨的层间距使得钠离子可以顺利嵌入其中是实现石墨类材料储钠的主要设计思路。Wang 等对氧化石墨进行部分还原制备了层间距为 0.43 nm 的膨胀石墨,并将其用于钠离子电池负极,钠离子在该膨胀石墨的层间可顺利嵌入脱出,实现较好的电化学性能——在 100 mA/g 电流密度下比容量约为 200 mA·h/g,而且循环性能良好。此外,在传统的酯类电解液中,石墨不能用作钠电负极,而在醚类电解液中,醚类分子与钠离子可以同时插入石墨层间并形成稳定的插层化合物,实现将石墨用于钠离子电池,其可逆容量约为 100 mA·h/g。

硬炭在高温热处理时难以被石墨化,其结构复杂多样,通常具有多种储存钠离子的形式——主要是层间嵌入和微孔填充,然而不同电位下对应的储钠形式至今尚无定论。2000 年,Stevens 和 Dahn 首次以葡萄糖为前驱体,通过脱水和高温热处理(1000℃和1150℃)制备了硬炭材料,并将其用作锂离子电池和钠离子电池的负极材料,分别实现了约 560 mA·h/g 和 300 mA·h/g 的比容量,并对反应机理做了探究,提出了"卡片屋"模型的储钠机制——在 0.2～1.0 V 的斜坡容量主要是钠离子嵌入石墨烯片形成的层间贡献的,小于 0.2 V 的平台容量是由于纳米级石墨微晶形成的孔洞吸附和钠金属沉积贡献的。除硬炭外,其他类型的碳基材料,诸如石墨烯、碳纳米管、碳球、碳纤维等,也被研究并用于钠离子电池的负极材料,且碳基材料的结构和形貌会对钠离子电池的性能产生重要的影响。Tang 等报道了碳壳为介孔的中空碳球也可以实现高的倍率性能,即使在 10 A/g 的高电流密度下,仍然保持 50 mA·h/g 的可逆容量。此外,中空的纳米线、氮掺杂的碳纳米纤维等也被研究用作钠离子电池负极材料,并获得了较好的储钠性能。

2. 合金负极

合金材料由于能够和钠形成富合金相,可获得比碳负极材料更高容量的储钠性能,成为具有重要前景的钠离子电池负极材料。合金类材料通常具有较高的理论容量,如 Sb(Na$_3$Sb‐660 mA·h/g)、Ge(NaGe‐369 mA·h/g)、Sn(Na$_{15}$Sn$_4$‐847 mA·h/g)、P(Na$_3$P‐2569 mA·h/g)等,加之其良好的导电性而受到研究人员广泛的关注。

然而其充放电过程中存在较大的体积膨胀,容易造成其结构破坏、材料粉化、循环稳定性较差,为解决金属材料在合金化过程中的体积膨胀问题,人们采取了很多办法:如改进黏结剂,使用电解液添加剂,制备纳米结构的金属、金属氧化物化及合金等。最常用的解决方式包括纳米化和制备复合材料等,尤其与碳材料的复合是研究的热点。纳米化设计协调钠离子嵌入/脱出过程中所造成的应力和应变,并缩短离子的传输路径,改善电极的电化学性能。如贺等设计制备了单分散的 Sb 纳米晶,获得了较好的倍率性能和循环稳定性。采用和碳材料复合的方法,在金属颗粒的表面包覆碳层或者将金属颗粒嵌入碳基质里面,将碳作为缓冲层,同样可协调金属的体积膨胀,改善其钠离子存储性能,例如将极小的 Sn 纳米颗粒(8 nm)均匀嵌入微米级碳球中。此外,碳的高导电性也可促进离子/电子的传输。当前,Sn/C、Sb/C、P/C 等体系已被广泛的研究,并获得了较好的钠离子存储性能。

3. 金属氧化物/硫化物负极

金属氧化物(MO_x)作为钠离子电池的负极材料,基于多电子反应,通常理论容量较高(普遍高于 600 mA · h/g),例如 Fe_2O_3(1007 mA · h/g),MoO_3(1117 mA · h/g),CoO(715 mA · h/g)等。它们的储钠机理主要分为两类:(1) M 为电化学非活性元素(如 Fe、Ni、Co),机理为方程(6-1);(2) M 为电化学活性元素(如 Sb、Sn),机理为方程(6-1)和方程(6-2)。

$$MO_x + 2xNa^+ + xe^- \leftrightarrow xNa_2O + M \qquad (6-1)$$

$$M + yNa^+ + ye^- \leftrightarrow Na_yM \qquad (6-2)$$

金属氧化物面临的主要问题有:自身导电性差;充放电过程体积膨胀严重,破坏电极材料的结构完整性,导致较差的循环稳定性。可以通过设计具备微纳结构的金属氧化物或者与碳材料等复合来改善此类问题。例如,CuO 多孔纳米线,三维多孔球形 γ-Fe_2O_3@C 复合材料等。金属硫化物作为钠离子电池负极材料也受到研究人员的关注,其主要分为层状的金属硫化物(如 MoS_2 等)和非层状的金属硫化物(如 FeS_2 等),其面临与金属氧化物相同的问题,解决方式也类似。一些研究团队也通过优化电解液(将传统的酯类电解液替换成醚类电解液)和调整电压窗口实现了过渡金属硫化物作为钠离子电池负极材料的高倍率性能和长循环稳定性。

4. 钛基负极

钛基化合物的优势在于成本较低、无毒、工作电压低、充放电过程中的应变小和循环稳定性优异,在钠离子电池上具有良好的应用前景。当前,主要研究的钠离子电池负极材料钛基化合物主要包括 TiO_2、$Na_4Ti_5O_{12}$、$NaTi_3O_7$、$Na_2Ti_6O_{13}$、$NaTi_2(PO_4)_3$ 等。

在上述几种钛基化合物中,有关 TiO_2 的研究最为普遍,其具有多种同质异构体,其中锐钛矿型的 TiO_2 在微米尺度下不具有储钠活性。而在纳米尺度下(<30 nm)则具有电化学活性。缩短钠离子嵌入时的迁移距离可有效地改善钠离子电池的电化学性能。尖晶石结构的 $Na_4Ti_5O_{12}$ 应用于钠离子电池,其具有较低的工作电压,通常小于 1 V,而 $NaTi_3O_7$ 具有所报道的氧化物中最低的钠离子插入电压平台(0.3 V),此外 NASICON 型的 $NaTi_2(PO_4)_3$ 作为钠离子电池负极材料也具有较高的可逆容量。

5. 有机材料负极

有机材料的优点在于资源丰富、种类数量多、结构柔性好及可能发生多电子反应等,将其作为钠离子电池的负极材料具有良好的应用前景。许多含有羰基(C=O 键)的有机化合物被研究者证实可以通过碱金属离子与 C=O 之间进行转换从而具有储锂或储钠的能力。Hu 等研究了对苯二甲酸钠($Na_2C_8H_4O_4$)的储钠性能,其储钠反应机理如图 6-3所示,电压平台在0.45 V左右,比容量约为 250 mA·h/g。有机负极材料有两个明

图6-3 对苯二甲酸二钠($Na_2C_8H_4O_4$)的储钠反应机理图

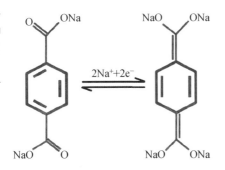

$$2Na^+ + 2e^-$$

显的劣势：一是材料在电解液中的溶解度较大，导致容量衰减很快，循环寿命较短；二是材料的导电性低，实际应用中需要加入大量的导电炭黑来提升电极整体的导电性。可通过与多孔碳材料的复合来解决上述问题，碳材料可作为导电框架并限制有机分子在电解液中的溶解。

6.2.1.2 石墨烯用作钠离子电池负极材料

石墨烯作为一种新型的纳米碳材料，具有大比表面积，优异的导电性，可调控的表面化学性质，还可实现不同形式的组装结构，使其可作为钠离子电池负极材料，主要的储钠机制为石墨烯表面的缺陷位或者官能团储钠，优势在于可实现快速充放电。

1. 纯石墨烯

2013 年，Wang 等报道了还原氧化石墨烯作为钠离子电池负极材料，这是石墨烯用于钠离子电池负极材料的首次报道。该还原氧化石墨烯是以氧化石墨为前驱体，通过 750℃ 热还原得到，展现出层状结构，石墨烯纳米片相互堆叠，展现出轻薄和褶皱的结构，层间保有大量的空间，表面存在一定量的含氧官能团。将其用作钠电负极材料时，展示出高容量和长循环稳定性，在 40 mA/g 的电流密度下实现了 174 mA·h/g 的比容量，在经历 1000 次循环以后保持了 141 mA·h/g 的容量。这主要是由于石墨烯良好的导电性、扩大的层间距和无序的结构可实现更高的储钠容量。

还原氧化石墨烯的结构及电化学表征如图 6-4 所示。

Luo 等综合比较了石墨烯纳米片、碳纳米管、石墨和活性炭作为钠离子电池电极材料的性能，活性炭不可逆容量太大，石墨储钠容量太低，而碳纳米管和石墨烯纳米片分别实现了 82 mA·h/g 和 220 mA·h/g 的比容量（在30 mA/g 的电流密度下），高的储钠容量来自高的电化学吸脱附面积，大量的钠离子进出位点和扩大的层间距。甚至在 5 A/g 的电流密度下，石墨烯纳米片仍然可实现 105 mA·h/g 的比容量，展现出优异的倍率性能。

石墨烯纳米片的结构及电化学表征如图 6-5 所示。

　　　　　　　　　　　　　　　　　　　　石墨烯电化学储能技术

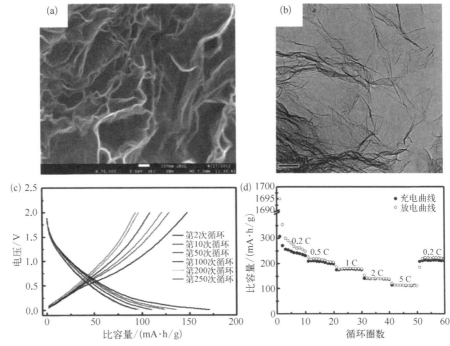

图6-4 还原氧化
石墨烯的结构及电
化学表征

（a）SEM图像；（b）TEM图像；（c）用作钠离子负极材料时的充放电曲线；（d）用作钠离子电池
负极材料时的倍率性能图

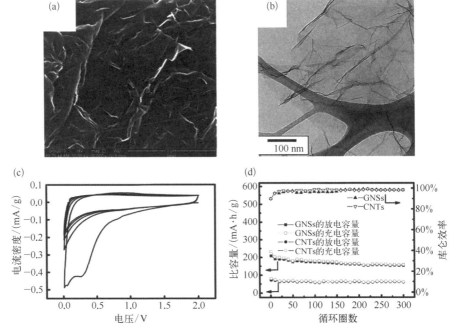

图6-5 石墨烯纳
米片的结构及电化
学表征

（a）SEM图像；（b）TEM图像；GNSs用作钠离子电池负极材料时的（c）CV曲线和（d）循环性能图

Kumar 等制备了少层的金属(如铁、锡等)诱导还原的氧化石墨烯。作为钠离子电池负极材料,实验和模拟计算的结果表明该还原氧化石墨烯有较大的层间距和无序结构,从而其具有高的放电容量;还表明其存在含氧官能团和缺陷位,这些官能团和缺陷位与钠离子的表面驱动反应致使其倍率性能和循环稳定性优异。其中金属锡诱导还原的石墨烯在 50 mA/g 的电流密度下可实现 272 mA·h/g 的放电容量,超过 300 圈的循环稳定性。

2. 杂原子掺杂石墨烯

对于钠离子电池碳基负极材料来说,杂原子的引入(N/S/B/P 等)可提高容量、界面浸润性和导电性,进而可促进电荷转移和电极-电解液反应。因此,各种类型的杂原子掺杂碳材料被研究人员广泛探究。氮原子由于和碳原子在元素周期表中位置相邻,具有相近的原子尺寸,从而在碳材料改性上的研究较为普遍,迄今为止,氮掺杂碳材料是研究最为广泛和深入的杂原子掺杂碳材料,氮掺杂的种类主要有石墨型、吡啶型、吡咯型等,氮掺杂可产生外来缺陷,提高碳材料的反应活性和导电性。自 2013 年 Huang 等首次报道了氮掺杂碳纤维的储钠性能以来,一系列的氮掺杂碳材料(例如氮掺杂多孔碳纳米片、多孔氮掺杂碳球、氮掺杂有序介孔碳等)被用于钠离子电池负极材料。

石墨烯作为一种典型的纳米碳,可调控的表面化学性质是其主要特征之一,也是可应用于电极材料的优势所在。氮掺杂同样可改变石墨烯的电子结构,提高其导电性,并且可在石墨烯上引入额外缺陷,还能提高其与电解液的界面浸润性,进而提升其作为钠离子电池负极材料的容量。Chen 等采用溶胶凝胶法成功制备了透明的薄层石墨烯纳米片。石墨烯纳米片的制备过程采用尿素分解形成的氮化碳($g-C_3N_4$)软模板,通过调节烧结温度,调节石墨烯纳米片层的厚度及氮含量,制备出形貌优异的氮掺杂石墨烯纳米片。氮原子在石墨烯纳米片中作为缺陷位点,有效增加材料的储钠位点,提高材料的容量。这种薄层的二维材料在可利用表面吸附储存大量的钠离子,表现出较好的循环稳定性及倍率性能,电极在 1 A/g 的电流密度下,能够提供 225 mA·h/g 的可逆容量,并在 1 A/g 的电流密度下循环了 2000 圈后还能保持约 150 mA·h/g 的可逆容量,充分显示出材料的优异性。

如上所述,对于石墨烯,通过氮掺杂引入面内的"洞"缺陷可为钠离子的存储提供空间,提高石墨烯的储钠容量。Yang 等受自然界中山脉的启发,在石墨烯中引入"凸起"而非"孔洞",以此来促进石墨烯吸附或者插入更多的钠离子。他们综合比较了氮掺杂石墨烯(GN,带有"孔洞"缺陷)和磷掺杂石墨烯(GP,带有"凸起"缺陷)的储钠性能。与 GN 相比,GP 的储钠容量更高,倍率性能更加优异,在 25 mA/g 的电流密度下循环 120 圈之后保持 374 mA·h/g 的比容量,与石墨作负极的锂离子电池相当,在 500 mA/g 的电流密度下可保持 210 mA·h/g 的比容量。这是由于 GP 的"凸起"缺陷使其层间距更大(0.4 nm>0.35 nm),钠离子既可以在 GP 表面吸附,又可以在层间嵌入脱出,而 GN 只能实现钠离子在表面的吸附。

掺杂石墨烯的结构及电化学表征如图 6-6 所示。

图 6-6 掺杂石墨烯的结构及电化学表征

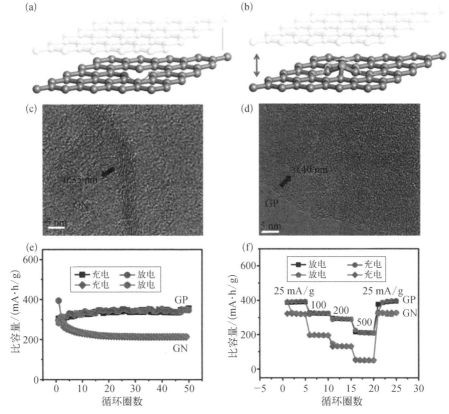

(a)氮掺杂石墨烯的结构示意图;(b)磷掺杂石墨烯的结构示意图;(c)氮掺杂石墨烯的 TEM 图像;(d)磷掺杂石墨烯的 TEM 图像;(e)(f)氮掺杂石墨烯和磷掺杂石墨烯的循环和倍率图

除了氮掺杂和磷掺杂外,对石墨烯进行硫掺杂也是提高石墨烯储钠容量的另一种方式。不同于被广泛研究的氮掺杂,硫掺杂石墨烯具有电化学活性,可作为额外的储钠活性位点,提升储钠容量。此外大尺寸硫原子的引入可扩大碳材料的层间距,有利于钠离子的嵌入脱出,提升电化学反应动力学。Wang 等在 2015 年首次报道了 S 与 Na^+ 之间的可逆"赝电容"反应。作者将二苯二硫醚与氧化石墨烯混合均匀,1000℃高温热处理,得到了硫共价结合石墨烯,并将其用作钠电负极材料。实现了 291 mA·h/g 的可逆比容量和优异的倍率性能(在2 A/g 和 5 A/g 的电流密度下分别实现 127 mA·h/g 和 83 mA·h/g 的可逆比容量),并且有着良好的循环稳定性。充电 1.77 V 和放电 1.00 V 两处均有明显的 CV 峰和充放电平台,表明在这两个电位发生了氧化还原反应,这是该现象的首次报道,作者将其归因于 Na^+ 与硫掺杂剂之间可逆的"赝电容"反应。作者从微观结构改变的角度阐释电化学性能优异的主要原因:硫掺杂在石墨烯片层上造成了独特的纳米孔结构,缩短了 Na^+ 的扩散路径,提高了反应动力学。

硫掺杂石墨烯的结构及电化学表征如图 6-7 所示。

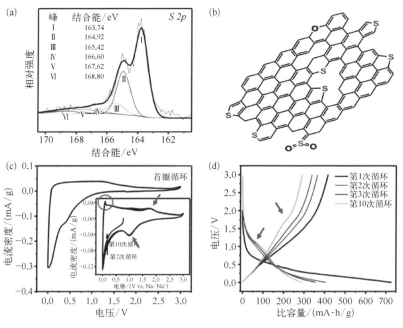

图 6-7 硫掺杂石墨烯的结构及电化学表征

(a)硫元素的窄谱;(b)硫元素的结构示意图;(c)用作钠电负极的 CV 曲线;(d)用作钠电负极的充放电曲线

石墨烯电化学储能技术

Deng 等以硫脲作为还原剂和硫源，通过两步冻干法成功制备了自支撑的硫掺杂柔性石墨烯薄膜（SFG），作为钠离子电池负极时，在 100 mA/g 的电流密度下实现了 377 mA·h/g 的比容量。研究发现，与未进行硫掺杂的石墨烯相比，硫掺杂可产生额外的氧化还原反应位点，并且可扩大层间距，提高储钠容量。

硫掺杂柔性石墨烯薄膜的结构及电化学表征如图 6-8 所示。

图 6-8 硫掺杂柔性石墨烯薄膜的结构及电化学表征

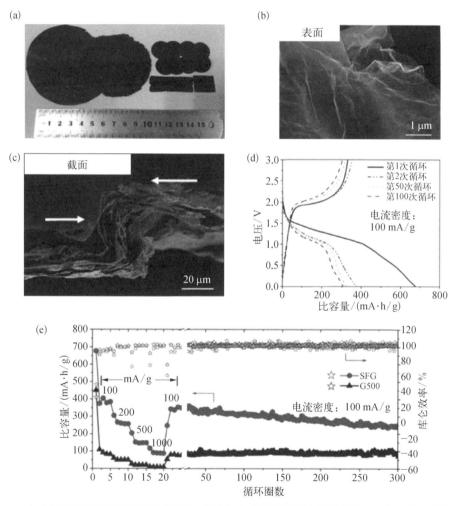

（a）硫掺杂柔性石墨烯薄膜的实物图；（b）（c）表面和截面的 SEM 图像；（d）充放电曲线；（e）循环和倍率图

3. 三维组装结构的杂原子掺杂石墨烯

除了通过杂原子掺杂对石墨烯进行表面化学性质调控外，对石墨烯结构进行调控也是一种切实可行的提升其储钠性能的方式。石墨烯的前驱体氧化石墨烯是一种含有大量的含氧官能团的二维片层，在还原成石墨烯的过程中可实现石墨烯的三维组装，产生三维多孔的网络结构，有利于钠离子的扩散和传输。通常结构调控（三维网络结构）和表面化学调控（杂原子掺杂）可发挥协同作用。

Xu 等在氨气气氛下热处理石墨烯泡沫，得到氮含量高达 6.8%（原子数含量）的三维氮掺杂石墨烯泡沫（N-GF），作为钠离子电池负极材料时可显著提升整体电化学性能，在 0.5 A/g 的电流密度下，N-GF 的初始可逆比容量高达 853 mA·h/g，150 次循环后依然有 69.7% 的容量保持率，在 5 A/g 的大电流密度下仍然有 137.7 mA·h/g 的比容量，展现出优异的倍率性能。作为对比，他们研究了石墨烯泡沫、还原氧化石墨烯和氮掺杂石墨烯的储钠性能。对比发现，氮掺杂和泡沫结构均可提升电化学性能。N-GF 优异的储钠性能来自三维中孔结构和氮掺杂的协同效应，三维中孔结构有利于钠离子的扩散，而氮掺杂可引入缺陷位，提高材料的导电性。

氮掺杂石墨烯泡沫的结构及电化学表征如图 6-9 所示。

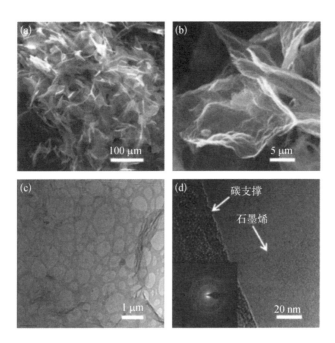

图 6-9 氮掺杂石墨烯泡沫的结构及电化学表征

图 6-9 续图

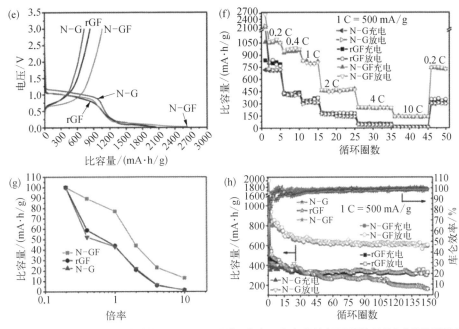

（a）~（d）氮掺杂石墨烯泡沫的 SEM 和 TEM 图像；（e）~（h）氮掺杂石墨烯泡沫的电化学性能测试

Zheng 等以高硫含量的铋试剂作为硫源，通过一步共同水热法制备了硫功能化的多孔石墨烯宏观体（SPGM），用作钠离子电池负极时可在 0.1 A/g 的电流密度下实现近 400 mA·h/g 的比容量，在 5 A/g 的电流密度下获得近 120 mA·h/g 的比容量。高容量和优异倍率性能的实现主要来自两个方面：（1）硫功能化多孔石墨烯宏观体中硫含量可高达 16.8%，表明石墨烯宏观体中引入了大量的含硫官能团，其中—C—S$_x$—C—通过与钠离子可逆的电化学反应贡献了主要的容量；（2）形成的连续的高导电性的三维石墨烯网络结构有着高度暴露的石墨烯表面，在保证了电子的传导和离子的快速扩散的同时，可实现含硫官能团的高度利用，有利于实现高容量和优异的倍率性能。

硫功能化多孔石墨烯宏观体的形貌及倍率性能表征如图 6-10 所示。

6.2.2 石墨烯负极界面优化

具有大比表面积的石墨烯，可逆比容量较高且倍率性能优异。但是，鱼与

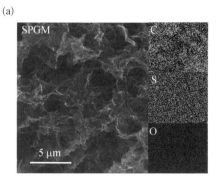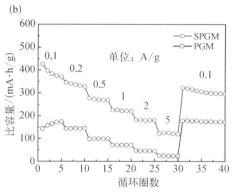

（a）硫功能化多孔石墨烯宏观体的 SEM 图像及 C、S、O 元素的能谱图；（b）硫功能化多孔石墨烯宏观体用于钠离子电池在不同电流密度下的比容量曲线图

熊掌不可兼得，石墨烯在传统的酯类电解液中首次库仑效率极低，严重阻碍其实用化进程。更通俗地来说，正极材料中的钠是有限的，极低的首圈库仑效率意味着在首圈充放电过程中会产生较多钠离子的不可逆消耗，从而严重影响全电池的能量密度和循环稳定性。其首圈库仑效率一般为 30%～50%，也就意味着首圈充放电后，多达 50%～70% 的钠离子被不可逆消耗掉，无法在以后的循环中继续可逆利用。这是实现碳材料在钠离子电池内的实用化必须克服的瓶颈问题。

石墨烯电极在不同电解液体系中的电化学性能对比见图 6‑11。

负极材料在首圈放电过程中，由于截止电压一般接近 0 V，远远超过了电解液的电化学稳定窗口，所以主要的不可逆反应都来自电解液自身的分解。想要有效克服首次效率低的瓶颈问题，就必须减少上述不可逆反应，因此电解液的组分优化就是一个很好的策略。为此，我们团队提出用新型醚类溶剂来替换传统酯类溶剂作为与碳负极匹配的电解液的策略，并以石墨烯为大比表面积碳材料的模型来开展研究。研究结果显示，在醚类电解液中，石墨烯负极的可逆比容量和倍率性能都格外优异：在 0.1 A/g 的电流密度下循环 100 圈后，可逆比容量接近 509 mA·h/g；甚至在 5 A/g 的超大电流密度下，可逆比容量仍可达 196 mA·h/g。同时，石墨烯负极也显示了极好的循环稳定性，在 1 A/g 的电流密度下循环 1000 圈后，容量保持率可达 74.6%。

图 6-11 石墨烯
电极在不同电解液
体系中的电化学性
能对比

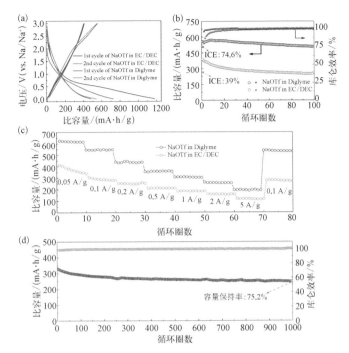

注：图中 ICE 为首次库仑效率；Diglyme 为二甘醇二甲醚（醚类）；EC 为碳酸乙烯酯；DEC 为碳酸
二乙酯；NaOTf 为化学式。1st cycle 为第一圈循环；2nd 为第二圈循环。

为了证实上述策略对于大比表面积碳材料的普适性，Yang 等又特别选择已
商业化的活性炭和介孔碳，表征他们在新型醚类电解液中的电化学行为。如图
6-12 所示，两种典型大比表面积碳材料的首次效率都有显著的提升，证实这一
策略对于具有不同孔结构的大比表面积碳材料具有普适性。

图 6-12　活性炭
和介孔碳电极在不
同电解液体系中的
电化学性能对比

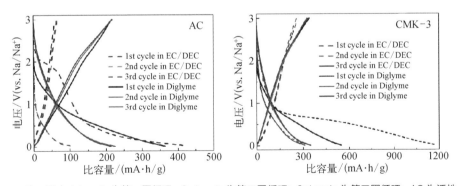

注：图中 1st cycle 为第一圈循环；2nd cycle 为第二圈循环；3rd cycle 为第三圈循环；AC 为活性
炭；CMK-3 为介孔碳；Diglyme 为二甘醇二甲醚

为了更好地理解首次效率提升的根本原因,Yang 等还对不同电解液和石墨烯电极材料之间的界面相——固体电解质界面(SEI)进行了系统研究,明确了在不同电解液体系内形成的 SEI 的结构与组分的差异,发现明显变薄的厚度、更为均匀的成分分布、较强的稳定性以及较高的离子电导率是醚类电解液显著优化高比表面碳材料的首次库仑效率的关键因素(图 6-13)。

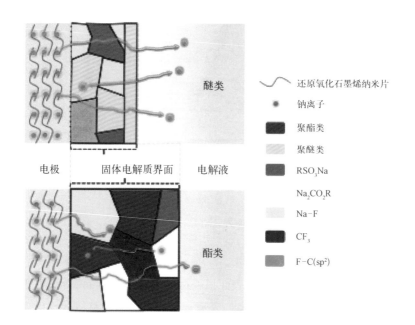

图 6-13 石墨烯电极在不同电解液体系中形成的 SEI 膜的结构和组分对比

6.2.3 石墨烯复合材料用作电极材料

钠离子电池负极材料大多受到较差的导电性和储钠过程中较大的体积变化的困扰,而正极材料的倍率性能也通常受到材料导电性不足的限制。通过与碳材料结合制备复合电极材料来解决上述问题的方法近年来越来越受到关注。硬炭、软炭和石墨都作为钠离子电池的负极材料被研究过。硬炭(如炭黑)具有无序化的微观结构,可以提供大比表面积和纳米尺度的孔来容纳活性材料;但是硬炭导电性并不突出,并且较低的储钠电位可能导致金属钠的电沉积进而引发安全问题。软炭具有类石墨化的层状结构,可以通过钠离子在层间的嵌入和脱出进行储钠;不幸的是,软炭较低的比表面积较难实现活性材料的高负载。较小的

石墨烯电化学储能技术

层间距使得石墨的储钠性能并不突出,相比而言,石墨烯由于其较大的比表面积和较高的导电性而被更加广泛地用于复合电极材料的制备中。

在石墨烯/其他材料复合材料中,由于石墨烯网络的高导电性和高机械强度,石墨烯不仅可以增强电极的导电性,同时还可以抑制电极材料的体积膨胀。此外,石墨烯网络的纳米结构可以缩短钠离子/电子的扩散路径,并有效抑制纳米化的活性材料的聚集过程。因此,电极材料的倍率性能和循环稳定性都可以得到大幅提高。近年来关于石墨烯/其他材料复合材料在钠离子电池中应用的研究越来越受到关注,本节中我们将系统地总结石墨烯/其他材料复合电极材料在钠离子电池中的应用,并详细讨论石墨烯/其他材料复合电极材料的设计原则、制备过程、表征方法和电化学性能等。我们会着重揭示石墨烯在石墨烯/其他材料复合电极材料中的作用,助力于设计性能越来越优越的钠离子电池电极材料。同时,我们也会提出用于钠离子电池的石墨烯/其他材料复合电极材料所面临的挑战和未来的发展前景。

6.2.3.1 石墨烯/其他材料复合负极材料

负极材料作为钠离子电池最重要的组成部分之一,直接决定了电池的输出电压和能量密度。一般而言,一个可行的钠离子电池负极应该满足以下要求:高比容量、高循环稳定性、高倍率性能和可防止枝晶产生的合适的反应电位。在这一部分中,我们会总结钠离子电池用石墨烯/其他材料复合负极材料的研究进展,包括无机材料和有机材料。根据电化学还原机理,无机负极材料主要包括三类:嵌入型材料、转化型材料和合金型材料。如无特殊说明,本节中所讲的石墨烯/其他材料复合电极材料的比容量均是基于复合材料的总质量进行计算的。

1. 嵌入型材料

与石墨烯等碳材料类似,基于嵌入反应储钠的钛基材料已被作为负极材料应用于钠离子电池。钛基钠离子电池负极材料主要包括二氧化钛(TiO_2)、磷酸钛钠[$NaTi_2(PO_4)_3$]、钛酸锂(如 $Li_4Ti_5O_{12}$)和钛酸钠(如 $Na_2Ti_3O_7$)。钛酸锂和钛酸钠的理论容量通常在 $200\ mA \cdot h/g$ 以下,然而通过与石墨烯导电网络复合强化电子传输可以使得这类材料实现接近理论容量的比容量。

TiO₂基负极材料在钠离子电池中的应用最早报道于 2011 年。无定形的 TiO₂在第 15 圈展示出了 150 mA·h/g 的可逆容量,然而较差的导电性和钠离子嵌入后较大的体积膨胀影响了其电化学性能。通过将 TiO₂与氮掺杂石墨烯复合,在 50 mA/g 电流密度下的可逆容量可以提高到 405 mA·h/g,虽然电极容量得到了提升,但电极的倍率性能还需要进一步强化。为了进一步强化 TiO₂电极的倍率性能,Huang 的研究组制备了化学键合的三明治形石墨烯/TiO₂复合电极材料,该电极材料具有卓越的倍率性能,在 50 mA/g 和 12000 mA/g 电流密度下的比容量分别为 265 mA·h/g 和 90 mA·h/g[图 6-14(a)]。通过动力学分析发

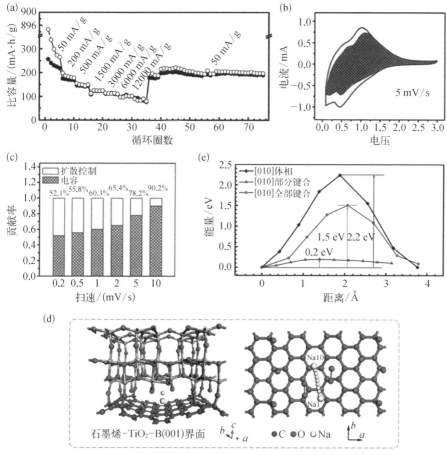

图 6-14 石墨烯/TiO₂复合材料用作钠离子电池负极

(a)石墨烯/TiO₂复合材料的倍率性能;(b)5 mV/s 扫速下复合材料电极的扩散电流与电容电流;(c)不同扫速下扩散控制过程及电容过程的贡献率;(d)左图为石墨烯与 TiO₂的 B(001)面部分键合的界面示意图,右图为该界面的俯视图,显示出钠离子沿(010)方向的扩散路径;(e)DFT 计算所得钠离子在宏观 TiO₂材料及部分键合界面处沿(010)方向扩散的迁移活化能

现,该电极材料在钠离子嵌入过程中表现出了有趣的赝电容现象和钠离子扩散行为,由于石墨烯与TiO_2结合而导致的较高的电容对于电荷快速存储和长循环稳定性都很有利[图6-14(b)(c)]。此外,TiO_2与石墨烯杂化后TiO_2/石墨烯界面处较低的能垒为钠离子的嵌入和脱出提供了通道[图6-14(d)(e)]。该工作表明,通过结构设计,由于石墨烯的大比表面积和高电导率,石墨烯/其他材料复合电极材料可以表现出赝电容的行为。

2. 转化型材料

如图6-15所示,氧族元素(第ⅥA族元素O,S,Se)可以与过渡金属形成金属硫属化合物(M_xA_y),此类化合物可通过与钠离子的转化反应来储钠。转化反应机理如下:

$$M_xA_y + 2yNa^+ + 2ye^- \leftrightarrow xM + yNa_2A$$

(6-3)

$$(\text{M:Mo,Fe,Co,W,Ni,Cu,Mn 等;A:O,S,Se})$$

图6-15 元素周期表中的第ⅣA、第ⅤA和第ⅥA族元素与钠形成对应的二元产物

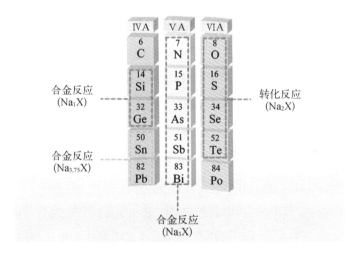

基于转化反应的过渡金属硫属化合物通常具有相对较高的可逆容量,因而被认为是具有应用潜力的钠离子电池负极材料。但是,此类材料导电性通常较低,使得其倍率性能较差;此外,由于充放电过程中较大的体积变化使得此类材料的循环稳定性也较差。将此类材料与石墨烯复合是解决上述两个问题的有效方法。在这一部分中,我们将会系统总结石墨烯/过渡金属硫属化合物复合电极

材料的研究进展。

(1) 过渡金属氧化物

2010 年,Komaba 等首次报道了磁铁矿(Fe_3O_4)在钠离子电池中的应用,但 Fe_3O_4 的应用受到大体积形变和低电导率的限制。在 Fe_3O_4 中引入石墨烯可以有效增强电极的导电性,抑制 Fe_3O_4 颗粒的聚集,并调节电极在循环过程中的体积变化。相比于 Fe_3O_4,具有更高理论容量的 Fe_2O_3(1007 mA·h/g)被认为是更具吸引力的钠离子电池负极材料。不幸的是,Fe_2O_3 储钠/脱钠过程中较大的体积膨胀/收缩阻碍了其在钠离子电池中的实际应用。制备具有纳米孔洞的 Fe_2O_3 可以有效缓解电极的体积变化,此外,将 Fe_2O_3 与石墨烯复合同样可以缓解体积变化。Zhou 的研究组制备了 Fe_2O_3 与石墨烯纳米片的杂化物(Fe_2O_3@GNS),Fe_2O_3 纳米晶(2 nm)均匀分布于石墨烯纳米片之上[图 6-16(a)]。所得 Fe_2O_3@GNS 表现出了良好的循环稳定性[图 6-16(b)]和倍率性能,石墨烯有效抑制了 Fe_2O_3 的粉化,强化了电极材料的应变能力,同时提供了连续的导电网络。采用无定形 Fe_2O_3 可进一步优化 Fe_2O_3/石墨烯复合材料的性能,通过强烈的 C—O—Fe 氧桥键可以强化 Fe_2O_3 与石墨烯的相互作用,可有效抑制纳米颗粒的团聚。

钴氧化物(Co_3O_4)可以通过转化反应储钠,其理论容量为 890 mA·h/g。在被用作钠离子电池负极时,Co_3O_4 在充放电过程中表现出了较大的迟滞或极化现象。Kang 的研究组阐明了电压迟滞的原因,并制备了 Co_3O_4-石墨烯纳米片杂化材料。该复合材料容量可达 618 mA·h/g 且具有良好的可逆性,但其循环稳定性还需要进一步强化。通过将具有介孔的 Co_3O_4 纳米片与三维石墨烯网络进行复合(Co_3O_4 MNSs/3DGNs)可以获得更好的循环性能[图 6-16(c)(d)],三维石墨烯网络可以为介孔 Co_3O_4 纳米片在充放电过程中的体积变化提供缓冲区域,并可显著降低电极材料的内阻。

与大多数的过渡金属氧化物不同,二氧化钼(MoO_2)具有很好的金属导电性,并且 MoO_2 在循环过程中的体积变化较小。基于嵌入和转化过程计算的 MoO_2 的理论容量为 836 mA·h/g。Huang 等采用预分解的方法制备了一种 MoO_2 纳米颗粒负载于 GO 之上的复合物并应用于钠离子电池,复合材料中 GO 的含量为 15%。

图 6-16 石墨烯/
过渡金属氧化物复
合材料用作钠离子
电池负极

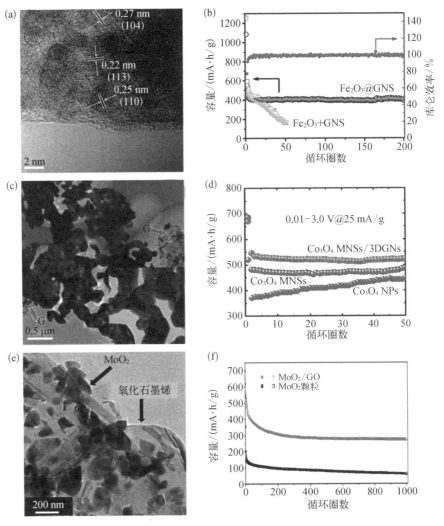

（a）Fe_2O_3@GNS 的高分辨 STEM 图像；（b）Fe_2O_3@GNS 和 Fe_2O_3+ GNS 在 100 mA/g 电流密度下的循环稳定性；（c）Co_3O_4 MNSs/3DGNs 的 TEM 图像；（d）Co_3O_4 MNSs/3DGNs、Co_3O_4 MNSs 和 Co_3O_4 纳米颗粒的循环性能；（e）MoO_2/GO 复合材料的 TEM 图像；（f）MoO_2/GO 复合材料和 MoO_2 颗粒的循环性能

　　MoO_2/GO 复合材料的透射电镜图像如图 6-16(e)所示。石墨烯的引入形成了纳米化的电极结构并强化了材料的电导率，MoO_2/GO 复合材料展示出了良好的循环性能，在循环 1000 圈后仍具有 276 mA·h/g 的容量[图 6-16(f)]。

　　（2）过渡金属硫化物

　　在众多过渡金属硫化物中，具有典型类石墨层状结构的 MoS_2 在钠离子电池中的应用得到了最广泛的研究。MoS$_2$的层间距为 6.15 Å，远大于石墨的3.35 Å。钠离子在 MoS$_2$中存储的机理包含两步,钠离子可以在高电压区间(0.8～0.9 V)插入 MoS$_2$的层间,进而在低电压区间发生转化反应。增加层间距可以显著提高 MoS$_2$的储钠容量。为了抑制 MoS$_2$的片层堆叠、消纳 MoS$_2$在循环过程中的体积变化并保证电子的快速传递,Kang 的研究组采用一步喷雾热解的方法制备了一种三维的 MoS$_2$/石墨烯复合材料微球,制备过程中加入了聚苯乙烯纳米珠,制备过程及预钠化过程如图 6-17(a)所示。图 6-17(b)给出了 Mo、S 和 C 的元素分布,表明所有元素在微球中均匀分布。独特的三维结构缓解了材料的应力,降低了钠离子嵌入的能垒,并为循环过程中的体积膨胀提供了空间。因此,三维 MoS$_2$/石墨烯复合材料表现出了卓越的循环稳定性和优异的倍率性能,如图 6-17(c)(d)所示。然而,由于 MoS$_2$/石墨烯复合材料的大比表面积和大孔容,以及石墨烯上残余的含氧官能团的作用,该复合材料的首次库仑效率并不高,为 72%。

在文献报道的大多数 MoS$_2$/石墨烯复合材料中,MoS$_2$纳米片均通过面对面的接触方式与石墨烯相互作用,限制了复合材料中 MoS$_2$的含量。如果将 MoS$_2$纳米片垂直地固定在石墨烯的两面,则可使 MoS$_2$在复合材料中的负载量最大化。根据这种策略,Che 等成功地制备了层状的 MoS$_2$@rGO 纳米片,MoS$_2$的负载量可达 92% 以上。最近,Zhao 的研究组制备了具有三明治结构的石墨烯@MoS$_2$@碳层的复合结构,MoS$_2$纳米片通过直接的化学耦合作用垂直地固定在 rGO 的表面之上。该复合材料在 100 mA/g 电流密度下循环 110 圈后仍具有高达520 mA·h/g 的可逆容量。同时,该材料还具有优异的倍率性能：在5 A/g 电流密度下循环 200 圈后仍具有 304 mA·h/g 的可逆容量。以上这些工作表明将活性材料垂直固定于石墨烯之上的结构设计方法有利于实现活性材料的高负载。

钴硫化物,主要包括 CoS、CoS$_2$ 和 Co$_3$S$_4$,由于其优越的化学、物理和电子特性而被应用于钠离子电池负极材料。但钴硫化物较差的导电性、因体积膨胀引起的粉化以及易于团聚等问题阻碍了其实际应用。在众多解决该问题的方案中,与石墨烯结合形成复合材料是一种非常有效的途径。例如,Peng 等利用原

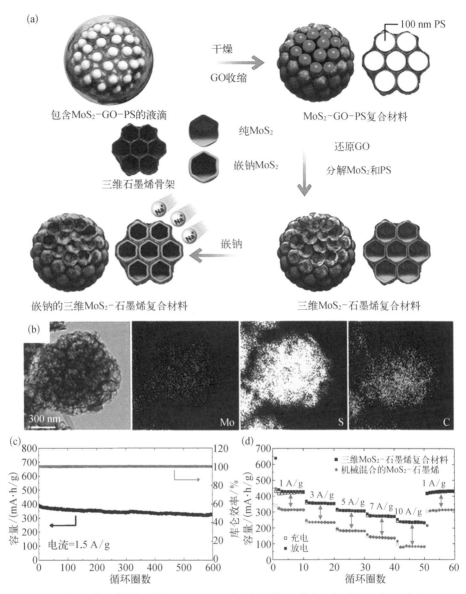

图6-17 石墨烯/过渡金属硫化物复合材料用作钠离子电池负极

（a）一步喷雾热解法制备三维的 MoS₂/石墨烯复合材料微球及钠离子嵌入过程示意图；（b）Mo、S 和 C 元素分布图；三维的 MoS₂/石墨烯复合材料微球的（c）循环稳定性和（d）倍率性能

位水热技术成功制备了 CoS@rGO 复合材料，rGO 的引入不仅提供了导电网络，并且抑制了 CoS 纳米片的团聚；此外，CoS 较小的横向尺寸更有利于电子和离子的快速传输，并且复合材料中的自由空间可以消纳电极的体积变化。因此，该复合材料表现出了较高的比容量，在 1 A/g 的电流密度下的比容量为

540 mA·h/g,具有优越的循环性能,在 1 A/g 的电流密度下循环 1000 圈后的比容量为440 mA·h/g,并具有优异的倍率性能,在 10 A/g 的电流密度下的比容量为 306 mA·h/g。

（3）其他转化型材料

除了过渡金属氧化物和硫化物,其他转化型的石墨烯复合材料主要包括过渡金属硒化物、碲化物和具有尖晶石结构的化合物（AB_2O_4）。由于具有较高的分子质量,过渡金属硒化物和碲化物的理论容量通常低于相应的氧化物和硫化物。文献报道的尖晶石/石墨烯复合材料大多具有 $0.1\sim1.0$ V(vs. Na^+/Na)的平均工作电压和 $300\sim500$ mA·h/g 的稳定可逆容量。在尖晶石结构中引入石墨烯（主要通过水热的方法）可以促进电子和离子的传输,缓解电极材料的体积变化,并可保持结构的完整性。

3. 合金型材料

如图 6-15 所示,第ⅣA 族和第ⅤA 族的元素可以与一定比例的钠离子结合形成合金。形成合金的机理如下:

$$X + mNa^+ + me^- \leftrightarrow Na_mX(X\ 为\ Sn、P、Sb、Bi、Ge\ 等) \tag{6-4}$$

通常情况下,基于合金反应储钠的材料具有较高的可逆容量,但在储钠过程中会经历较大的体积膨胀。考虑到合金型材料的高容量和低储钠电位,如能有效解决循环过程中体积变化的问题,此类材料将成为非常有应用潜力的钠离子电池负极材料。在众多方法之中,引入石墨烯与合金型材料形成复合材料是解决该问题的一个有效方案。在这一部分中,我们将对近期关于合金型材料/石墨烯复合材料作为钠离子电池负极的研究进行总结。

（1）锡基合金材料

金属锡（Sn）由于其环境友好性、资源丰富性和相对较高的理论容量（847 mA·h/g,基于形成 $Na_{15}Sn_4$）成为研究最为广泛的钠离子电池负极材料之一。锡作为钠离子电池负极材料的最大问题是电池循环过程中约 420% 的体积变化,会导致活性材料颗粒的粉化和团聚,进而影响导电接触,并最终导致快速的容量衰减。引入石墨烯形成具有大自由空间的碳骨架可以解决该问题并促进锡/石墨烯复合材料在钠离子电池中的实际应用。Jeon 等制备了一种均匀的锡/石墨烯复合材料，其中具有大自由空间的石墨烯骨架非常有利于缓解电极的体积变化。因此，该锡/石墨烯复合材料表现出了良好的循环稳定性，循环 50 圈的容量保持率大于 84%。该工作揭示了采用闪光灯还原方法制备的具有大自由空间的石墨烯缓解活性材料体积变化的原理。

与锡类似，二氧化锡（SnO_2）在嵌钠和脱钠过程中也会经历严重的体积变化。此外，由于 SnO_2 较低的导电性使得其倍率性能较差。一般认为基于合金化反应的 SnO_2 的理论容量为 667 mA·h/g。Chen 的研究组利用水热方法成功制备了层状的多孔三维 SnO_2/石墨烯复合材料，三维石墨烯网络有效限制了 SnO_2 的粉化和聚集[图 6-18(a)]，并提高了电极的导电性，复合材料在 100 mA/g 的电流密度下循环 200 圈后的容量保持率为 85.7%，如图 6-18(b) 所示。进一步的研究可基于引入杂原子掺杂的石墨烯、在 SnO_2 和石墨烯间形成共价连接和设计类似 SnS/SnO_2 的异质结构等方面展开。

图 6-18 石墨烯/锡基合金复合材料用作钠离子电池负极

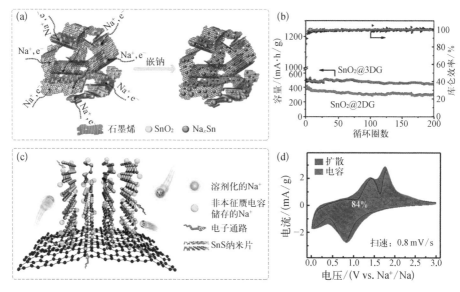

（a）三维石墨烯在三维 SnO_2/石墨烯复合材料储钠过程中的作用；（b）三维 SnO_2/石墨烯和二维 SnO_2/石墨烯复合材料在 100 mA/g 电流密度下的循环稳定性；（c）SnS 结构快速储钠示意图；（d）纳米蜂窝状 SnS/三维石墨烯复合电极的动力学分析，0.8 mV/s 扫速下的电容贡献率为 84%

由于 Sn—S 键相比于 Sn—O 键更弱,因此锡硫化物通常具有比锡氧化物更高的可逆性。层状的 SnS_2 层间距为 5.9 Å,可通过钠离子的插入、转化和合金反应进行储钠。为了克服 SnS_2 在循环过程中的体积变化和团聚,Liu 等制备了剥离 SnS_2 并重新在石墨烯上生长的复合物。该复合物促进了钠离子的扩散并提供了更多的反应位点,循环 300 圈后该复合物容量仍保持在 610 mA·h/g 且无明显衰减。在嵌钠过程中,由于二结构相变与三结构相变机理的差异,SnS 的晶格膨胀为 242%,小于 SnS_2 的 324%。研究证明,与石墨烯或氮掺杂石墨烯复合可有效提升 SnS 的电化学性能。为了解决 SnS 动力学过程缓慢的问题,Shen 的研究组制备了直接生长于石墨烯之上的超薄层状 SnS,石墨烯的引入最大化赝电容容量,进而使该复合物具有极优异的倍率性能,在30 A/g的电流密度下仍具有高达 420 mA·h/g(基于 SnS 质量计算)的比容量,如图 6-18(c)(d)所示。该工作表明,石墨烯由于自身的大比表面积和高导电性可以通过赝电容行为强化活性材料的倍率性能。

(2)磷基合金型材料

由于较低的分子量和较高的电子转移数(3e⁻),磷的理论容量可达 2596 mA·h/g,为已知钠电负极材料中的最大值。磷的同素异形体主要包括白磷、红磷和黑磷。白磷由于高毒性和高反应活性而不适于在电池中应用;无定形的红磷和斜方晶系的黑磷则已被广泛应用于钠离子电池的负极材料。

红磷具有高可逆容量,但其导电性差(电导率为 $1×10^{-14}$ S/cm)且充放电过程中体积剧烈变化(约 490%),严重限制了红磷在钠离子电池中的实际应用。研究者已尝试将诸如 Super P、碳纳米管和石墨烯等多种碳材料与红磷复合以改善红磷的电化学性能。与 Super P 和碳纳米管相比,石墨烯基的复合材料通常具有更好的循环稳定性。例如,Chen 的研究组设计了一种如图 6-19(a)所示的石墨烯卷轴包覆的磷纳米颗粒负载于二维石墨烯片层上的复合材料(P-G),该复合材料中磷的含量为 52.2% 时具有最好的电化学性能,可逆比容量可达 2355 mA·h/g,循环 150 圈后的容量保持率高达 92.3%[图 6-19(b)],在 4 A/g 的电流密度下仍具有 1084 mA·h/g 的可逆容量(基于磷的质量进行计算)。该复合材料杰出的电化学性能主要来源于材料中引入的石墨烯,石墨烯不仅提供

石墨烯电化学储能技术

图 6-19 石墨烯/磷基合金复合材料用作钠离子电池负极

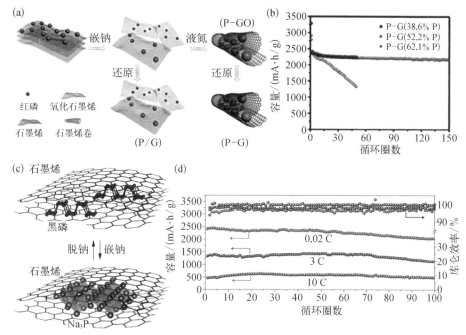

（a）P-G 和 P/G 复合材料制备过程示意图；（b）磷含量分别为 38.6%、52.2% 和 62.1% 的 P/G 复合材料在 250 mA/g 电流密度下的循环性能；（c）三明治结构的黑磷/石墨烯复合材料在嵌钠/脱钠过程中的结构演化；（d）磷含量 48.3% 的磷烯/石墨烯复合材料在 0.02 C（50 mA/g）、3 C（8 A/g）和 10 C（26 A/g）下的循环稳定性和库仑效率

了内部交联的导电网络，同时也抑制了电极材料的体积变化保持了电极结构的完整性。可以通过形成 P-C 化学键来有效增强磷/石墨烯复合材料的结构完整性。

黑磷与红磷不同，具有良好的导电性，电导率为 3 S/cm，但黑磷在连续循环过程中存在沿 y 轴和 z 轴方向的各向异性的体积变化，使得其容量严重衰减。为了解决这一问题，Cui 的研究组制备了一种如图 6-19(c) 所示的磷含量为48.3% 的三明治结构磷烯/石墨烯复合材料，该复合材料在 50 mA/g 电流密度下的容量为 2440 mA·h/g（基于磷的质量进行计算），循环 100 圈后的剩余容量为 2080 mA·h/g，如图 6-19(d) 所示。该复合材料表现出卓越电化学性能的原因可归结为以下三点：（1）石墨烯为在循环中抑制体积变化提供了坚固的缓冲层；（2）石墨烯提供了高速传输电子的通道；（3）磷烯的层状结构缩短了钠离子的扩散路径。尽管该复合材料表现出了良好的性能，但复合材料中磷的负载量仍需提高。

随后,Wang等运用第一性原理计算方法考察了磷烯/石墨烯复合材料的结构、机械、电子和电化学性能,以及钠在复合物上的吸附及扩散。结果表明,引入石墨烯不仅可以显著增强磷烯的机械性能和导电性,还可以强化钠与复合材料的相互作用。关于磷/石墨烯复合材料的进一步研究应该聚焦于提升磷的负载量进而提高整个复合电极材料实际容量的方向。

Sn_4P_3结合了磷高容量和锡高电导率的优势,质量比容量为1132 mA·h/g,体积比容量为6650 mA·h/cm³,电导率为30.7 S/cm,是一种非常具有潜力的钠离子电池负极材料。与磷和锡类似,Sn_4P_3在循环过程中也会经历较大的体积变化,同样可以通过与碳材料复合来缓解体积变化。与炭黑相比,基于石墨烯的复合材料由于石墨烯自身更高的导电性通常展示出更好的倍率性能,例如,以原位低温液相磷化反应方法制备的 Sn_4P_3/rGO 复合材料在 2 A/g 的电流密度下还具有391 mA·h/g的高容量,远远优于 Sn_4P_3/炭黑复合材料。

(3)锑基合金型材料

金属锑(Sb)的理论容量为 660 mA·h/g,嵌钠和脱钠电位约为 0.4 V (vs. Na^+/Na)。与其他合金型材料类似,锑也受到循环过程中存在较大体积变化(大于300%)的限制,导致活性材料在循环过程中发生粉化并失去与导电添加剂和集流体之间的电接触。因此,必须对锑与石墨烯等导电添加剂之间的相互作用进行强化。锑基材料与石墨烯之间化学键和对应复合材料电化学性能的表征如图6-20所示。Hu等制备了锑/多层石墨烯复合材料(Sb/MLG),锑通过化学键均匀连接在石墨烯之上。X射线光电子能谱证明了锑与石墨烯之间 Sb-O-C 键的形成,如图 6-20(a)所示。该复合材料首圈充电容量为 452 mA·h/g,在100 mA/g电流密度下循环 200 圈后的容量保持率约为 90%〔如图 6-20(b)所示〕。

锑氧化物,如 Sb_2O_3 和 Sb_2O_4,由于可逆的转化和合金化反应,通常具有比金属锑更高的容量。为了消纳体积变化并抑制活性颗粒团聚,许多研究重点考察了锑氧化物与石墨烯的复合材料。例如,$SbO_{0.21}$/rGO 在 1 A/g 电流密度下循环 100 圈后的容量保持率为 95%(409 mA·h/g);Sb_2O_3/rGO在100 mA/g电流密度下循环 50 圈后仍具有 503 mA·h/g 的容量;而 Sb_2O_3/rGO 在100 mA/g电流密度下循环

图 6 - 20 锑基材料与石墨烯之间化学键和对应复合材料电化学性能的表征

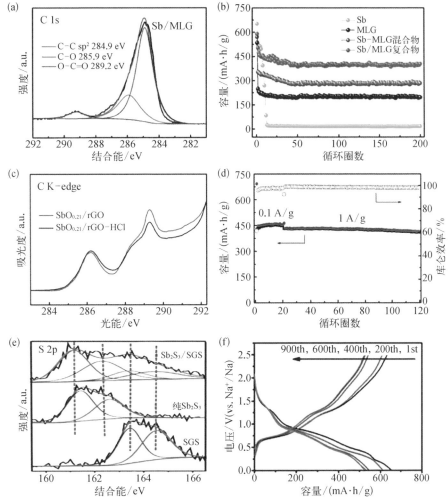

（a）Sb/MLG 复合材料的高分辨 C 1s XPS 谱；（b）锑、多层石墨烯和 Sb/MLG 的循环稳定性；（c）$SbO_{0.21}/rGO$ 和 $SbO_{0.21}/rGO$ - HCl 边界处 C 的 K - edge X 射线吸收；（d）$SbO_{0.21}/RGO$ 的循环性能和对应的库仑效率；（e）Sb_2S_3、硫掺杂石墨烯及两者复合材料的高分辨 S 2p XPS 谱线；（f）Sb_2S_3/硫掺杂石墨烯复合材料在 2 A/g 电流密度下的充放电曲线

100 圈后保持了 890 mA · h/g 的容量。$SbO_{0.21}/rGO$ 中 C 的 K - edge 峰强明显高于 $SbO_{0.21}/rGO$ - HCl，表明 $SbO_{0.21}$ 与 rGO 的界面处形成了 Sb—O 键，两相组分之间的强相互作用也是 $SbO_{0.21}/rGO$ 材料良好循环稳定性的来源。

基于可逆的转化和合金反应计算的辉锑矿（Sb_2S_3）理论容量为 946 mA · h/g，高于金属锑的理论容量。通过采用杂原子掺杂的石墨烯或增强

Sb_2S_3 与石墨烯之间的相互作用对于 Sb_2S_3 的电化学性能有积极影响。例如，Xiong 等报道了一种纳米化的 Sb_2S_3 通过强化学键固定于硫掺杂的石墨烯片层之上的复合材料，XPS 对 Sb_2S_3、硫掺杂石墨烯及复合材料的表征结果证实了化学键的存在[图 6-20(e)]。Sb_2S_3 与硫掺杂石墨烯片之间的强相互作用使得复合材料具有良好的循环性能与倍率性能，在 2 A/g 电流密度下循环 900 圈后的容量保持率为 83%[图 6-20(f)]，在 5 A/g 电流密度下的容量为 592 mA·h/g（基于 Sb_2S_3 的质量进行计算）。近期，Chen 的研究组考察了具有更高理论容量（1061 mA·h/g）和更好导电性（带隙约为 0.04 eV）的 Sb_2S_5。具有自支撑结构的三维多孔 Sb_2S_5-石墨烯泡沫表现出了高可逆容量（100 mA/g 电流密度下的容量为 845 mA·h/g）、高倍率性能（10 A/g 电流密度下的容量为 525 mA·h/g）和长循环稳定性（200 mA/g 电流密度下循环 300 圈后的容量保持率为 91.6%）。该工作中使用的原位水热组装的方法同样可以应用于制备其他高性能的石墨烯基复合材料。

除了锡基、磷基和锑基合金型材料之外，铋基（如 Bi_2O_3）和锗基（如 GeO_2）合金型材料在钠离子电池中的应用也得到了报道。由于石墨烯在循环过程中有效地限制了电极的体积膨胀，Bi_2O_3/石墨烯复合材料在 350 mA/g 电流密度下循环 200 圈后的容量保持率高达 70%，GeO_2/石墨烯复合材料在 100 mA/g 电流密度下循环 50 圈后也仍然保持着 330 mA·h/g 的容量。

4. 有机材料

由碳、氧和氢元素组成的有机材料由于其丰富的来源、环境友好性和结构可设计性受到了大量的关注。具有低工作电压的有机羧酸盐通常被用作钠离子电池负极，羧酸盐有较高的极性，因此其在非质子性溶剂中的溶解度低于小分子醌类化合物。但是，羧酸盐面临着导电性差和动力学过程缓慢的问题。开发羧酸盐/石墨烯复合物可以改善材料的倍率性能，促进羧酸盐的应用。例如，通过简单物理混合制备的石墨烯包覆的 2,6-萘二甲酸钠（Na_2NC）表现出了远优于纯 Na_2NC 的倍率性能，石墨烯包覆的 Na_2NC 及纯 Na_2NC 在 2 A/g 电流密度下的容量分别为 88 mA·h/g 和 30 mA·h/g。Na_2NC 的结构式如图 6-21(a)所示。

图 6-21 石墨烯/有机材料复合材料用作钠离子电池负极

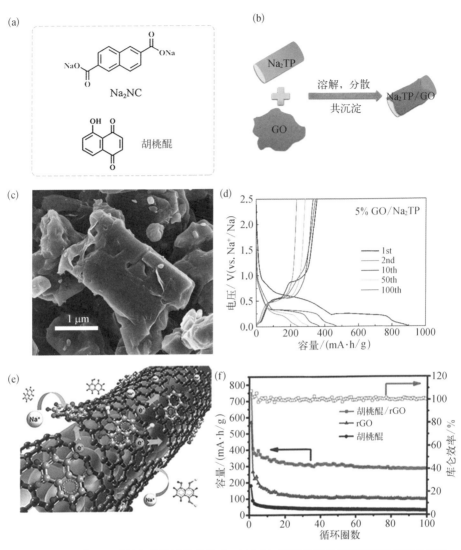

（a）2,6-萘二甲酸钠和胡桃醌的结构式；（b）Na₂TP/GO 复合材料的制备过程示意图；（c）Na₂TP/GO 复合材料的 SEM 图像；（d）Na₂TP/GO 复合材料在 30 mA/g 电流密度下的充放电曲线；（e）石墨烯与胡桃醌分子间 π-π 作用的示意图；（f）胡桃醌/rGO 复合材料在 100 mA/g 电流密度下的循环稳定性（基于胡桃醌的质量计算）

　　此外，Cao 等以对苯二甲酸二钠为原料，通过反溶剂共沉淀的方法得到了氧化石墨烯/对苯二甲酸二钠有效结合的复合材料（Na₂TP/GO）[图 6-21（b）]。在该复合材料中，氧化石墨烯均匀结合在对苯二甲酸二钠颗粒表面[图 6-21（c）]，并在电化学测试的起始几圈循环中被电化学还原为还原氧化石墨烯,显著提升了对苯二甲酸二钠的导电性,并为对苯二甲酸二钠在充放电过程中的体积形变预留了缓冲空间,改善了该电极材料的循环与倍率性能。仅 5% 质量比例的氧化石墨烯与对苯二甲酸二钠的复合即可使该电极材料在 0.1 C 的电流密度下循环 100 圈后仍保持 235 mA·h/g 的比容量[图 6-21(d)]。

除了羧酸盐,一些醌类化合物也可作为钠离子电池负极,但此类化合物极易溶解于非质子化的电解液之中。利用共轭羰基化合物分子与石墨烯之间的强 π-π 相互作用可有效抑制醌类有机物的溶解问题,并能同时改善材料的导电性。例如,Wang 等采用一个简单的、可规模化的自组装方法制备了一个自支撑的胡桃醌/rGO 复合材料,胡桃醌的分子式如图 6-21(a)所示。芳香结构与石墨烯骨架之间的强 π-π 相互作用[图 6-21(e)]使得该复合材料具有长循环稳定性,循环 100 圈后的容量为 280 mA·h/g[基于胡桃醌的质量进行计算,如图 6-21(f)所示]。与 CMK-3 等多孔碳相比,石墨烯的共轭结构使得石墨烯与有机物分子之间的相互作用更强,该强相互作用可以更有效地抑制溶解问题。然而,作为钠离子电池负极,胡桃醌/rGO 复合材料的比容量还不能令人满意。关于有机/石墨烯复合材料作为钠离子电池负极材料的进一步的研究应该聚焦于设计具有高可逆容量和优异倍率性能的有机化合物。

在本部分中,我们系统地介绍了石墨烯复合材料作为钠离子电池负极的相关研究进展。石墨烯在复合材料中的作用可以总结为以下几个方面:首先,由于石墨烯兼顾的网络作用,石墨烯可以缓冲体积变化,抑制活性颗粒团聚并保持电极的完整性;其次,石墨烯可以形成高导电网络,促进电子传输,强化复合材料的倍率性能,并且由于石墨烯的大比表面和高电导率所贡献的赝电容行为可以进一步提高复合材料的倍率性能;最后,由于石墨烯与共轭有机分子之间的强相互作用,石墨烯可以缓解有机材料在电解液中的溶解问题。

6.2.3.2 石墨烯/其他材料复合正极材料

大多数正极材料都存在导电性不足的问题,与石墨烯形成石墨烯复合正极材料是促进其在钠离子电池中实际应用的有效方法。在该部分中,我们将总结石墨烯复合正极材料的最新研究进展,包括过渡金属氧化物、聚阴离子化合物、金属六氰化物和有机材料。

1. 过渡金属氧化物

金属氧化物（$Na_x MO_2$，M = Fe、Co、Mn、Ni 等）由于其可控制备和高电化学活性的特点而成为研究最为广泛的钠离子电池正极材料。过渡金属氧化物主要包括层状氧化物和隧道氧化物，层状氧化物具有比隧道氧化物更高的容量，是更具潜力的钠离子电池正极材料，但该类材料电导性差，制约了其在钠离子电池中的应用。

与导电碳材料复合是解决导电性问题的一个简单方法。例如，Wu 的研究组制备了 P2 型 $Na_{2/3} Ni_{1/3} Mn_{5/9} Al_{1/9} O_2$（NMA）/rGO 复合材料，并采用恒电流间歇滴定技术（GITT）、循环伏安法和电化学阻抗谱分析了离子和电子在该复合物中的动力学行为。图 6 – 22 所示的结果表明，rGO 在降低电荷转移电阻和增强离子、电子扩散中发挥了重要作用。因此，该复合材料展示出了高容量和优异的容量保持率，0.1 C 下的容量为 138 mA·h/g，在 1 C 电流密度下循环 150 圈后的容量保持率为 89%，远优于纯金属氧化物材料。

2. 聚阴离子化合物

作为钠离子电池正极的聚阴离子化合物主要包括磷酸盐[如 $Na_3 V_2 (PO_4)_3$]、焦磷酸盐（如 $Na_2 FeP_2 O_7$）、氟磷酸盐[如 $Na_3 V_2 (PO_4)_2 F$]和硫酸盐[如$Na_2 Fe(SO_4)_2 \cdot 2H_2O$]。在众多聚阴离子化合物之中，磷酸盐由于较高的循环稳定性、氟磷酸盐由于较高的工作电压而受到了较多的关注。

具有钠超离子导体（NASICON）结构的 $Na_3 V_2 (PO_4)_3$（NVP）是学界广泛研究的磷酸盐之一。NVP 的阴离子骨架$\{[V_2 (PO_4)_3]^{3-}\}$中含有共用一个中心的游离的正八面体[VO_6]和四面体[PO_4]，这一开放的三维骨架对于储钠非常有利。NVP 具有 3.4 V 和 1.7 V（vs. Na^+/Na）两个电压平台，分别对应于 V^{3+}/V^{4+} 和 V^{3+}/V^{2+} 两个还原电对。因此，可同时以 NVP 作为正极和负极组装对称的全电池器件。当以 NVP 作为钠离子电池正极时，研究者们关注的是 3.4 V 的电压平台，NVP 在该电压平台下具有 117 mA·h/g 的理论容量，对应的理论能量密度约为 400 W·h/kg。然而，NVP 较差的导电性使得斜方六面体中的正八面体

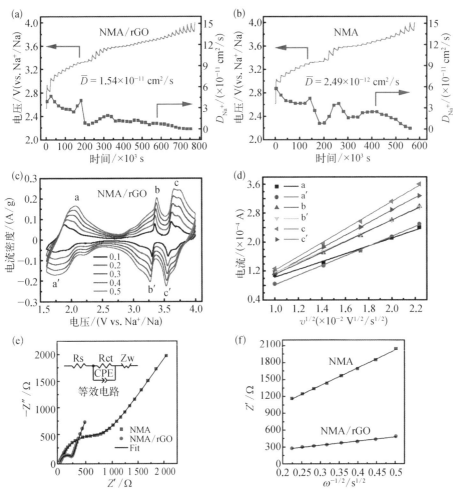

图 6-22 NMA 及 NMA/rGO 的 动 力 学分析

（a）NMA/rGO 和（b）NMA 的 GITT 曲线和对应的钠离子扩散系数；（c）不同扫速（单位 mV/s）下 NMA/rGO 的 CV 曲线；（d）NMA/rGO 峰值电流与扫速平方根之间的关系曲线，根据 CV 曲线分析得出的 NMA/rGO 平均钠离子扩散系数为 1.16×10^{-11} cm²/s；（e）NMA 及 NMA/rGO 开路电压下的 Nyquist 曲线；（f）NMA 及 NMA/rGO 低频率区间的 Z' 与频率平方根倒数的关系曲线

［VO₆］和四面体［PO₄］发生分离，进行离子掺杂或与高导电性的石墨烯复合是使得 NVP 容量接近理论容量的有效办法。

氟磷酸盐由于其接近 3.8 V(vs. Na⁺/Na) 的高工作电压和约 130 mA·h/g 的高理论容量而非常适合于高能量密度钠离子电池的开发，但其较低的电导率（约 10^{-12} S/cm）和较差的离子电导率（约 10^{-7} S/cm）限制了它的倍率性能。减小颗粒尺寸或者用石墨烯等导电碳材料进行包覆可以提高氟磷酸盐的电化学性能。例如,Chen 的研究组采用一个简单的固相反应路线制备了纳米化的 Na$_3$V$_2$(PO$_4$)$_2$F 与石墨烯的复合材料(NVPF/G),制备过程及复合材料形貌如图 6 - 23(a)～(e)所示。由于纳米化的 NVPF、多孔导电石墨烯网络和赝电容效应,NVPF/G 复合材料展示出了极好的倍率性能和循环稳定性,在 50 C 电流密度下的容量为 77 mA · h/g,如图 6 - 23(f)(g)所示。该工作介绍了获得高倍率性能石墨烯复合材料的方法。

图 6 - 23 NVPF/G 的合成路径、结构及电化学表征

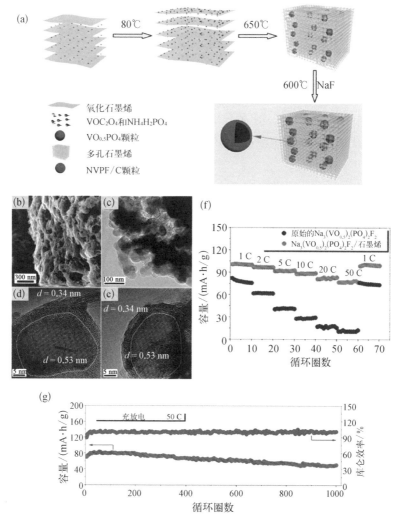

（a）合成路径；（b）SEM 图像；（c）~（e）NVPF/G 的 TEM 图像；（f）NVPF 和 NVPF/G 的倍率性能（1 C= 128 mA/g）；（g）NVPF/G 在 50 C 下的循环性能

3. 金属六氰化物

金属六氰化物的分子式为 $A_xMM'(CN)_6$（$A = K$，Na；M 和 M' = Fe，Mn，Co 等），金属六氰化物具有立方体结构，立方体的中心为金属离子，立方体的边缘为氰化物基团。金属六氰化物中的空位和水分子对其电化学行为有极强的影响，随机出现的空位会使得结构框架变得脆弱，而晶格当中残留的水分子会与钠离子竞争填隙离子的空间。Prabakar 等以 GO 为惰性环境来减缓材料的结晶速率进而制备出了 GO 连接的具有更低水和 $[Fe(CN)_6]$ 空位含量的 $Na_{0.72}Fe[Fe(CN)_6]_{0.90} \cdot A_{0.10} \cdot 1H_2O$（A 代表空位），该复合材料标记为 HC-PB/GO。Fe^{3+} 从 Fe_2O_3/GO 中的释放过程及 HC-PB 在 GO 上的缓慢结晶过程的示意图如图 6-24(a) 所示。HC-PB 具有规整的立方体形状，如图 6-24(b) 所示。石墨烯的存在还强化了复合材料的导电性，该复合材料在 25 mA/g 电流密度下循

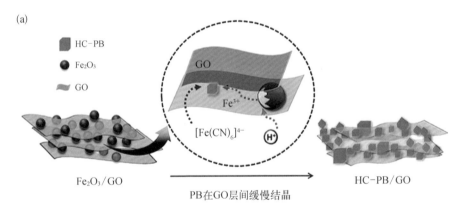

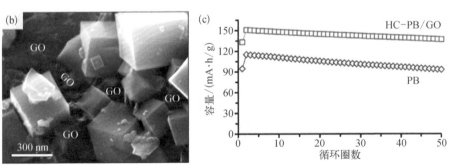

（a）Fe^{3+} 从 Fe_2O_3/GO 中的控释过程及 HC-PB 在 GO 上的缓慢结晶过程的示意图；（b）HC-PB/GO 的 SEM 图像；（c）PB 和 HC-PB/GO 在 25 mA/g 电流密度下的循环稳定性

图6-24 HC-PB/GO 用作钠离子电池正极材料

　　　　　　　　　　　石墨烯电化学储能技术

环 50 圈后的容量保持率为 91%[图 6-24(c)]，并在 2 A/g 电流密度下仍具有 107 mA·h/g 的容量。

4. 有机材料

在作为钠离子电池正极材料进行应用时，有机材料相比于无机材料具有更多优势，有机材料容量更高并且对阳离子半径的限制较低。不过有机材料通常会受到在电解液中溶解现象严重和导电性差等问题的困扰，将有机材料与石墨烯等碳材料复合和制备聚合材料是解决上述问题的有效途径。

有机/石墨烯复合材料可以通过简单的物理混合或是原位反应进行制备。Huang 等采用一步原位聚合的方法成功制备了三维的聚酰亚胺(PI)/石墨烯复合材料，如图 6-25(a)所示。基于 $4e^-$ 反应计算的 PI 的理论容量为 367 mA·h/g[图 6-25(b)]。PI 等聚合物具有较高的分子量，在电解液中的溶解度远小于有机小分子。PI/石墨烯复合材料中较小的 PI 颗粒尺寸、石墨烯强化的导电性以及 PI 与石墨烯之间的紧密接触使得该复合物材料具有优异的电化学性能，该复合材料的容量为 213 mA·h/g，同时具有优异的倍率性能和循环稳定性[图 6-25(c)(d)]。该原位合成方法可以被应用于制备其他高性能石墨烯基复合材料。

文献中报道的其他有机/石墨烯复合材料还包括苯并[1，2-B：4，5-B′]二噻吩-4，8-二酮(BDT)石墨烯复合材料和聚蒽醌基硫醚石墨烯复合材料等，通过石墨烯和有机分子的合理设计，包括提高材料电导率、减小颗粒粒径和抑制有机材料在电解液中的溶解，可以显著提升有机电极材料的电化学性能。进一步的研究应该集中于开发新型具有高工作电压和容量的有机/石墨烯复合材料。

6.2.3.3 石墨烯基复合材料的设计原则

从前文的介绍中我们可以看到，不同合成方法会导致不同结构与性能的石墨烯基复合材料。还原氧化石墨烯是批量获得石墨烯的最普遍的方法，杂原子掺杂的石墨烯通常将前驱体在特定气氛下进行热处理获得。石墨烯基复合材料

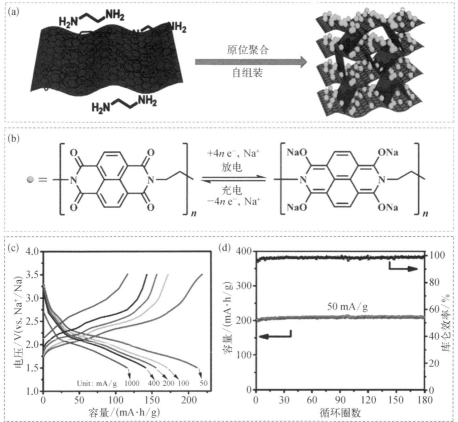

图 6 - 25　PI/石墨烯复合材料用作钠离子电池正极材料

（a）PI/石墨烯复合材料制备过程示意图；（b）PI储钠机理；（c）PI/石墨烯复合材料在不同电流密度下的充放电曲线；（d）PI/石墨烯复合材料在 50 mA/g 电流密度下的循环稳定性及对应的库仑效率

一般可以采用液相原位化学过程（如水热和溶解热反应）、固相化学过程、喷雾裂解或简单物理混合（如超声和球磨）等方法进行制备。制备过程中的关键问题是阻止石墨烯的堆叠和保证活性材料的均匀负载。

　　基于此前的工作我们发现，石墨烯复合电极材料的高能量密度（与工作电压和比容量有关）和优异电化学性能（循环稳定性和倍率性能）对于其进一步的实用化至关重要。因此，我们总结了石墨烯基复合材料在钠离子电池中应用的几条标准。

　　（1）工作电压：钠离子电池的输出电压与正负极材料的工作电压直接相关。对于负极材料，操作电压应该较低，但不应太接近于 0 V（vs. Na$^+$/Na），例如纯石墨烯、$Na_2Ti_3O_7$/rGO 复合材料、Sn_4P_3/rGO 复合材料和 Na_2TP/rGO 复合材料。对于正极材料,工作电压应该较高,例如 $Na_3(VO_{0.5})_2(PO_4)_2F_2$/石墨烯复合材料和 $NaVPO_4F$/石墨烯复合材料。

(2)比容量:电极材料的比容量越高越好。具有高转移电子数和低分子量的活性材料可以提供更高的比容量,磷/石墨烯复合材料的稳定容量达到了 $1000\ mA \cdot h/g$ 以上,为文献报道中的钠离子电池石墨烯基复合电极材料的最高值。

(3)循环稳定性:循环稳定性越高越好。石墨烯复合材料的循环稳定性依赖于活性材料及活性材料与石墨烯的相互作用,由于 SnS 与石墨烯之间的强相互作用,SnS/石墨烯复合材料具有优异的循环稳定性,循环 1000 圈后的容量保持率为 87.1%。

(4)倍率性能:倍率性能越高越好。复合材料的导电性越好其倍率性能就越好,具有赝电容行为的石墨烯基复合材料通常具有较好的倍率性能,如 TiO_2 - 石墨烯复合材料($12\ A/g$ 电流密度下的容量为 $90\ mA \cdot h/g$)。

虽然石墨烯基的复合材料在钠离子电池的实用化过程中有很大的应用前景,但目前仍存在一些问题:首先,许多石墨烯基复合材料在首圈都存在较高的由于形成 SEI 的不可逆反应所带来的不可逆容量;其次,石墨烯的低堆积密度导致电极体积能量密度较低;最后,目前石墨烯的制造成本较高。解决以上问题的方法包括:通过调节石墨烯上的含氧官能团量及提高活性材料负载量来提高首次库仑效率,活性材料负载量提高的同时可以提高电池的能量密度;开发低成本的石墨烯生产工艺。

6.3　石墨烯在钠金属负极中的应用

6.3.1　可加工钠金属负极

钠离子电池在概念和功能上与锂离子电池相似,但其发展和商业化滞后。

障碍之一是缺乏标准的参比电极。在电化学研究中,三电极系统是表征工作电极(即研究对象)电化学行为的标准工具,其中参比电极和对电极一同连接在电解质中。在锂离子电池中,由于锂金属单质不稳定,具有稳定氧化还原电位的锂化合物,如 $Li_{1-x}FePO_4$ 或嵌锂石墨等被用作参比电极。但是,钠离子电池体系的标准参比电极仍旧缺乏。首先,与锂离子电池体系中的 LiPO 和石墨电极相比,钠离子电池体系没有商业化的类似高库仑效率的阴极和阳极材料。其次,钠金属本身比锂金属更加活泼,在有机电解质中电镀时更易形成枝晶。更重要的是,钠金属不可加工和成形。厚度或直径达到微米级的卷曲锂箔或锂金属丝可以商购获得。不幸的是,钠较低的金属键能使其难以加工和成型(图 6-26)。金属钠可以在较低的压力下黏附在自身或其他材料上,因此迫切需要开发一种能够标准化钠离子电池研究的钠金属参比电极。

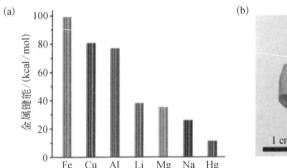 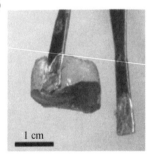

图 6-26 金属钠的物理性能及其与其他金属材料的对比

(a) 几种常见金属的金属键能(Na 的低键能使其容易变形,这在加工过程中造成困难);(b) 照片显示金属钠可以在较低的压力下发生形变

与锂箔参比电极不同,钠不容易加工或成型,并且容易发生形变。通过真空过滤法获得致密的 GO 薄膜,将烘干的 GO 薄膜与熔融的金属钠接触,GO 薄膜瞬时被还原为还原氧化石墨烯(rGO)。同时,金属钠被吸收到 rGO 薄膜中,得到 Na@rGO 复合材料,即制备成可加工和成型的复合钠金属阳极。与钠金属单质相比,只添加 4.5% rGO 的复合阳极材料即具有改善的硬度、强度和耐腐蚀性,并且可以设计成各种形状和尺寸。化学和机械性能可以通过调节复合材料的组成以及优化复合材料的内部结构来进一步调整。在醚类和碳酸盐类电解质中,

复合阳极的电镀/剥离循环性能均显著提升,并且只产生较少的枝晶。

　　通过将熔融的钠金属吸收到 rGO 片层之间的空隙中来制备复合钠金属阳极,与将熔融的锂金属吸收到 rGO 中的过程类似[图 6-27(a)]。当与在 400℃ 熔化的金属钠接触时,紧密堆叠的 GO 薄膜被还原并且由于产生气体而发生膨胀,同时将熔化的金属钠吸收到 rGO 片层之间的空隙中。通过控制致密堆积的 GO 薄膜的厚度,可以调节 Na@rGO 复合薄膜的厚度[图 6-27(b)~(d)]。Na@rGO复合薄膜的密度相对较小,约为 0.75 g/cm³,为钠金属理论密度的 77%。Na@rGO 复合材料中金属钠的质量占比约为 95.5%,可用容量为 1055 mA·h/g,为金属钠理论容量的 91%,表明复合材料中添加 rGO 只牺牲了较小的比容量。

图6-27 可加工和成型的 Na@rGO 复合材料

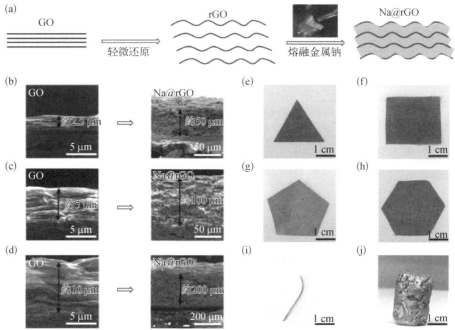

（a）制备 Na@rGO 复合材料的示意图；（b）~（d）具有不同厚度的 GO 膜和其相应的 Na@rGO 复合膜的扫描电镜图像,其厚度大约为 GO 膜的 20 倍；（e）~（h）复合材料保持了前驱体膜的形状；（i）（j）一维 GO 纤维和三维块体也可以制备成复合材料

　　并且,复合材料可以继承前驱体薄膜的形状。将前驱体 GO 薄膜切割成所需形状,即可将钠金属阳极成型为三角形、矩形、五边形和六边形等其他形状[图

6-27(e)~(h)]。当 GO 以其他形式组装时,如一维纤维和三维块体,仍然可以制备成 Na@rGO 复合材料[图 6-27(i)(j)],这使得钠金属阳极可以加工并成型制成微米级别的各种形状和维度。

总之,这种可加工和成型的复合钠金属阳极,可以使钠基能量系统的参考电极标准化。与纯 Na 相比,复合阳极大大提高了硬度、强度和抗环境腐蚀的稳定性,这可能会改变金属钠储存、运输和使用的方式。全电池测试证明,该复合材料可用于 Na - O₂ 电池和 Na - Na₃V₂(PO₄)₃ 电池。尤其是具有 Na@rGO 阳极的 Na - Na₃V₂(PO₄)₃ 全电池,在不同倍率下皆具有更小的电压滞后,因此电池的倍率性能高于以金属钠作为阳极的全电池,这再次表明金属枝晶形成被抑制并且 SEI 膜在 Na@rGO 复合阳极中更加稳定。

6.3.2　钠空气电池

锂金属资源的分布不均和储量有限,作为另一种选择,理论能量密度高达 1600 W·h/kg,可充电的钠空气电池(SAB)有希望替代锂空气电池(LAB),以满足全球对汽车行业能量储存快速增长的需求,以及对可再生能源的大规模储存。然而,仍然需要做大量工作来解决 SAB 中存在的问题以改善其表面电化学性能。

最近,由于石墨烯纳米片(GNS)具有大的比表面积、高的电子电导率和高的氧还原反应电催化活性,其作为阴极材料的应用和研究已经在 LAB 中引起了相当大的关注。以前的研究已经证明,GNS 阴极可以提供极高的放电容量,并且由于其独特的形态和结构在 LAB 中是理想的三维和三相电化学空气电极。同样,GNS 作为空气电极,使得非水性 SAB 的电化学性能得到显著的增强。使用 GNS 作为空气电极的电池,初始开路电压为 3.0 V,并提供 6208 mA·h/g 的极大容量,而普通碳膜电极的初始放电容量却仅有 2030 mA·h/g。如图 6-28(a)的插图所示,GNS 阴极展现出相当于碳膜电极三倍的初始放电容量,GNS 电极比薄膜碳电极具有更大的容量以及更好的稳定性。

另外,显然 GNS 电极的过电势比图 6-28(a)中的薄膜碳电极的要小,这可

图 6-28 GNS 阴
极应用于空气电
极 SAB

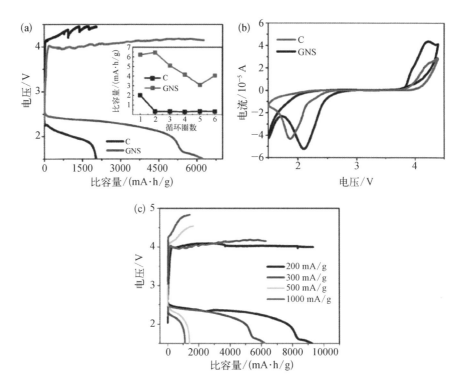

（a）电流密度为 300 mA/g 时的充放电曲线（插图显示了放电容量与循环圈数的函数关系）；
（b）具有 GNS 阴极和碳阴极的钠空气电池在 0.1 mV/s 扫描速率下的 CV 曲线；（c）在不同电流密度下的 GNS/Na 电池的充放电曲线

以通过循环伏安曲线进一步证实。图 6-28（b）比较了第一次循环中 1.5～4.4 V 电压范围内的 GNS/Na 电池和薄膜碳/Na 电池的循环伏安曲线。GNS 阴极（2.82 V）的起始电压比薄膜碳电极（2.58 V）高 240 mV，GNS 电极的阳极峰值电压（2.10 V）也高于薄膜碳电极（1.87 V），这意味着 GNS 电极具有更高的氧还原反应催化活性。此外，GNS 空气电极可以在比薄膜碳空气电极大得多的电流下工作，这表明 GNS 催化剂减少了钠空气电池中的极化并提高了比容量。GNS 阴极的阴极峰值为 4.2 V，而碳薄膜阴极的阴极峰值高于 4.4 V，表明 GNS 阴极可以通过降低充电电势来促进充电反应。相比之下，GNS 比 ORR 和氧气析出反应（OER）过程中的薄膜碳材料显示出更高的双功能电催化活性。

图 6-28（c）显示了使用 GNS 作为空气电极的 SAB 的倍率性能。GNS 阴

极的放电容量为9268 mA·h/g(200 mA/g),这个值接近使用GNS作为空气电极的LAB的值。随着放电电流密度增加到300 mA/g、500 mA/g和1000 mA/g,放电容量下降到6208 mA·h/g、1428 mA·h/g和1110 mA·h/g。可以看出,该电池可以在1000 mA/g的极大电流下工作,而且在更大的电流密度下极化增加。

总之,GNS可以用作非水SAB的空气电极催化剂,并且其电化学性能远优于碳电极。GNS作为空气电极对于OER和ORR过程的高电催化活性使其成为SAB的潜在候选者。

6.3.3 钠二氧化碳电池

钠二氧化碳($Na-CO_2$)电池是移动和大规模储能的有前景的电池体系之一,$Na-CO_2$电池使用金属钠和温室气体CO_2,理论上通过$4Na + 3CO_2 \longrightarrow 2Na_2CO_3 + C$的反应,提供了1.13 kW·h/kg的高能量密度。而且,汽车尾气中释放的二氧化碳可以在$Na-CO_2$电池中发电,以延长混合动力电动车辆的行驶里程。但其仍然存在液体电解质泄漏和钠金属负极不稳定的安全风险。这些问题导致$Na-CO_2$电池的操作条件极其苛刻,扩大该技术的难度很大。

将熔融的金属Na注入rGO泡沫丰富的纳米孔中,获得具有良好Na亲和力的rGO@Na负极,可以有效解决$Na-CO_2$电池在循环过程中遇到的金属枝晶或表面出现裂缝导致的短路等问题。

用作起始材料的GO泡沫,通过GO溶液的冷冻干燥,制备出具有多孔结构和大量GO微晶的片层[图6-29(a)]。当GO泡沫与熔融Na(98~120℃)平行连接时,整个泡沫发生瞬时反应,灰色的GO泡沫被还原成深黑色的rGO,同时产生更多稳定的孔道结构[图6-29(b)]。接下来,大量的金属Na快速且均匀地沉积到表面具有金属光泽的rGO泡沫中[图6-29(c)]。rGO@Na阳极的有效合成与rGO泡沫的纳米孔产生的毛细力和rGO泡沫与Na良好的亲和力相关。rGO的添加导致在rGO@Na阳极上均匀镀覆Na^+,并且还能够改善Na基阳极的机械强度和韧性。

图 6 - 29 rGO@
Na 阳极的设计和
特性

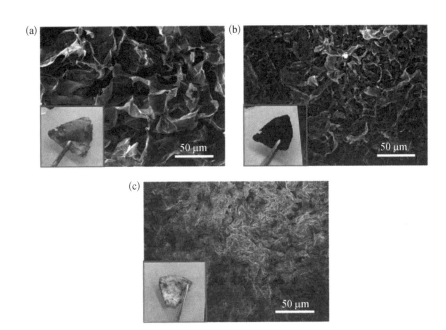

　　（a）GO 泡沫；（b）熔融 Na 还原的 rGO 泡沫；（c）熔融还原的 rGO@Na 阳极表面的扫描电子显
微镜照片和相应的插图照片

　　与纯 Na 金属阳极相比，rGO@Na 阳极具有更高的循环伏安电流密度
（5.7～16.5 mA/cm²），表明 rGO@Na 阳极具有优异的 Na⁺ 电镀/剥离的动力
学性能[图 6 - 30(a)]。在充电过程中 Na 沉积在 rGO 泡沫预留的空隙中，即
使在 450 个循环之后也能防止 Na 金属枝晶的形成[图 6 - 30(b)插图]。与之
形成鲜明对比的是，450 次循环后纯 Na 阳极发生了严重的破裂[图 6 - 30(b)
插图]。纯 Na 阳极和 rGO@Na 阳极之间的这种形貌差异是由于添加 rGO
泡沫导致在 rGO@Na 阳极上均匀电镀 Na⁺。在快速充放电曲线中[图
6 - 30(b)]，rGO@Na 在 Ar 中的电容行为比纯 Na 更明显，这种差异主要归
因于 rGO@Na 阳极的较大比表面积。在初始的 90000 s，对称的 rGO@Na 电
极在 1 mA/cm² 电流密度下的电镀/剥离期间表现出比纯的 Na 电极
（±0.15 V）更低的电化学极化（±0.05 V），进一步证实了 rGO@Na 电极的优
越性。

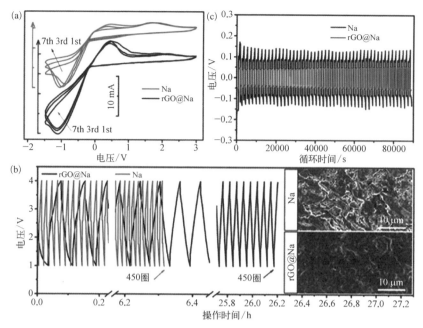

图 6 - 30　rGO@Na 的电化学测试

（a）在扫描速率为 0.5 V/s 下的 Na⁺ 电镀/剥离的循环伏安曲线；（b）使用 rGO@Na 和纯 Na 阳极在 Ar 气氛中的准固态 Na@CO₂电池的快速放电/充电曲线（电流密度：0.3 mA/cm²，电压区间：1～4 V），插图：450 次循环后的 rGO@Na 和纯 Na 阳极表面的 SEM 图像；（c）对称的 rGO@Na 电极和纯 Na 阳极在 1 mA/cm²电流密度下的恒电流循环性能图

6.3.4　室温钠硫电池

　　传统的钠硫（Na－S）电池采用 β-氧化铝作为电解质，β-氧化铝在大于 300℃时才能传导钠离子，操作温度高和使用 β-氧化铝固体电解质提高了运行成本，带来了安全问题和维护问题，这限制了高温钠硫电池的广泛应用。目前已存在许多使用液体有机电解质和隔膜的室温钠硫电池，然而，在室温 Na－S 电池领域的发展中存在过多的固有缺陷，如硫及其放电产物电导率太低，高聚多硫化物（Na₂Sn，4≤n≤8）的溶解（穿梭效应），电极上不可逆的低聚多硫化物（Na₂Sn，1≤n≤2）沉积和活性物质从阴极的强烈浸出等。根据经验，解决 Li－S 电池中的问题的方法也值得在 Na－S 电池中实施。

　　通过没食子酸化学还原氧化石墨烯（GO），并将还原的氧化石墨烯（rGO）加入高硫含量的共聚物中,制备纳米复合材料作为室温 Na‑S 电池正极。由于还原剂没食子酸的稳定作用,获得的 rGO 表现出高表面积以及在有机溶剂中的良好分散性。这使得 rGO 可以分散在大部分硫共聚物中,从而形成电子的传输网络。该纳米复合材料在室温 Na‑S 电池中表现出优异的电化学性能。通过构建石墨烯导电网络,使硫均匀分布在导电网络中能很好地缓解硫及其放电产物电导率过低的问题。

6.4   钠离子电池用石墨烯应用展望

受限于现阶段的生产技术与产品质量,石墨烯粉体很难像石墨应用到锂离子电池那样,将其用作商业化的钠离子电池负极材料,但其优异的导电性能使得石墨烯材料在钠离子电池基础研究和产业化过程中仍有非常重要的意义,表现为以下几方面。

(1)石墨烯作为碳材料的结构基元,依然是研究碳材料储钠机理的良好载体。现阶段最有商业化前景的钠离子电池负极材料是硬炭,虽然近年来硬炭在钠离子中的应用研究十分火热,并取得了很好的实验数据,但由于硬炭材料结构复杂,钠离子在硬炭结构中的储存机理依然不明确,特别是不同缺陷的种类和位置,碳片层的间距、卷曲与褶皱等微观结构对钠离子的储存作用很难通过对传统的硬炭材料进行结构设计获得。相对于硬炭而言,石墨烯的结构更容易调控,从而获得不同缺陷、不同层间距等的碳基元结构,并以此来研究更容易获得不同微观碳结构对储钠性能的影响,这对更好地了解钠离子在碳材料中的储存行为具有重要意义,对商业化钠离子用碳负极材料的设计具有重要指导意义。

(2)除碳材料外,钛基材料、过渡金属氧化物、过渡金属硫化物、磷基材料以及有机材料在钠离子电池负极材料领域有广泛的研究,通过液相原位化学过程,固相化学过程、喷雾裂解和简单的物理混合等方法,制备石墨烯基复合材料,有利于提升电极材料的导电性能,缓解体积膨胀问题,提升电极材料的循环稳定性和倍率性能。因此石墨烯基的复合材料在钠离子电池实用化过程中有很大的应用前景。

（3）对其他钠离子电池原型器件，如钠金属电池、钠空气电池、钠二氧化碳电池、钠硫电池，由于石墨烯纳米片具有大的比表面积、高的电子电导率和高的氧还原反应电催化活性，其在基础研究领域对提升电极材料的电化学性能有积极的意义。

（4）石墨烯粉体可作为锂离子导电添加剂。现阶段将石墨烯粉体作为导电添加剂应用到钠离子电池领域的研究尚未兴起，钠离子电池导电添加剂沿用传统的锂离子电池导电添加剂如炭黑，若将石墨烯粉体独立或与传统导电剂组装成为二元导电剂，有可能获得更优异的电化学性能。随着石墨烯生产技术的发展，石墨烯有望成为一种重要的商业化钠离子电池导电添加剂。

（5）高密度石墨烯钠离子电容器的实用化应用前景。通过三维致密化策略构筑的折叠石墨烯电极能够通过表面诱导可逆储钠，实现高体积能量密度。折叠石墨烯电极在 0.05 A/g 电流密度下达到了 132 mA · h/cm³ 的体积容量，即使在高达 5 A/g 的电流密度下，体积容量仍然能够保持在 72 mA · h/cm³，表现出优异的倍率性能。此外，折叠石墨烯电极展现出了超过 1600 次循环的高循环稳定性，每圈循环容量仅衰减 0.01%。3D 折叠石墨烯电极用于高体积能量密度储钠的概念可以扩展到锂/镁离子电容器，并且提供了一种高致密电化学储能的新途径。

参考文献

［1］ Dunn B，Kamath H，Tarascon J M. Electrical energy storage for the grid：a battery of choices［J］. Science，2011，334(6058)：928-935.

［2］ Zhang W J. A review of the electrochemical performance of alloy anodes for lithium-ion batteries［J］. Journal of Power Sources，2011，196(1)：13-24.

［3］ Komaba S，Murata W，Ishikawa T，et al. Electrochemical Na insertion and solid electrolyte interphase for hard-carbon electrodes and application to Na-ion batteries［J］. Advanced Functional Materials，2011，21(20)：3859-3867.

［4］ Wang Y X，Chou S L，Liu H. K，et al. Reduced graphene oxide with superior cycling stability and rate capability for sodium storage［J］. Carbon，2013，57：202-208.

［5］ Slater M D，Kim D，Lee E，et al. Sodium-ion batteries［J］. Advanced Functional

Materials, 2013, 23(8): 947 - 958.

[6] Wen Y, He K, Zhu Y, et al. Expanded graphite as superior anode for sodium-ion batteries[J]. Nature Communications, 2014, 5(1): 1 - 10.

[7] Yang Y, Tang D M, Zhang C, et al. "Protrusions" or "holes" in graphene: which is the better choice for sodium ion storage? [J]. Energy & Environmental Science, 2017, 10(4): 979 - 986.

[8] Stevens D A, Dahn J R. High capacity anode materials for rechargeable sodium-ion batteries[J]. Journal of the Electrochemical Society, 2000, 147(4): 1271.

[9] Bommier C, Surta T W, Dolgos M, et al. New mechanistic insights on Na-ion storage in nongraphitizable carbon[J]. Nano Letters, 2015, 15(9): 5888 - 5892.

[10] Tang K, Fu L, White R J, et al. Hollow carbon nanospheres with superior rate capability for sodium-based batteries[J]. Advanced Energy Materials, 2012, 2(7): 873 - 877.

[11] Liu Y, Zhang N, Jiao L, et al. Ultrasmall Sn nanoparticles embedded in carbon as high-performance anode for sodium-ion batteries [J]. Advanced Functional Materials, 2015, 25(2): 214 - 220.

[12] Zheng D, Zhang J, Lv W, et al. Sulfur-functionalized three-dimensional graphene monoliths as high-performance anodes for ultrafast sodium-ion storage [J]. Chemical Communications, 2018, 54(34): 4317 - 4320.

[13] Peng S, Han X, Li L, et al. Unique cobalt sulfide/reduced graphene oxide composite as an anode for sodium-ion batteries with superior rate capability and long cycling stability[J]. Small, 2016, 12(10): 1359 - 1368.

[14] Zhao L, Zhao J, Hu Y S, et al. Disodium terephthalate ($Na_2 C_8 H_4 O_4$) as high performance anode material for low-cost room-temperature sodium-ion battery[J]. Advanced Energy Materials, 2012, 2(8): 962 - 965.

[15] Wang Y X, Chou S L, Liu H K, et al. Reduced graphene oxide with superior cycling stability and rate capability for sodium storage[J]. Carbon, 2013, 57: 202 - 208.

[16] Luo X F, Yang C H, Peng Y Y, et al. Graphene nanosheets, carbon nanotubes, graphite, and activated carbon as anode materials for sodium-ion batteries[J]. Journal of Materials Chemistry A, 2015, 3(19): 10320 - 10326.

[17] Kumar N A, Gaddam R R, Varanasi S R, et al. Sodium ion storage in reduced graphene oxide[J]. Electrochimica Acta, 2016, 214: 319 - 325.

[18] Wang X, Li G, Hassan F M, et al. Sulfur covalently bonded graphene with large capacity and high rate for high-performance sodium-ion batteries anodes[J]. Nano Energy, 2015, 15: 746 - 754.

[19] Deng X, Xie K, Li L, et al. Scalable synthesis of self-standing sulfur-doped flexible graphene films as recyclable anode materials for low-cost sodium-ion batteries[J]. Carbon, 2016, 107: 67 - 73.

[20] Xu J, Wang M, Wickramaratne N P, et al. High-performance sodium ion batteries

based on a 3D anode from nitrogen-doped graphene foams [J]. Advanced Materials, 2015, 27(12): 2042-2048.

[21]　Jache B, Adelhelm P. Use of graphite as a highly reversible electrode with superior cycle life for sodium-ion batteries by making use of co-intercalation phenomena [J]. Angewandte Chemie International Edition, 2014, 53(38): 10169-10173.

[22]　Lu Y, Lu Y, Niu Z, et al. Graphene-based nanomaterials for sodium-ion batteries [J]. Advanced Energy Materials, 2018, 8(17): 1702469.

[23]　Zhang K, Park M, Zhang J, et al. Cobalt phosphide nanoparticles embedded in nitrogen-doped carbon nanosheets: promising anode material with high rate capability and long cycle life for sodium-ion batteries[J]. Nano Research, 2017, 10(12): 4337-4350.

[24]　Zeng L, Luo F, Xia X, et al. An Sn doped 1T-2H MoS_2 few-layer structure embedded in N/P co-doped bio-carbon for high performance sodium-ion batteries [J]. Chemical Communications, 2019, 55(25): 3614-3617.

[25]　Li X, Li K, Zhu S, et al. Fiber-in-tube design of Co_9S_8-carbon/Co_9S_8: enabling efficient sodium storage[J]. Angewandte Chemie International Edition, 2019, 58 (19): 6239-6243.

[26]　Hanson L, Zhao W, Lou H Y, et al. Vertical nanopillars for in situ probing of nuclear mechanics in adherent cells[J]. Nature Nanotechnology, 2015, 10(6): 554-562.

[27]　Cao T, Lv W, Zhang S W, et al. A reduced graphene oxide/disodium terephthalate hybrid as a high-performance anode for sodium-ion batteries[J]. Chemistry-A European Journal, 2017, 23(65): 16586-16592.

[28]　Liu T, Leskes M, Yu W, et al. Cycling $Li-O_2$ batteries via LiOH formation and decomposition[J]. Science, 2015, 350(6260): 530-533.

[29]　Wei S, Wang C, Chen S, et al. Dial the mechanism switch of VN from conversion to intercalation toward long cycling sodium-ion battery[J]. Advanced Energy Materials, 2020, 10(12): 1903712.

[30]　Wang A, Hu X, Tang H, et al. Processable and moldable sodium-metal anodes[J]. Angewandte Chemie, 2017, 129(39): 12083-12088.

[31]　Niu C, Pan H, Xu W, et al. Self-smoothing anode for achieving high-energy lithium metal batteries under realistic conditions [J]. Nature Nanotechnology, 2019, 14(6): 594-601.

[32]　Hu X, Li Z, Chen J. Flexible $Li-CO_2$ batteries with liquid-free electrolyte[J]. Angewandte Chemie, 2017, 129(21), 5879-5883.

[33]　Xie D, Zhang M, Wu Y, et al. A flexible dual-ion battery based on sodium-ion quasi-solid-state electrolyte with long cycling life [J]. Advanced Functional Materials, 2020, 30(5): 1906770.

[34]　Contestabile M, Offer G J, Slade R, et al. Battery electric vehicles, hydrogen fuel cells and biofuels. Which will be the winner? [J]. Energy & Environmental

Science，2011，4(10)：3754－3772.

[35] Li Y，Wang J，Li X，et al. Superior energy capacity of graphene nanosheets for a nonaqueous lithium-oxygen battery[J]. Chemical Communications，2011，47(33)：9438－9440.

[36] Sun B，Wang B，Su D，et al. Graphene nanosheets as cathode catalysts for lithium-air batteries with an enhanced electrochemical performance[J]. Carbon，2012，50(2)：727－733.

[37] Liu W，Sun Q，Yang Y，et al. An enhanced electrochemical performance of a sodium-air battery with graphene nanosheets as air electrode catalysts[J]. Chemical Communications，2013，49(19)：1951－1953.

[38] Das S K，Xu S，Archer L. A. Carbon dioxide assist for non-aqueous sodium-oxygen batteries[J]. Electrochemistry Communications，2013，27：59－62.

[39] Gao S，Lin Y，Sun X，et al. Partially oxidized atomic cobalt layers for carbon dioxide electroreduction to liquid fuel[J]. Nature，2016，529(7584)：68－71.

[40] Hu X，Sun J，Li Z，et al. Rechargeable room-temperature $Na－CO_2$ batteries[J]. Angewandte Chemie International Edition，2016，55(22)：6482－6486.

[41] Zhang S W，Cao T，Zhang J，et al. High-performance graphene/disodium terephthalate electrodes with ether electrolyte for exceptional cooperative sodiation/desodiation[J]. Nano Energy，2020，77：105203.

[42] Ding F，Zhao Y，Mi L，et al. Removal of gas-phase elemental mercury in flue gas by inorganic chemically promoted natural mineral sorbents[J]. Industrial & Engineering Chemistry Research，2012，51(7)：3039－3047.

[43] Hu X，Li Z，Zhao Y，et al. Quasi-solid state rechargeable $Na－CO_2$ batteries with reduced graphene oxide Na anodes[J]. Science Advances，2017，3(2)：e1602396.

[44] Zhou L，Cao Z，Zhang J，et al. Engineering sodium-ion solvation structure to stabilize sodium anodes：universal strategy for fast-charging and safer sodium-ion batteries[J]. Nano Letters，2020，20(5)：3247－3254.

[45] Xue L，Li Y，Gao H，et al. Low-cost high-energy potassium cathode[J]. Journal of the American Chemical Society，2017，139(6)，2164－2167.

[46] Oshima T，Kajita M，Okuno A. Development of sodium-sulfur batteries[J]. International Journal of Applied Ceramic Technology，2002，1(3)：269－276.

[47] Park C W，Ahn J H，Ryu H S，et al. Room-temperature solid-state sodium/sulfur battery[J]. Electrochemical and Solid-State Letters，2006，9(3)：A123.

[48] Park C W，Ryu H S，Kim K W，et al. Discharge properties of all-solid sodium-sulfur battery using poly（ethylene oxide）electrolyte[J]. Journal of Power Sources，2007，165(1)：450－454.

[49] Li Y，Yang Y，Lu Y，et al. Ultralow-concentration electrolyte for Na-ion batteries[J]. ACS Energy Letters，2020，5(4)：1156－1158.

[50] Wang J，Yang J，Nuli Y，et al. Room temperature Na/S batteries with sulfur composite cathode materials[J]. Electrochemistry Communications，2007，9(1)：

31 – 34.

[51] Song J，Wang K，Zheng J，et al. Controlling surface phase transition and chemical reactivity of o₃-layered metal oxide cathodes for high-performance Na-ion batteries[J]. ACS Energy Letters，2020，5(6)：1718 – 1725.

[52] Ghosh A，Shukla S，Monisha M，et al. Sulfur copolymer：a new cathode structure for room-temperature sodium-sulfur batteries[J]. ACS Energy Letters，2017，2 (10)：2478 – 2485.

第 7 章

石墨烯在锂金属负极
中的应用

7.1　锂金属负极概述

7.1.1　应用前景

目前主流的商用锂离子电池负极采用石墨作为负极材料,但是石墨负极理论比容量较低,仅有 372 mA·h/g,与目前正在研究的高能量密度的电池体系如锂硫电池、锂-氧电池并不匹配。锂金属负极自 1962 年开始被研究以来,一直是一种很有前途的负极材料,因为它具有高达 3870 mA·h/g 的质量比容量与最低的对锂电位(0 V vs. Li/Li$^+$)。而在锂硫电池或锂空气电池这些系统中,锂金属负极能够提供正极材料中缺乏的锂离子来源。基于以上两个原因,锂金属负极的研发变得十分有意义。

7.1.2　发展与挑战

锂金属负极在实际应用中也存在很多问题。锂金属在电池循环过程中会在电极表面形成不均匀的沉积,即被人们熟知的锂枝晶。锂枝晶的不断生长会刺破隔膜,最终会导致电池短路失效。在能量密度较大的电池中,短路还会有大量热量的释放,从而引起电池起火爆炸,产生安全问题。同时,其高活性的表面在循环过程中会与电解液发生不可逆的化学反应,对电解液与活性锂金属产生不断的消耗。因此锂金属负极的复杂问题需要对其在电池的不同行为上进行全面考虑。

锂金属负极的实际使用主要存在以下两个挑战。第一,非均匀离子沉积导致在循环过程中不可控的锂枝晶生长。枝晶生长不仅会导致隔膜的破坏与电池的短路,也会在锂从电极上脱除的过程中引起这部分锂金属与电极失去电接触,产生大量的"死锂",造成活性物质的损失及电池性能的下降。第二,高活性的锂金属表面会与电解液发生不可逆的化学/电化学反应,形成不稳定的固体电解质界面(SEI)膜,消耗电解液与活性锂金属,造成库仑效率和电池循环寿命的下降。这两个问题在电化学反应过程中也会产生相互作用。锂金属与有机电解质的反应会在锂金属电极表面形成一层 SEI 膜,但该 SEI 膜具有不均匀的成分和缺陷,导致锂离子分布与锂形核的不均匀,这进一步导致 SEI 膜更多的裂纹或断裂,而锂离子则趋于在这些裂纹和尖端的位置进行沉积,加快枝晶的生长。锂枝晶的断裂和反复生长导致 SEI 膜的连续破坏与再形成,这将进一步恶化电池的电化学性能。

由于存在以上的各种问题,锂金属负极在二次电池中的应用一直受到了限制。20 世纪 70 年代,作为第一款锂金属基的二次电池 Li‑TiS₂ 已被投入生产,但很快就因为电池循环寿命较低和安全性差的问题而退出市场。随后锂离子电池概念的提出与 90 年代锂离子电池的大规模商业应用进一步让锂金属负极失去竞争力。但随着电子器件的发展和电动车的兴起,石墨基的锂离子电池已无法满足市场对于电池的能量密度越来越高的要求,锂金属负极由于其高比容量的特点再次受到了高度关注。如图 7‑1 所示,在过去十年里,锂金属负极的研究受到了人们的广泛关注。

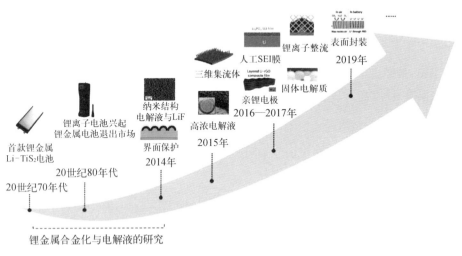

图 7‑1 锂金属负极的研究发展历程

对于锂枝晶生长的问题,目前广泛使用 Sand's 时间模型来描述锂枝晶的生长行为。该模型主要基于离子在锂金属与电解液的界面离子传输行为,推导出

离子在界面上的均匀性,并以此直观地反映不同因素对枝晶生长的影响:

$$\tau = \pi D \frac{e^2 C_0^2 (\mu_a + \mu_{Li^+})^2}{4(J \mu_a)^2}$$

式中,τ 是离子浓度在负电极附近降到零的时间,即枝晶开始生长的时间,也是经常被使用的 Sand's 时间;D 为锂离子扩散系数;e 为电子电荷;C_0 为锂盐的初始浓度;μ_a 和 μ_{Li^+} 分别为阴离子与锂离子的迁移率;J 为有效的电极电流密度。

   基于该模型,研究人员最早提出了构建三维骨架结构来降低锂金属沉积的电流密度,延缓枝晶的生长。而通过增加电解液中锂盐的浓度或是使用高锂离子迁移数的隔膜也可以直接地改变 Sand's 时间。同时,使用固体电解质和凝胶聚合物电解质来代替液体电解质也被证明是一种有效抑制锂枝晶生长和改善电池安全性的策略。

   对于锂金属负极与电解液界面不稳定的问题,研究人员也提出了很多优化的思路与方案。例如,在电解液中加入适当的添加剂,包括 CS⁺、Li₂S₅、Li₂S₈、离子液体等,从而在锂金属表面形成稳定的 SEI 或钝化层,保证电极与电解液界面在循环过程中的稳定。在锂金属表面进行修饰,预先形成稳定的界面保护层也可以保证在电池中的稳定循环工作。而利用 Si、Ge、Al₂O₃ 等对固体电解质进行表面改性也有助于锂表面形成连续的亲锂层,明显降低固体界面的电阻。同时,针对锂金属在水氧环境中表面不稳定的问题,研究人员也提出表面封装层的策略来实现锂金属隔水阻氧且在电池中保护电极界面的功能。

   在以上诸多解决锂金属负极问题的方案中,材料的选择十分关键。石墨烯在 2014 年被首次应用于锂金属负极的研究之后,有很多后续的研究报道。石墨烯作为一种具有独特性质的二维碳材料具有很多优势:(1)高弹性、高强度的石墨烯可以用来在锂金属表面构建一个保护层,保障锂离子传输的情况下避免了不稳定的 SEI 膜在锂金属表面形成,保证电极界面的稳定性;(2)石墨烯具有高导电性与大比表面积,因而可以用于构建多孔的导电三维网络,在锂金属沉积的过程中降低局部沉积电流密度,并且精确设计的骨架结构还可以为锂金属的体积变化提供缓冲空间,保障了电极整体的稳定性;(3)石墨烯的表面还可以进行修饰,如掺杂或功能化,改变其表面性质,增加碳与锂离子的相互作用,提高碳表面与锂金属的亲和性,均匀化沉积的过程。

本文以下部分将对石墨烯在锂金属负极中的应用研究进展进行讨论,分析石墨烯在锂金属负极的研究中突出的优点以及扮演的角色。

7.2 石墨烯基锂金属负极支架

7.2.1 大表面积的石墨烯骨架

基于 Sand's 时间的模型可以看出,影响锂枝晶生长的一个重要因素是电流密度。石墨烯具有很大的比表面积、可控的微观结构和良好的导电性,作为锂金属的沉积骨架能够有效地降低局部电流密度,从而产生更为均匀的电场,避免锂金属的不均匀沉积。同时,设计构建良好的石墨烯三维骨架也可以为锂金属在充放电过程中的体积变化提供缓冲的空间。

通过将单片层的石墨烯涂布到电极表面制备得到电极,这可以印证石墨烯高比表面与良好导电性在锂金属负极中的应用优势。研究者制备得到的石墨烯涂层结构具有非常大的比表面积($1666\ m^2/g$),为锂金属的沉积提供了一个稳定的锂金属支架。由于局部电流密度的降低,这种结构抑制了锂枝晶的生长,并得到了良好的电化学性能。根据石墨烯电极与铜电极表面积的不同,使用了相同的单位面积电流对两种电极进行电化学测试。从结果可以看出两者的性能与锂金属沉积的形貌都比较相近,从而也证明了石墨烯大比表面积可以作为锂金属负极沉积的界面。但对于整个电极而言,石墨烯大比表面积的特点就会在锂金属沉积过程中产生重要的影响。

实际上,锂金属负极与碳基或硅基负极相比,一个很大的优势就在于锂金属是一种含锂的负极材料。这一特点保障了其作为负极具有更高的质量比容量,并且能够与不含锂的高容量正极材料进行匹配。而石墨烯不仅仅可以作为锂金属沉积的骨架,也可以与锂金属复合制备形成含锂的电极。利用氧化石墨烯可以被锂金属还原的特点,通过将二维氧化石墨烯膜与加热熔融的锂金属接触,将氧化石墨烯膜迅速还原,同时,液态的锂金属可以通过毛细作用被吸入石墨烯膜的片层之中。在经过冷却之后,石墨烯与锂金属的复合电极即可制备得到,如图7-2所示。复合后的石墨烯/锂金属负极可以直接使用到电池中,并表现出良好的电化学性能:在3 mA/cm²电流密度下充放电,过电位仅仅约为80 mV,而正常的锂金属则有约200 mV的过电位。同时,在锂金属沉积与脱除的过程中,整体电极的体积变化只有20%左右,相比于锂金属负极的无限体积变化而言也有很大的降低,对于SEI、电极整体、电池的机械稳定性形成良好的保护。在与$LiCoO_2$作为正极进行全电池组装后,电池的极化、循环稳定性与倍率性能都得到了一定程度的改善。

图7-2 氧化还原石墨烯骨架与锂金属复合后的电极

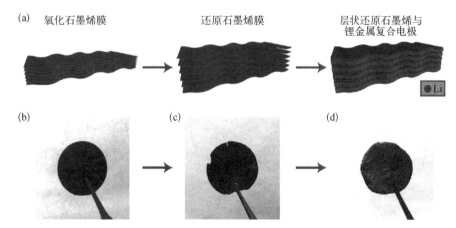

(a)氧化石墨烯膜　　　　还原石墨烯膜　　　　层状还原石墨烯与锂金属复合电极

(a)层状还原石墨烯与锂金属复合电极制备过程示意图;(b)~(d)制备过程各阶段的氧化石墨烯膜、还原氧化石墨烯膜与制备得到的复合电极的照片

除了利用石墨烯的二维结构外,通过对其他材料的表面改性,如在碳纤维表面通过化学气相沉积法生长一层硅纳米层,或是在聚丙烯亚胺纤维表面通过原子层沉积的方法制备一层纳米 ZnO 涂层,都可以将材料表面从与锂金属不亲和的表面变为"亲锂"的表面。这样的表面改性也可以使其在与熔融锂金属接触时将锂吸入其骨架结构中。但是作为一种独特的碳材料,石墨烯其易于组装的特点让氧化还原石墨烯锂金属负极的制备变得十分简易。质量轻的特点也保证了复合锂金属负极在实际使用时保持了其高质量比容量的特点,如在上述的报道

中,氧化还原石墨烯在整个电极中的质量占比仅仅只有7%,复合电极的质量比容量也可以达到3390 mA·h/g。

氧化石墨烯作为一种可以分散在水中的二维材料实际上可以通过简易的方式构建大面积的二维结构或宏观的三维结构,这样的宏观结构就可以直接作为电极使用。通过简单的抽滤方法可以制备氧化石墨烯膜,并利用压力将氧化石墨烯膜与锂金属进行复合。由于锂金属与氧化石墨烯膜的相互作用,可以实现锂金属负极100次稳定的充放电循环。

相似地,利用水热法,可以将氧化石墨烯组装形成三维的石墨烯宏观体。该宏观体是一个自支撑的结构,可以直接用作锂金属负极支架。在水热过程中还原的石墨烯具有良好的导电性,同时构建的石墨烯具有较大的比表面积与良好的机械性能,从而降低了局部的比表面电流密度,抑制了枝晶生长。而其丰富的孔隙也提供一个更大的空间来减少"死锂"的形成。而这种柔性结构可以缓冲沉积/脱除过程中锂金属的体积变化。利用该石墨烯的三维结构,在沉积锂金属之后70 h依然未观察到锂枝晶导致的短路现象,而在 $0.5 \, mA·h/cm^2$ 的电流密度下,Cu箔上沉积的锂金属就刺破了隔膜,导致了电池的短路现象发生。同时,该结构还实现了100个循环后97%以上的库仑效率的保持率,放电过程中的极化减少到30 mV。在锂硫全电池中,该电极也实现了2000次的可逆循环。

在上述例子中,石墨烯作为单一组分构建了容纳锂金属的三维支架,但实际上石墨烯也可以与其他纳米材料进行复合来优化其性质。例如利用三维泡沫镍作为基底,在精确调控化学气相沉积条件的情况下,可以制备出三维石墨烯泡沫骨架,在石墨烯骨架的壁上长有通过共价键连接的石墨微管束。共价连接的石墨烯与石墨微管作为稳定的锂金属负极,具有很高的面积比容量和对锂的利用率。所述微管的外径为 $1 \, \mu m$,由碳-碳键连接成一体式支架,其质量密度为 $(108 \pm 1.1) \, mg/cm^3$,比表面积为 $252 \, m^2/g$。共价互连的多孔石墨结构提供了一个坚固的导电框架,在锂金属沉积/溶解过程中可逆的电极厚度变化仅为9%,导电的结构也促进充放电过程中的电荷转移。石墨烯/石墨微管支架的适度比表面积保证了比锂金属负极更低的实际电流密度,同时也具有比纳米结构负载的锂金属负极更少的 SEI 的锂消耗,这导致枝晶生长的抑制和对锂利用率的提高。负载锂金属的石墨烯/石墨微管负极在充放电过程中的电流密度为10 mA/cm²,充放电量为 10 mA·h/cm²时,锂利用率高达91%,库仑效率为97%,并能保持达 3000 h 的长寿命循环。在与硫正极进行匹配组装成全电池后,在 12 C 的充放电倍率下工作,可以实现860 mA·h/g的比容量。

在铜箔上同样可以实现无缝石墨烯/碳纳米管的电极结构。通过化学气相沉积在铜箔上先生长一层石墨烯,并在石墨烯上沉积一层纳米铁催化剂,再用化学气相沉积的方法在石墨烯上生长碳纳米管阵列。这种复合纳米结构能够可逆地存储锂金属,并抑制枝晶形成,其结构与作用如图 7-3 所示。石墨烯/碳纳米管结构作为一种低密度材料(0.05 mg/cm³),可以将大量的锂金属均匀地分布在石墨烯/碳纳米管结构上,从而抑制了锂金属充放电过程中的枝晶形成。石墨烯/碳纳米管结构的低质量使电极整体的容量(3351 mA·h/g)接近锂金属的理论容量(3861 mA·h/g)。为了验证该电极的可行性,通过将锂金属负载的石墨烯/碳纳米管电极与具有高硫含量的碳硫复合正极相匹配,进一步组装了全电池。该电池的工作电压为 2.15 V,具有高能量密度(752 W·h/kg)和良好的循环性(在 500 次循环后容量保持在 80%)。

图7-3 石墨烯/碳纳米管复合结构作为锂金属负极的三维支架

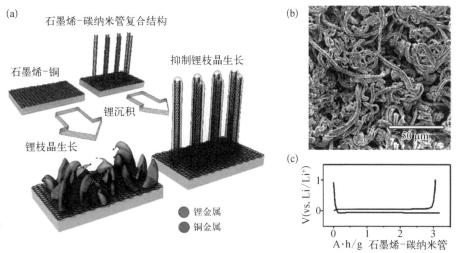

(a)作用示意图;(b)扫描电镜照片;(c)电化学行为

除了与碳管结构的复合,石墨烯也可以和其他材料进行复合。石墨烯与超大比表面积多孔碳沥青复合可以制备得到大比表面积的导电结构。其中使用的多孔碳沥青是一种天然存在的高碳材料。为了改善多孔碳沥青的导电性,将其与石墨烯纳米带混合,并且通过电化学沉积工艺将该复合材料与锂金属进行复合。通过扫描电子显微镜分析证实了此过程并无锂枝晶的形成,在 500 次循环下也达到了优异的循环稳定性。在电流密度高达 20 mA/cm² 时,依然具有良好的性能,说明了材料在高功率密度的快速充放电装置中的应用前景。此外,与碳硫复合正极相结合组装成的全电池能够正常工作,这表明了其实际应用的潜力,特别是对于当前需要的超快充电的电池体系。

石墨烯作为锂金属的支架用于抑制锂枝晶生长,并且缓解了锂金属在充放电过程中的体积变化导致的电极变形,但锂金属作为负极材料,正如前文中提到的,还会和电解液发生不可逆的电化学反应,形成不均匀、不可控的 SEI,这会对其电化学性能产生不利影响,造成电池性能的下降。比如在锂硫电池中,多硫化物会在锂金属表面发生还原反应,形成不均匀的 Li_2S/Li_2S_2,从而导致锂硫电池性能的恶化。因而,在石墨烯与锂金属复合作为电极时,也可以通过其他手段来优化 SEI 的组分与形貌。如使用 LiTFSI - LiFSI 双锂盐的电解液体系,可以在石墨烯支架表面形成具有高 LiF 含量的 SEI 膜,而 LiF 被证明可以提高锂离子在锂金属表面的扩散,同时 SEI 膜也更加均匀,从而实现更均匀的锂金属沉积与良好的电极表面保护。库仑效率作为电池中重要的电化学可逆性的参数可以用于间接说明 SEI 对电极的保护作用,而报道的库仑效率也从单一 LiTFSI 锂盐体系的 65%～85%,提升至了双盐体系的约 93%。或者在锂硫电池体系中,在电解液中加入少量的添加剂 $LiNO_3$,可以在三维石墨烯泡沫上预先制备一层 SEI。多硫化物、锂盐与 $LiNO_3$ 在锂金属表面还原会形成富含 LiF、Li_2S_x、Li_2SO_x 的 SEI,而该组分的 SEI 可以将电极的库仑效率提高 5%,说明有更适合锂金属负极的 SEI 的形成。

总之,石墨烯及其衍生物的独特性质使它们有望成为锂金属负极骨架的主要材料,以实现无枝晶的锂金属沉积。以下因素被认为是其主要优势。首先,它们的大表面积为锂金属提供了更多的沉积位点。更重要的是,组装的三维框架具有层状结构或多孔形式,有效地缓冲了锂金属沉积/溶解过程中的体积变化。其次,石墨烯功能基团提高了锂离子亲合性,降低了电极极化。最后,其良好的强度、导电性和化学稳定性有助于提高电极的稳定性和电化学性能。

7.2.2　改性石墨烯对锂金属沉积性能的影响

　　石墨烯在锂金属负极方面具有广阔的应用前景,而石墨烯和氧化石墨烯巨大的表面还可以进行化学改性,可以进一步提升其性能,从而更好地满足其在锂金属负极中的应用需求。关于石墨烯的功能化已经有了广泛的研究,既有侧重功能化修饰方法(物理修饰、化学修饰),也有侧重功能化产品的性能与应用。改性的方法主要分为非共价键结合改性、共价键结合改性和元素掺杂改性三类,而对于锂金属负极的应用,可以对石墨烯进行不同类型改性来实现电化学性能的优化。

　　在实际中使用的石墨烯不是一种完美的晶体,其平面上存在很多的缺陷,如平面上碳原子的缺失,碳五元、六元环的存在、石墨烯边缘与晶界等,而这些缺陷是锂金属优先沉积的位点。通过利用缺陷石墨烯构建的负极结构,可以诱导锂金属在缺陷位置优先沉积,从而保证锂金属在电池内部进行沉积,实现锂金属的可控沉积。在电池中,石墨烯三维结构内部的锂金属既能有效利用石墨烯骨架作为其载体,缓解充放电过程中的体积变化带来的应力,同时也能利用石墨烯片层阻碍锂金属与电解液的不可逆反应。

　　锂金属的形核过程对其后来的枝晶生长形貌有很大的影响。而锂金属形核过程在电池中与电流密度密切相关。因此通过引入高表面积的石墨烯结构,可以减小局部电流密度,从而影响锂金属的形核过程。另外,通过对材料表面进行修饰可以将材料表面从与锂不亲和的特点变为具有"亲锂"的特性。这样的特点可以用于控制锂金属形核的过程。基于这方面的考虑,可以通过制备氮掺杂石墨烯基体,以增加锂成核位置的密度,从而产生无枝晶的锂金属沉积。实验和计算表明,吡啶和吡咯氮原子亲锂性的官能团能产生均匀的锂成核和沉积。实际上硝基化的多层石墨烯也可以作为锂金属的成核位点。硝化的石墨烯是通过简单的水热剥离工艺从低成本膨胀石墨获得的，这是一种适合大规模生产的环境友好的工艺。硝化的石墨烯均匀地分布在非导电聚合物中，并涂布到铜箔表面。初始锂成核和生长受限于铜衬底上的岛型石墨烯籽晶层，而随后的锂生长是在籽晶层的边缘横向进行。最终，锂金属填充了铜衬底上岛型硝化的石墨烯之间的间隙，从而提高了均匀锂生长的表面稳定性。硝化的石墨烯涂布在铜表面后的锂金属负极在 2 mA/cm² 的电流密度下，具有平滑的电压分布和超过 100 次充放电循环的稳定性能。

从上述研究中可以看出，石墨烯不但可以作为一个三维的支架来容纳锂金属的沉积，也可以通过缺陷、掺杂或增加官能团来对锂金属的沉积过程进行精确调控，从而在增加表面积的基础上，通过表面化学的控制，实现更均匀的锂金属的沉积。

7.2.3 石墨烯支架对锂金属的机械性能的影响

锂离子基电池除了在电动汽车领域具有良好的应用前景外，在电子设备中也有很多应用的需求。目前，越来越多的电子设备正在向着轻薄化、柔性化和可穿戴的方向发展，例如三星和 LG 等公司都推出了曲面屏手机，并且正在计划研制可折叠、可弯曲的新一代产品。目前发展柔性电子技术最大的挑战之一就是与之相适应的轻薄且柔性的电化学储能器件。传统的锂离子电池、超级电容器等产品是刚性的，在弯曲、折叠时容易造成电极材料和集流体分离，影响电化学性能，甚至导致短路，引起严重的安全问题。因此为了适应下一代柔性电子设备的发展，柔性储能器件成为近几年的研究热点。

在可弯曲电池中使用锂金属负极是特别具有挑战性的，因为其在充电/放电过程中倾向于生长枝晶，而枝晶生长导致锂金属负极在沉积/溶解过程中发生明显的体积变化，阻碍了锂金属和电解液之间形成稳定的 SEI，导致循环库仑效率下降，寿命大大缩短。而且严重的枝晶生长甚至会穿透隔膜，使电池短路，造成灾难性的、危险性的故障。这些枝晶相关问题在锂金属弯曲时变得更加严重，因为锂金属是一种非常柔软的金属，在弯曲时容易发生塑性变形，从而在金属表面留下皱褶和裂纹,形成了促进枝晶局部生长的成核位点。充电时,这些成核位点周围的电场强于电极的其余部分,导致局部锂离子浓度增高并加速了锂沉积,在这些位点上生长枝晶。同时,弯曲将再次产生新的折痕/裂纹,并加速新的枝晶生长。因此,与枝晶锂生长相关的所有问题都在弯曲的锂金属负极上加剧,弯曲变形对锂金属与石墨烯锂复合电极的影响如图7-4所示。实际上,即使不考虑制备柔性电池,这些问题在锂金属负极应用到动力电池中也存在。在电池的组装过程中,锂箔在使用时也会经受弯曲、拉伸等。在装配过程中的机械加工,装入电池中时的卷绕或切断,都会使锂金属产生机械形变。上述机械形变导致的锂金属负极性能恶化的问题在动力电池中就会出现,因此锂金属的机械性能也需要进行考虑。

图7-4 弯曲变形对锂金属与石墨烯/锂复合电极的影响

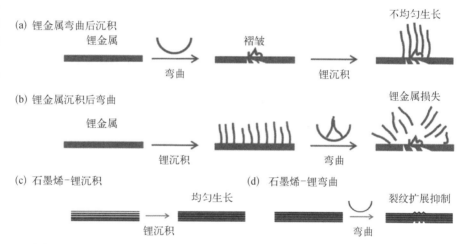

(a)锂金属与(c)石墨烯/锂复合电极在弯曲后进行锂金属沉积的过程示意图;(b)锂金属与(d)石墨烯/锂复合电极在沉积后进行弯曲变形的过程示意图

研究表明,负载锂金属石墨烯基支架可以大大提高其弯曲耐受性。锂金属在氧化还原石墨烯片层之间进行均匀分布,石墨烯作为导电通路保证了负极中电子传输的连续性。而在弯曲过程中可以作为阻碍锂金属裂纹扩展的屏障,这显著地减少了弯曲时表面皱褶的形成,从而防止了图7-4所示的局部枝晶生长问题。另外,使用高表面积、导电的石墨烯支架也降低了有效电流密度,防止了在弯曲或电池操作的所有阶段的锂枝晶生长。使用常规的锂金属制备的对称电池在充放电开始阶段即表现出较大的极化,并在 200 h 循环后短路。相比之下,负载锂金属的石墨烯基支架组装的电池具有更小的初始极化,并保持稳定的性能超过 1000 h。弯曲的负载锂金属的石墨烯基支架负极的电化学性能也能在 700 h 内保持稳定。

除了能够改善锂金属负极的机械性能,石墨烯也可以在其他金属基负极的机械性能优化中得到应用。如在钠金属负极中的电化学研究中,三电极系统是表征工作电极电化学行为的标准工具。对于锂电池的研究,锂金属经常被用作参比电极和对电极。在锂金属负极不稳定的情况下,可以使用具有稳定氧化还原电位的含锂化合物,如锂化石墨作为参比电极。而对钠离子体系的电池而言,这个问题就变得较为复杂。因为目前没有具有和锂离子电池同等库仑效率的电极材料来保证稳定的钠离子电化学反应,而钠金属本身比锂金属具有更高的反应活性,在有机电解液中更容易形成枝晶。更重要的是,锂金属可以轧制成箔或线材,其厚度或直径可降至微米量级,钠金属则由于其低金属结合能而难以被加工成型。钠会在压力作用下黏附到自身或其他材料上,导致金属电极的堆叠或卷曲。同时钠金属一般存储在矿物油中,容易导致变形,也使得其形状和厚度的控制变得十分困难。因此,迫切需要开发一种能将参比电极标准化的金属钠负极。钠金属与石墨烯复合可以制备得到一种可加工和可模压的复合钠金属负极。氧化石墨烯膜是通过氧化石墨烯水溶液的真空抽滤和随后 50℃下干燥 12 h 制备得到。在与 400℃ 的熔融 Na 接触时,熔化的钠金属被吸收到氧化还原石墨烯片材之间的空间,该过程类似于熔融的锂吸收到氧化还原石墨烯中的过程。复合负极厚度约为前驱体的 20 倍,石墨烯/钠金属负极可以通过将前驱体氧化石墨烯膜切割成所需形状而制成三角形、矩形、五角星形、六边形或其他形状。也可以通过组装形成各种形状,例如一维纤维、二维薄膜和三维块体。该电极表面的黏性要低于钠金属,并可在钠金属五倍以上的断裂应力下滚动。复合负极在各种气体气氛和电解质中更稳定。石墨烯-钠金属负极中钠金属的质量比约为 95.5%,其有效容量为 1055 mA·h/g,表明复合材料中氧化还原石墨烯的添加并未导致牺牲大量的容量。电化学性能方面,复合负极的循环效率在醚类电解液与酯类电解液中均有更优异的性能,说明枝晶形成得到了抑制。

7.3 石墨烯基中间功能层

7.3.1 锂金属负极界面保护

锂金属负极表面形成的 SEI 可以防止锂金属在随后的循环中与电解液发生进一步反应,但锂金属的不稳定沉积容易破坏负极表面的 SEI 膜,导致不均匀的锂金属沉积,形成枝晶并不断消耗电解液。同时,枝晶的生长进一步增加了 SEI 膜的表面张力,从而促进枝晶生长。因此,稳定的 SEI 层对于抑制枝晶生长是非常重要的。

无定形碳可以用作人工隔层,在碳表面形成稳定的 SEI,而不增加电池中的电荷转移阻抗。在锂金属表面制备一层相互连接的非晶空心碳纳米球层,在碳层表面可形成稳定的 SEI 膜,并确保锂离子在该碳层下均匀沉积。图 7-5 为空心碳球层在铜集流体上制备流程的示意图,以及其半电池中的锂沉积过程。其中,中空碳球层覆盖的铜作为工作电极,锂金属作为对电极。纳米碳球的表面有利于形成稳定的 SEI。且该碳层与集流体之间较弱的结合能够实现锂金属在碳层和集流体之间的沉积,其杨氏模量高达 200 GPa,也足以抑制锂枝晶生长。另外,通过在铜集流体上直接生长超薄石墨烯可作为一种更有前途的集流体,石墨烯作为锂金属负极的表面保护层时的性能如图 7-6 所示。锂离子可以通过石墨

图 7-5 空心碳球层作为锂金属负极的表面保护层

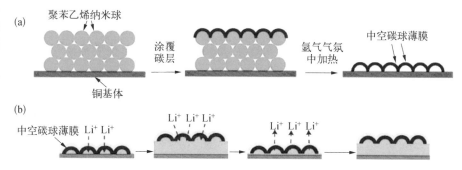

（a）空心碳球层在铜集流体上制备流程的示意图;（b）空心碳球层在其半电池中的锂沉积过程

烯片层上的点缺陷和线缺陷,使锂沉积在石墨烯和铜集流体之间。SEI 的形成首先发生在石墨烯基面上,因为它的形成电位高于锂金属的沉积电位。柔性石墨烯不仅有助于增强 SEI 稳定性,而且可实现电极表面均匀的电荷分布。除此之外,在铜集流体表面生长超薄氮化硼二维晶体也可起到类似作用。该集流体在 $1\ mA/cm^2$ 电流密度下沉积/脱出 $1\ mA \cdot h/cm^2$ 锂,循环 50 圈后库仑效率仍保持在 $95\% \sim 97\%$。

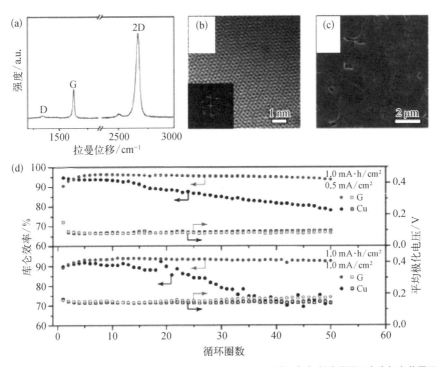

图 7-6 石墨烯作为锂金属负极的表面保护层时的性能

(a) 石墨烯膜的拉曼光谱;(b) 双层石墨烯的 HR-TEM 图像;(c) 锂金属沉积在生长有薄层石墨烯的铜集流体上的 SEM 图;(d) 生长薄层石墨烯的铜集流体在锂金属半电池中的循环稳定性

将三维集流体与 SEI 稳定层相结合,用镍泡沫作为石墨烯生长的三维骨架用于存储锂金属,同时用石墨烯作为人工保护层稳定 SEI。镍基衬底的高表面积可降低有效电极电流密度,由于结构和界面的协同作用,该石墨烯/镍复合材料作为工作电极在醚类电解质中,以电流密度 $0.25\ mA/cm^2$, $0.5\ mA/cm^2$ 和 $1\ mA/cm^2$ 循环 100 圈后,库仑效率分别为 96%、98% 和 92%。更重要的是,稳定的 SEI 扮演着多重角色,特别是在锂硫电池中。研究者在锂金属表面压入石墨膜,作为人工 SEI。石墨层可有效地稳定 SEI 膜,避免锂金属表面与多硫化物之间发生副反应,有效防止枝晶的产生,提高锂硫电池的电化学性能。

利用人工 SEI 保护层与电解液添加剂的协同作用也可抑制锂枝晶生长。Kim 等将多层石墨烯作为人工保护层,直接涂覆于锂金属表面,并在电解液中加入 Cs^+ 离子,实现均匀的锂金属沉积。Cs^+ 离子不仅通过扩大石墨烯层的间距,促进锂离子的扩散,而且通过与锂离子间形成的静电斥力防止锂在尖端处沉积,从而抑制锂枝晶生长。由此可知,这些石墨烯基 SEI 的形成可实现锂离子的均匀分布和锂金属的稳定沉积,提高锂金属负极的循环稳定性。

上述例子表明,在锂金属负极表面覆盖碳层,SEI 的强度和耐久性得到一定程度的改善,避免了锂金属的不均匀沉积。但在高电流密度下,这种碳层阻碍了锂离子的快速扩散,导致电极表面出现较大的极化和不均匀的锂离子分布。因此,调节电极表面的离子分布对于实现均匀的锂沉积也很重要。

7.3.2 离子浓度调节层

基于 Sand's 时间模型,锂枝晶生长的原因主要是锂离子在电极和电解质界面的不均匀分布。锂离子在电极表面的浓度变化比电解液中锂离子的传输速率快,从而导致浓差极化。因此,另一种抑制锂枝晶生长的策略是调整锂离子分布。最近,有研究表明聚苯胺包覆超顺排碳纳米管可作为锂金属表面的离子浓度调节复合膜。柔性聚苯胺/碳纳米管薄膜具有良好的导电性和多孔结构,提供了丰富的电子转移路径和离子扩散通道。另外,它还起着缓冲层的作用,通过吸附作用储存锂离子。在放电过程中电极表面的聚苯胺/碳纳米管纳米多孔薄膜可及时提供锂离子,降低浓差极化,保证了锂离子的均匀沉积,防止锂枝晶的形成。

为了避免赝电容对电池性能的影响,研究者直接将超顺排碳纳米管作为锂金属负极表面的离子浓度调节层。在静电引力的作用下,锂离子可以暂时储存于碳纳米管膜中,并及时调节锂金属表面的锂离子分布,实现锂金属的均匀沉积。因此,即使在高电流密度下,锂枝晶生长也能被有效地抑制。在锂硫电池中,除了调节锂离子分布,多孔碳层可以防止多硫化物穿梭到锂金属负极表面,延缓多硫化物对锂金属负极的刻蚀。许多碳基中间层,如多孔石墨烯改性隔膜和介孔石墨/聚丙烯膜作为负极和隔膜间的中间层,也可阻碍多硫化物的扩散,并防止锂金属与多硫化物不断发生反应,使得锂硫电池的循环性能大大改善。研究表明,用聚丙烯吡咯烷酮为黏结剂,将多孔石墨烯膜涂覆在聚丙烯隔膜上作为复合隔膜,多孔石墨烯膜不仅有利于吸附多硫化物,提高活性物质的利用率,也利于电解液中锂离子的传输。当硫正极活性物质负载量为 2 mg/cm^2 时,在 0.5 C 倍率下可循环 150 圈,当硫正极活性物质负载量为 7.8 mg/cm^2 时,0.1 C 倍率下首次放电容量可达 1135 mA·h/g。

通过在隔膜上涂布石墨烯材料,也有助于调节锂离子分布。例如,将硫、氮掺杂的石墨烯纳米片涂覆在隔膜上,硫、氮元素的掺杂有利于加强和锂离子的相互作用,使锂离子分布均匀。将掺杂石墨烯纳米片涂布的隔膜用于 LiNi$_{0.8}$Co$_{0.15}$Al$_{0.05}$O$_2$ 电池中,电池的循环稳定性和倍率性能均得到改善,经过 100 圈循环后库仑效率仍高达 99.8%,循环 240 次后容量保持率为 85%。另外,将磺酸基修饰的石墨烯涂覆在隔膜上,电负性较强的磺酸基团可吸引电解液中的锂离子,有利于锂离子的均匀分布。更重要的是该涂层使锂枝晶的生长朝向锂金属负极,从而防止枝晶破坏隔膜,提高锂金属电池的安全性。将该复合隔膜用于锂-磷酸铁锂全电池中,以 1mA/cm^2 电流密度在 LiPF$_6$/EC/EMC、LiClO$_4$/EC/PC、LiTFSI/DOL/DME 三种电解液体系中都表现出较好的循环稳定性,可稳定循环 1000 圈,且每圈的容量衰减率分别为 0.289%、0.529%、0.187%。

综上所述,加入多孔碳层或杂原子掺杂的石墨烯中间层是控制离子分布、抑制枝晶生长的有效策略。该中间层具有一定的孔隙率,为锂离子提供了传输的空间,且较高的机械强度可在循环过程中保持结构的完整性。因此,通过优化离子浓度调节层的厚度、多孔结构/大小和机械强度对提高锂金属负极稳定性有一定效果。但在高电流密度和高含锂量下仍难以保持均匀沉积,因此需要配合使用三维储锂基体,降低电极的有效电流密度,从而有助于实现高倍率下的锂负极均匀沉积。

7.4 金属锂负极表面封装

作为一种碱金属，金属锂负极具有很高的活性表面，易与环境中的水和氧气等反应，放出大量热量，造成金属锂负极使用过程中的安全隐患。这一问题结合先前提出的锂枝晶与 SEI 不稳定的缺陷，极大制约了锂金属负极的实用化进程。

在金属锂表面直接构筑稳定的保护层是解决上述问题的有效途径。例如，在金属锂表面原位反应生成（如磷酸锂、固体电解质膜或氮化锂等）或直接物理覆盖一层保护层（如聚丙烯酸或氮化硼等）可以显著提升金属锂与电解质间的界面稳定性，改善其电化学性能。但是上述方法也存在一些问题：（1）以稳定无机组分为主的保护层柔性较差，在循环过程中由于锂的体积变化会导致脱落和破坏；（2）为平衡保护层的致密性和锂离子传输，需要复杂精细的制备过程；（3）多硫化锂仍能部分穿过上述涂层与金属锂进行反应，而且大多数情况下无法保证锂在环境中的稳定性，不利于规模化使用和操作。

笔者课题组首先借鉴电子封装中防水防潮的涂层技术，实现了金属锂在环境和电池中的稳定性。由于环境中的水和空气会对电子器件造成腐蚀和氧化，常用的电子封装材料（如聚酰亚胺或石蜡等）都具有良好的隔水阻氧性能，而且大多数也都具有良好的化学稳定性、成膜性和柔性。通过将石蜡与 PEO 进行复合涂布，在金属锂表面构建了一层隔水阻氧且锂离子均匀导通的封装界面层，实现了金属锂在相对湿度高达 70% 的空气环境中保持 24 h 的稳定，甚至在与水接触后也没有明显反应发生或表面形貌结构的变化。同时，均匀的锂离子通道有效抑制了锂枝晶的生长，提高了金属锂电极的电化学性能。

石墨烯作为纳米二维材料具有表面疏水的性质，因而同样可以用于构建表面封装层。将氧化石墨烯抽滤一段时间，可以形成上层是三维网络，底层是密实片层的结构。还原之后在三维网络一侧填入熔化的金属锂，就能得到三维网络复合金属锂，表面有石墨烯片层保护的电极。该电极在相对湿度高达 70% 的空气中放置 48 h 也能保持电极表面的稳定。在与水接触时，也没有明显的反应发生。石墨烯同样能够有效地实现金属锂表面封装层的设计。

综上所述,设计制备一种金属锂负极表面封装层,将有机封装材料与锂离子导体复合构建隔水阻氧且离子通透的致密表面涂层,能够有效地提高金属锂负极的环境稳定性和电化学稳定性。石墨烯作为一种疏水纳米材料,能够"自下而上"地在金属锂表面构筑封装层,同时,通过调控石墨烯的排列方式与层间距,能够为锂离子提供传输通道,从而实现隔水阻氧且抑制枝晶界面封装层的作用。

7.5 应用前景展望

石墨烯作为一种新型的二维碳材料具有诸多良好的性质,如高强度、良好的导电性、较大的比表面积、易于表面改性等。这些良好的性质使其在锂金属负极的应用研究中起到了十分重要的作用。从本章的前文内容中可以看出,石墨烯在锂金属负极中的主要作用有:(1)石墨烯材料可以用于构建具有高导电性、高比表面、高孔隙率的三维宏观结构,从而降低了在锂金属沉积过程中的局部电流密度,缓解了锂金属充放电过程中体积变化产生的应力,循环过程中利用了与电极脱落的"死锂",有效抑制了锂金属负极在沉积过程中的枝晶生长,降低了充放电过程的电化学极化,提高了电池的循环稳定性;(2)基于氧化石墨烯的组装手段,可以制备得到具有规则排列结构的石墨烯二维薄膜,并利用毛细作用力实现与熔融锂金属的复合,为锂金属基复合电极提供了一种有效的制备手段;(3)通过对石墨烯进行表面改性,可以增强锂金属或锂离子与石墨烯骨架的相互作用,调控锂金属在石墨烯基体中的形核与生长过程,从更为微观的尺寸上实现锂金属沉积位置的控制,为锂金属均匀沉积提供了有效的实现方法,也为锂金属沉积行为的研究提供了一种良好的手段;(4)利用石墨烯良好的机械性能特点,与锂(钠)金属复合后得到可加工、可弯曲、厚度可控的金属电极,解决了锂(钠)金属负极无法满足在实际生产过程中对材料机械性能的要求的具体问题,进一步推进了锂金属负极的研究与发展;(5)石墨烯本身具有疏水的表面特性,使其能够用于制备金属锂表面封装层,实现金属锂在水氧环境中的稳定性,同时保证锂离子在片层之间的有效传输。

在未来的锂金属负极的应用研究中,仍存在诸多的挑战,而石墨烯将依然扮演重要的角色。锂金属负极在充放电过程中巨大的体积变化在电池中产生较大的应力,这在很大程度上限制了其实际应用的可能性,而石墨烯作为一种可以组装成三维宏观体的二维材料,可以根据锂金属负极的实际使用需要进行三维结构的精确调控,在保证为电极体积变化提供充分的缓冲空间的同时,最大限度地降低三维电极中无法被锂金属沉积利用的空隙,从而兼顾电极的机械性能稳定性与体积的致密性,良好平衡电极的质量比容量、电化学性能与体积比容量。这在未来的锂金属应用,尤其在移动电子设备与电动车方面的应用具有十分重要的意义。同时,表面易于调控的性质也为石墨烯材料在锂金属的未来研究中提供更多的可能性。不同的表面状态可以对锂金属的沉积行为、不同的沉积阶段和沉积环境产生不同的影响,而在这方面的研究目前还未有系统深入的研究报道。另外,作为一种二维材料,石墨烯也可以被用于改善固体电解质与锂金属电极的界面接触问题,在固体电解质抑制锂金属负极枝晶生长,保障电池安全的同时,石墨烯保证界面的良好接触,实现电极电化学性能的充分发挥。总而言之,石墨烯作为一种独特的碳纳米材料具有很多的应用可能性,在未来的锂金属负极研究与应用中前景广阔。

参考文献

[1] Zhang R,Cheng X B,Zhao C Z,et al. Conductive nanostructured scaffolds render low local current density to inhibit lithium dendrite growth[J]. Advanced Materials,2016,28(11):2155 - 2162.

[2] Lin D C,Liu Y Y,Liang Z,et al. Layered reduced graphene oxide with nanoscale interlayer gaps as a stable host for lithium metal anodes[J]. Nature Nanotechnology,2016,11(7):626.

[3] Liang Z,Lin D C,Zhao J,et al. Composite lithium metal anode by melt infusion of lithium into a 3D conducting scaffold with lithiophilic coating[J]. Proceedings of the National Academy of Sciences of the United States of America,2016,113

(11): 2862 - 2867.

[4] Li W, Yao H, Yan K, et al. Lithium-coated polymeric matrix as a minimum volume-change and dendrite-free lithium metal anode [J]. Nature Communications, 2016, 7: 10992.

[5] Zhang Y J, Xia X H, Wang D H, et al. Integrated reduced graphene oxide multilayer/Li composite anode for rechargeable lithium metal batteries[J]. RSC Advances, 2016, 6(14): 11657 - 11664.

[6] Cheng X B, Peng H J, Hua J Q, et al. Dual-phase lithium metal anode containing a polysulfide-induced solid electrolyte interphase and nanostructured graphene framework for lithium-sulfur batteries[J]. ACS Nano, 2015, 9(6): 6373 - 6382.

[7] Raji A O, Villegas Salvatierra R, Kim N D, et al. Lithium batteries with nearly maximum metal storage[J]. ACS Nano, 2017, 11(6): 6362 - 6369.

[8] Wang T, Villegas Salvatierra R, Almaz S J, et al. Ultrafast charging high capacity asphalt-lithium metal batteries[J]. ACS Nano, 2017, 11(11): 10761 -10767.

[9] Zhang R, Chen X R, Chen X, et al. Lithiophilic sites in doped graphene guide uniform lithium nucleation for dendrite-free lithium metal anodes[J]. Angewandte Chemie International Edition, 2017, 56(27): 7764 - 7768.

[10] Mukherjee R, Thomas A V, Datta D, et al. Defect-induced plating of lithium metal within porous graphene networks [J]. Nature Communications, 2014, 5: 3710.

[11] Kang H K, Woo S G, Kim J H, et al. Few-layer graphene island seeding for dendrite-free Li metal electrodes[J]. ACS Applied Materials & Interfaces, 2016, 8 (40): 26895 - 26901.

[12] Wang A, Tang S, Kong D, et al. Bending-tolerant anodes for lithium-metal batteries[J]. Advanced Materials, 2018, 30(1): 1703891.

[13] Wang A, Hu X, Tang H, et al. Processable and moldable sodium-metal anodes[J]. Angewandte Chemie-International Edition, 2017, 129(39): 12083 - 12088.

[14] Zheng G Y, Lee S W, Liang Z, et al. Interconnected hollow carbon nanospheres for stable lithium metal anodes [J]. Nature Nanotechnology, 2014, 9 (8): 618 - 623.

[15] Yan K, Lee H W, Gao T, et al. Ultrathin two-dimensional atomic crystals as stable interfacial layer for improvement of lithium metal anode[J]. Nano Letters, 2014, 14(10): 6016 - 6022.

[16] Ye H, Xin S, Yin Y X, et al. Stable Li plating/stripping electrochemistry realized by a hybrid Li reservoir in spherical carbon granules with 3D conducting skeletons [J]. Journal of the American Chemical Society, 2017, 139(16): 5916 - 5922.

[17] Shin W K, Kannan A G, Kim D W. Effective suppression of dendritic lithium growth using an ultrathin coating of nitrogen and sulfur codoped graphene nanosheets on polymer separator for lithium metal batteries[J]. ACS Applied Materials & Interfaces, 2015, 7(42): 23700 - 23707.

[18] Zhang Y J，Xia X H，Wang X L，et al. Graphene oxide modified metallic lithium electrode and its electrochemical performances in lithium-sulfur full batteries and symmetric lithium-metal coin cells［J］. RSC Advances，6（70）：66161–66168.

第 8 章

石墨烯在其他储能
器件中的应用

8.1 概述

随着社会的不断发展,人们对于储能器件的要求也越来越多、越来越高,除了前面章节介绍的超级电容器、锂离子电池、锂硫电池、锂空气电池、钠离子电池等新型储能器件外,传统的铅酸蓄电池依然在市场上具有强劲的活力和不可替代性,而其他越来越多的电化学储能器件也被不断开发出来以满足不同领域的要求,诸如混合电容器、双离子电池、锌离子电池等,其中同时采用阴阳离子共同参与能量储能的电化学储能技术——混合储能技术是近年来发展起来的一种新型电化学储能技术,典型的代表为混合电容器和双离子电池。混合电容器由于兼具高能量密度、高功率密度和长循环寿命的特点受到广泛关注,双离子电池则因具有非常高的工作电压(>5 V)和低的成本而备受青睐。

本书中,混合储能技术主要指在同一电化学储能装置中,同时采用阴阳离子进行储能的技术,如锂离子电容器、钠离子电容器、钾离子电容器、双离子电池等。在混合电容器中,发生的电化学反应往往既包含体相的法拉第反应过程,又包括表面的非法拉第反应过程,因而同时赋予其较高的能量密度、较高的功率密度和较长的循环寿命,有望在混合动力汽车、手持电动工具、瞬时补偿装置、能源回收系统等领域得到应用。然而,相较于缓慢的离子体相嵌入/脱嵌而言,表面的离子吸附/脱附往往具有更快的动力学过程,便导致了正负极电化学动力学的不匹配,使混合储能器件的功率密度有所损失。此外,离子进行体相的嵌入/脱嵌过程中,电极材料往往会发生一定的体积变化,进而影响混合储能器件的循环寿命。而且,相较于体相嵌入/脱嵌的法拉第过程,表面离子吸附/脱附的电化学过程往往导致较低的电化学比容量,进而影响混合储能器件整体的能量密度。此外,由于电极(特别是负极)表面在首次充放电时往往会同电解液发生不可逆的反应,生成固体电解质膜,造成相应金属离子的不可逆损失,因而在组装全器件过程往往需要预嵌,增加了工艺的复杂性。在双离子电池中,尽管采用阴离子插层的正极具有非常高的工作电位,且成本较低,但是其较低的比容量、较差的动力学过程和较大的体积变化依然是阻碍其发展的瓶颈。

由于其独特的物理化学特性,石墨烯已经在锂离子电池、超级电容器、锂硫电池和锂空气电池等领域展现出广泛的应用前景,而最新的研究结果表明,石墨烯在解决混合离子储能器件存在的上述问题,提升混合离子储能器件电化学性能方面也展现出了巨大的潜力并已经获得了令人激动的结果。本章将简要介绍混合电容器、双离子电池、铅酸蓄电池的发展历程及储能机理,并对石墨烯在其中的应用进行系统总结。

8.2　混合电容器

8.2.1　锂离子电容器

1. 概述

锂离子电容器属于混合电容器(也叫杂化电容器),是一种性能介于锂离子电池和超级电容器之间的电化学储能装置,其一极采用嵌入/脱嵌的锂离子电池型电极材料,另外一极采用具有较大比表面积的双电层电容器(electric double-layer capacitors,EDLCs)型电极材料,或者其中一极或两极均采用两者的混合型电极材料,其储能机制既包括锂离子在电极材料体相中发生的可逆嵌入/脱嵌反应,又包括电解液离子在电极材料表面的可逆吸/脱附过程。因此,锂离子电容器集锂离子电池与超级电容器的优势于一体,既具有相对锂离子电池更高的功率密度和更长的循环寿命,又具有相对于超级电容器更高的能量密度(图8-1)。正是由于锂离子电容器巧妙地将具有较高能量密度的锂离子电池和具有较高功率密度,以及良好循环寿命的超级电容器有效结合起来,从而其有望改善目前锂离子电池和超级电容器越来越无法满足人们需求的现状,进而在电动汽车、混合动力汽车、军事和航空航天等高能量大功率型电子产品领域得到广泛应用。

锂离子电容器的发展历程如图8-2所示。1987年,Yata等首次发现锂离子

图 8-1 不同电化
学储能体系的
Ragone 图

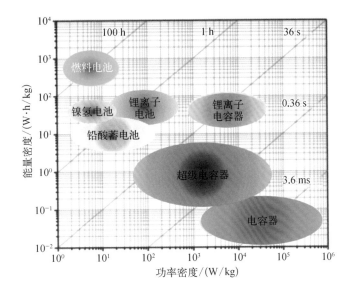

图 8-2 锂离子电
容器的发展历程

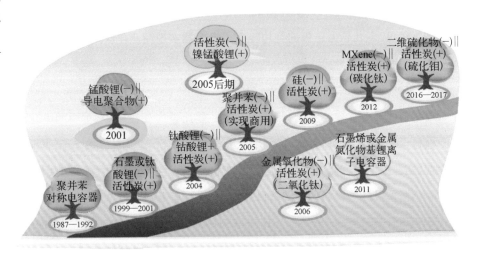

可以在 1 mol/L LiClO₄溶于环丁砜/丁内酯的电解液中实现对聚并苯半导体的
插层。1989 年,以聚并苯半导体为正负极活性物质的纽扣电容器由日本 Kanebo
公司的 Yata 实现了商用化,其工作电压为 2.5 V,能量密度是双电层电容器的
2～3 倍。1992 年,负极预锂化策略首次应用到聚并苯基超级电容器中,并成功
将电压窗口拓宽至 3.3 V。基于上述研究,Morimoto 于 1999 年首次在锂离子有
机电解液中将石墨负极同活性炭正极匹配组装了锂离子电容器,最大工作电压
可达 4.2 V。2001 年,Amatucci 等首次提出了另一种基于纳米钛酸锂负极和活

性炭正极的锂离子电容器,该锂离子电容器的工作电压可达 2.8 V,能量密度高达 20 W·h/kg。此外,该课题组还首次报道了以锰酸锂为负极和导电聚合物为正极的锂离子电容器。2004 年,Amatucci 等首次引入锂离子电池正极材料,组装了以钛酸锂为负极、钴酸锂/活性炭复合材料为正极的锂离子电容器。之后 Naoi 等通过高速离心技术将钛酸锂与碳纳米纤维复合并用于锂离子电容器负极,显著提升了锂离子电容器的大倍率充放电能力。2005 年,以活性炭为负极、镍锰酸锂为正极的锂离子电容器被开发出来。2006 年,金属氧化物(TiO_2)被应用于锂离子电容器负极中。之后,包括新型碳材料(石墨烯、碳纳米管等)、硅、金属氧化物、金属硫化物、金属氮化物以及新型二维材料 MXene 等均被应用于锂离子电容器来进一步提升其电化学性能。

"锂离子电容器"的概念是由 Ando 于 2005 年在日本第 46 届电池研讨会上基于预锂化聚并苯半导体负极提出的。同年,日本富士重工采用预锂化聚并苯半导体为负极、多孔碳为正极的叠片锂离子电容器实现商业化应用。

2. 正极

碳材料因具有优异的力学、热学和电学性能而被广泛应用,是重要的电化学储能材料。活性炭由于具有比表面积大、孔隙结构丰富、结构稳定性好和成本低等优点,是锂离子电容器应用最为广泛的正极材料。除活性炭之外,常被用作锂离子电容器正极的碳材料还有碳纳米纤维、碳纳米管和碳气凝胶等,而随着石墨烯的发现和对其研究的不断深入,其优异的特性促使越来越多的研究人员开始将石墨烯引入锂离子电容器正极当中。

2008 年,Ruoff 课题组率先将石墨烯运用于超级电容器电极材料中。2011 年,该课题组利用微波剥离和 KOH 活化的方法获得了具有超大比表面积($3100~m^2/g$)和丰富孔隙结构的活化石墨烯材料(a-MEGO)(图 8-3),该材料在有机电解液和离子液体电解液中表现出非常优异的电化学性能。2012 年,Ruoff 团队又率先将上述活化石墨烯材料应用于锂离子电容器正极,分别以石墨和钛酸锂材料为负极匹配组装了锂离子电容器全器件。以该多孔石墨烯为正极、石墨为负极的锂离子电容器在 2~4 V 的电压区间,可获得基于器件 53.2 W·h/kg 的能量密度。同年，韩国的 Choi 教授课题组认为活性炭正极的比容量较低，限制了锂离子电容器的能量密度，因而将功能化石墨烯取代活性炭应用于锂离子电容器正极当中，并分别比较了尿素还原得到的还原氧化石墨烯、水合肼还原得到的还原氧化石墨烯和活性炭作为锂离子电容器正极材料时的电化学性能，发现尿素还原得到的还原氧化石墨烯材料表面的氨基官能团能与锂离子进行可逆反应，从而提升其比容量，相对于活性炭材料其能量密度可提升 37%（图 8-4）。

图 8-3 活化石墨烯的制备、表征及其用于锂离子电容器的电化学性能图

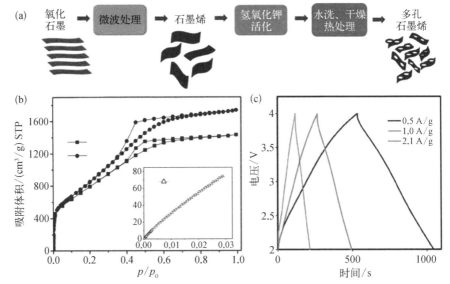

（a）活化石墨烯制备流程；（b）活化石墨烯吸脱附等温线；（c）a-MEGO/石墨锂离子电容器全电池充放电曲线

图 8-4 功能化石墨烯/预嵌锂石墨锂离子电容器结构和性能图

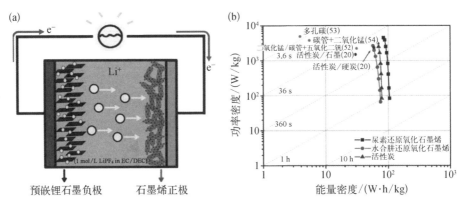

（a）功能化石墨烯//预嵌锂石墨锂离子电容器组装示意图；（b）锂离子电容器 Ragone 图

Madhavi 及其合作者采用三甘醇还原的氧化石墨烯（TrGO）材料作为锂离子电容器正极材料。在 3～4.6 V（vs. Li/Li⁺）电位区间内初始可逆容量可达 58 mA·h/g，即使在循环 1000 圈之后容量仍能保持 44 mA·h/g，为初始容量的 76%，远高于活性炭材料的比容量（相同测试条件下为 30～35 mA·h/g）。将上述 TrGO 材料作为正极，商用 LTO 材料作为负极，溶解有 1 mol/L LiPF₆ 的碳酸乙烯酯/碳酸二乙酯（EC/DEC）作为电解液，当正负极质量配比为 2.93：1 时，在 1～3 V 电位区间内，该锂离子电容器具有高达 45 W·h/kg 的能量密度和最高 3.3 kW/kg 的功率密度，同时具有良好的循环稳定性，经过 5000 圈循环后容量保持率接近 100%。

将石墨在含有浓硫酸、高锰酸钾、硝酸钠等强氧化性试剂的体系中处理之后可得到表面具有丰富含氧官能团的氧化石墨，并赋予氧化石墨一定的亲水性，因而可以获得能够稳定存在的氧化石墨水溶胶。后续再通过低温负压剥离、超声剥离成氧化石墨烯之后再还原等方法，即可得到 rGO。由于采用还原方式的不同，氧化石墨烯的还原程度会有所区别，从而导致一些含氧官能团在石墨烯表面残留且残留程度也有所区别。在氧化石墨制备的过程中，还会不可避免地给石墨烯片层引入缺陷，并在后续还原过程中得到保留，从而为石墨烯材料赋予更多的活性位点。Jang 和 Zhamu 等分别以化学还原氧化石墨烯、石油沥青基人造石墨、由氧化碳纤维和氧化炭黑得到的石墨烯及活性炭为正极，以表面负载锂粉颗粒的单层石墨烯为负极，在 1 mol/L LiPF₆ 的有机电解液中组装了锂离子电容器（图 8-5）。在 1.5～4.5 V 的电位区间内，采用化学还原氧化石墨烯为正极的锂离子电容器表现出了非常优异的电化学性能，器件的能量密度和功率密度分别可达 160 W·h/kg 和 100 kW/kg，能量密度高出传统双电层电容器（5 W·h/kg）30 倍，功率密度是传统超级电容器（10 kW/kg）的 10 倍和锂离子电池（1 kW/kg）的 100 倍。该锂离子电容器优异的电化学性能归功于石墨烯片层表面的含氧官能团和缺陷，丰富的含氧官能团和缺陷为锂离子的捕获提供了更多的可逆容量，使器件具有更高的能量密度；而石墨烯与电解液大的接触表面使锂离子在石墨烯片层表面实现可逆的快速捕获和释放，从而避免了动力学较慢的锂离子嵌入和脱嵌的过程，使器件具有更高的功率密度。

图8-5 锂离子电容器结构和电化学性能图

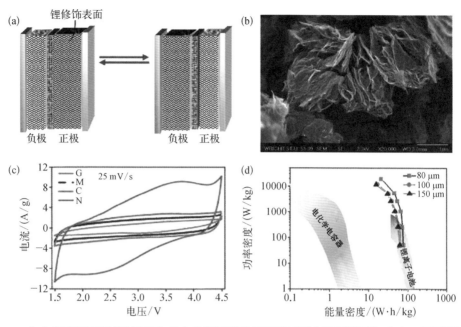

（a）锂离子电容器结构示意图；（b）化学还原氧化石墨烯的扫描电子显微镜图像；（c）不同组装锂离子电容器在25 mV/s扫速下的循环伏安曲线；（d）锂离子电容器的 Ragone 图

正负电极材料的容量匹配和电解液电压窗口的充分利用是获得高性能超级电容器的关键，传统方法主要是通过调控正负极活性物质的质量配比来解决这一问题，但此方法却无法充分发挥电极材料的性能。考虑到该问题的本质是对电极电位窗口的调控，中国科学院金属研究所李峰团队提出一种电化学电荷注入法，直接对正负极的工作电位区间进行优化调控，这种方法可以充分发挥电极材料和电解液的性能，从而实现超级电容器能量密度的最大化。在保持正负极活性物质质量配比为 1∶1 的情况下，仅通过电化学电荷注入法，分别将石墨烯正负极的初始电位调控至 1.16 V(vs. Li/Li$^+$)，就可以将获得的锂离子电容器的能量密度提升将近 10 倍(图 8-6)。但该团队发现，由于酯类的电解液比较稳定的电化学窗口为 1.5～4.5 V(vs. Li/Li$^+$)，其在 0.8 V(vs. Li/Li$^+$)以下会发生还原分解，在电极表面形成一层稳定的 SEI 膜从而将电极材料与电解液隔离开来，以阻止后续工作中电解液的进一步分解。而对于正极，则不会形成类似的 SEI 膜，电解液会在正极表面发生持续的氧化分解，导致器件循环性能的衰减。而通过电化学电荷预注入的方法虽然可以有效提升锂离子电容器的能量密度，

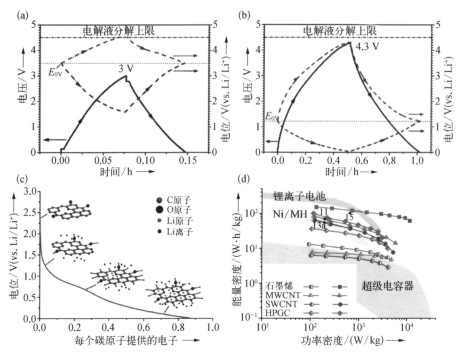

图 8-6 基于电化学电荷预注入方法锂离子电容器的电化学性能图

（a）正负极活性物同为石墨烯的锂离子电容器在电化学电荷注入前 0.35 A/g 电流密度下的充放电曲线；（b）正负极活性物同为石墨烯的锂离子电容器在电化学电荷注入后 0.35 A/g 电流密度下的充放电曲线；（c）不同电位下锂离子与石墨烯表面的相互作用；（d）电化学电荷注入前后锂离子电容器的 Ragone 图

但是该方法将正极电位拉低至 1.16 V（vs. Li/Li⁺），尚未达到形成 SEI 膜所需的 0.8 V（vs. Li/Li⁺），因此，电解液会在正极表面发生持续的分解，导致获得的锂离子电容器的循环稳定性不高。基于上述发现，该团队又进一步提出引入二氟草酸硼酸锂（LiODFB）作为电解液添加剂在正极表面构筑一层类似于 SEI 膜的策略。具体过程为，在放电过程中，二氟草酸硼酸锂在 1.7 V（vs. Li/Li⁺）左右发生还原分解，分解产物会在石墨烯正极表面形成一层均匀稳定的聚合物膜，该聚合物膜具有良好的锂离子传输能力和电子阻碍能力，从而避免了电解液在后续充放电中继续从正极得到电子发生还原分解，在不影响能量密度和功率密度的前提下，显著提升了锂离子电容器的循环稳定性。

石墨烯尽管具有高达 2675 m²/g 的理论比表面积，但是在实际应用中，石墨烯片层的堆叠往往会大幅降低其比表面积，从而显著影响石墨烯大比表面积特性的发挥,而将二维的片层状石墨烯组装为三维的宏观体是行之有效的方法。杨全红团队将氧化石墨烯分散液在 180℃ 条件下水热 6 h 得到三维石墨烯水凝胶,后经过冷冻干燥处理得到三维多孔石墨烯宏观体(PGM),该材料具有大的比表面积(373 $m^2 \cdot g^{-1}$)和丰富发达的孔隙结构,从而使其具有较高的比容量和不俗的离子电子传输能力。将该三维石墨烯宏观体作为正极,钛酸锂/碳($Li_4Ti_5O_{12}$/C)复合材料作为负极组装锂离子电容器,当正负极活性物质配比为 2 : 1 时,在 1~3 V 电压区间内,所得锂离子电容器在 650 W/kg 的功率密度下具有 72 W·h/kg 的能量密度,即使当功率密度高达 8.3 kW/kg 时,仍能获得 40 W·h/kg 的能量密度,显示出良好的快速充放电能力[图 8 - 7(a)(b)]。此外,该锂离子电容器还具有不错的循环稳定性,在 10 A/g 电流密度下循环1000 圈之后,容量保持率为 65%。新加坡南洋理工大学范洪金团队以类似方法得到的三维石墨烯凝胶(3DG)作为正极、二氧化钛纳米带阵列(TiO₂ NBA)为负极组装得到的锂离子电容器在 0.0~3.8 V 的电压区间内,在 570 W/kg 的功率密度下可获得 82 W·h/kg 的能量密度,即使当功率密度高达 19 kW/kg

图 8 - 7 三维石墨烯宏观体作正极锂离子电容器结构示意图和电化学性能图

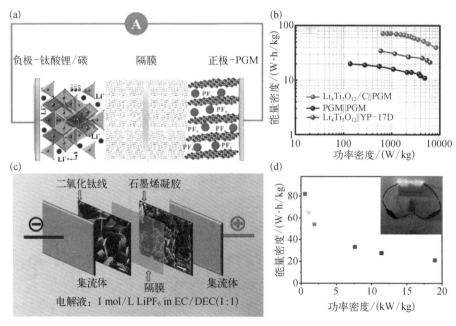

(a)(b) $Li_4Ti_5O_{12}$/C‖PGM 锂离子电容器的结构示意图(a)和 Ragone 图(b);(c)(d) TiO₂ NBA/3D G 锂离子电容器的结构示意图(c)和 Ragone 图(d)

时，能量密度仍能保持 21 W·h/kg，此时该锂离子电容器一个充放电周期只需要 8.4 s，表现出优异的电化学性能和良好的应用前景［图 8-7(c)(d)］。

　　减少石墨烯片层堆叠的另一有效途径是制备得到高度褶皱的石墨烯(CG)材料。美国西北大学黄嘉兴团队发明了一种喷雾法制备高度褶皱的石墨烯纸团，有效地减少了石墨烯片层的堆叠，而该石墨烯纸团材料也在超级电容器、硅负极、锂负极和润滑等领域得到了很好的应用。基于上述思路，韩国科技大学的 Son 教授团队通过采用不同的刻蚀/还原氧化石墨烯包裹的三氧化二铁颗粒材料的方法，可以得到部分刻蚀的褶皱石墨烯包裹钉状三氧化二铁颗粒(CG@SF)和完全刻蚀的褶皱石墨烯材料，将这两种材料分别作为锂离子电容器的负极和正极，组装得到的锂离子电容器最高能量密度可达 121 W·h/kg，在 18.0 kW/kg 的功率密度下仍能获得 60.1 W·h/kg 的能量密度，在 1 A/g 电流密度下循环 2000 圈之后，容量保持率仍高达 87%，表明其具有不错的电化学性能和循环稳定性(图 8-8)。

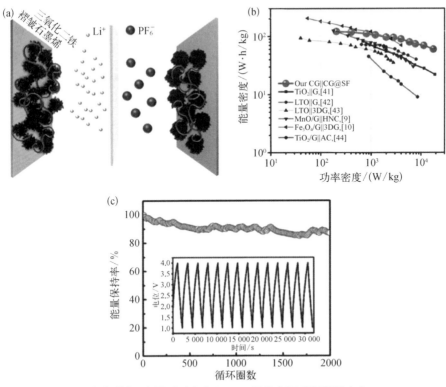

图 8-8　CG@SF ‖ CG 锂离子电容器结构示意图和电化学性能图

（a）结构示意图；（b）（c）Ragone 图（b）和长循环性能（c）

对石墨烯基材料进行表面改性或者将石墨烯同其他材料进行复合是获得高性能石墨烯基电极材料的有效途径。加拿大滑铁卢大学的 Yu 等利用水热法获得三维石墨烯包裹聚苯胺纳米管的泡沫材料,经过后续的高温碳化和活化处理,获得了一种表面具有氮和氧修饰的三维石墨烯基泡沫材料。将上述材料作为正极,三维石墨烯包裹有三氧化钼(MoO_3)纳米带的泡沫材料为负极,两者进行匹配组装的锂离子电容器(3D MoO_3/GNS ‖ 3D PANI/GNS),在 0.0~3.8 V 电压区间内,可以获得高达 128.3 W·h/kg 的能量密度(功率密度为 182.2 W/kg),即使在 13.5 kW/kg 的功率密度下,仍能保持 44.1 W·h/kg 的能量密度。能获得如此优异的电化学性能,一方面归功于正极材料中聚苯胺纳米管的引入增加了电极/电解液的接触面积和电活性位点,缩短了离子的传输路径,同时三维石墨烯结构又为电子提供了良好的导通网络,保证了较好的倍率性能;另一方面归功于负极材料本身具有较高的倍率性能,在对负极材料进行电化学动力学分析之后,发现负极发生的电化学反应具有赝电容反应的特性,从而使锂离子电容器具有较好的倍率特性。

美国莱斯大学的 Tour 教授和天津大学的赵乃勤教授合作发明了一种以 AlO_x 纳米簇包覆于结晶 Fe_3O_4 纳米颗粒表面的 Fe_3O_4/AlO_x 纳米颗粒为双功能催化剂,利用化学气相沉积的方法获得了一种石墨烯-碳纳米管(GCNT)毯状结构复合材料,该复合材料可以实现碳纳米管与石墨烯的紧密无缝连接,从而显著提升材料的导电特性,而垂直于石墨烯片生长的碳纳米管也赋予复合材料非常优异的离子传输能力。将该石墨烯-碳纳米管毯状材料分别作为自支撑正负极组装锂离子电容器,在 0.01~4.3 V 的电压区间内,该锂离子电容器能量密度最高可达约 120 W·h/kg,即使当功率密度高达约 20.5 kW/kg 时,仍能保持 29 W·h/kg 的能量密度,并且表现出优异的循环稳定性(图 8-9)。

考虑到石墨烯成本较高等因素,许多科研工作者将目光投向基于生物质前驱体的碳材料。通过一定方法将该生物质基碳前驱体与石墨烯进行复合,然后再采用化学活化等方法获得大比表面积的复合碳材料,并将其应用于锂离子电容器正极。南开大学陈永胜团队采用简单的两步法获得了一系列价格较低的生

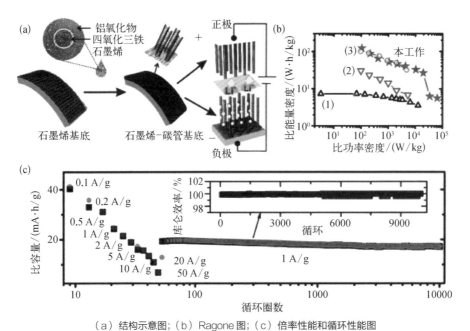

图 8-9　GCNT‖GCNT 锂离子电容器结构示意图和电化学性能图

（a）结构示意图；（b）Ragone 图；（c）倍率性能和循环性能图

物质碳/石墨烯复合碳材料。首先将不同生物质或聚合物前驱体（如苯酚＋甲醛、聚乙烯醇、蔗糖、纤维素和木质素）加入氧化石墨烯分散液当中，通过水热碳化获得三维石墨烯基复合材料，后续经过化学活化，得到三维多孔的石墨烯基材料。采用不同的前驱体、不同的加入比例和不同的活化剂比例可得到具有不同结构的复合材料，比表面积和电导率最高分别可达 3523 m^2/g 和 303 S/m。将其应用于双电层电容器，表现出优异的电化学性能。随后，该团队分别将获得的三维多孔石墨烯基材料与石墨烯基负极材料（闪光灯还原的氧化石墨烯、钛酸锂/石墨烯复合材料、四氧化三铁/石墨烯复合材料）匹配组装成锂离子电容器，且均表现出良好的电化学性能。

　　此外，新加坡南洋理工大学 Lee 等将苯酚、乙二胺和甲醛加入氧化石墨烯分散液，搅拌均匀后在 180℃ 条件下水热 12 h 得到石墨烯基复合材料水凝胶，后续再通过清洗、干燥、碳化、活化等步骤最终获得氮原子掺杂的石墨烯基碳质材料，将其与锰酸锌/石墨烯复合纳米片负极匹配组装成锂离子电容器，该锂离子电容器 1.0～4.0 V 的电压区间内，最高可以获得 202.8 W·h/kg 的能量密度（此时功率密度为 180 W/kg），即使当功率密度高达 21 kW/kg 时，能量密度仍能保持

98 W·h/kg，在 5 A/g 的电流密度下循环 3000 圈之后，容量保持率为 77.8%，而库仑效率则维持在 99%～100%，表明该锂离子电容器具有非常优异的电化学性能。作者给出了该锂离子电容器具有如此优异电化学性能的原因：首先，负极材料中石墨烯的引入为离子和电子向锰酸锌纳米片的快速传输提供了快捷的通道；其次，石墨烯片层可以有效固定锰酸锌纳米片，从而显著降低锰酸锌纳米片在充放电过程中的团聚粉化现象，保证了充足的锂离子反应位点；最后，具有大比表面积的氮掺杂碳正极材料有利于 PF_6^- 的吸/脱附和锂离子可逆赝电容容量的发挥，进而提升正极的比容量和倍率性能，从而保证锂离子电容器的优异电化学性能。

电化学储能器件的体积性能与质量性能具有同等重要的地位。特别对于诸如电动汽车、便携式移动设备等只能为电化学储能器件提供有限空间的应用而言，电化学储能器件的体积性能则显得尤为重要。尽管目前对于高体积性能锂离子电池和超级电容器的研究已经取得了不错的进展，但是对于高体积性能锂离子混合电容器的研究则相对少得多。为进一步提升锂离子混合电容器的竞争优势，发展高体积性能锂离子混合电容器是必然趋势。鉴于此，杨全红团队提出了正负极厚度匹配的原则来构建高体积性能的锂离子电容器，即通过提升正极的体积比容量来降低在锂离子电容器全器件组装过程中正极的厚度，缩小正负极的厚度差，降低正极在整个器件中的体积占比，进而提升整体器件的体积性能。该团队将传统商用活性炭颗粒与氧化石墨烯进行组装得到三维的活性炭/石墨烯复合材料，之后再利用毛细干燥技术实现复合材料的致密化，在保证利用活性炭大比表面积和石墨烯高导电性的同时，显著减少了活性炭颗粒之间的空隙，提升了复合材料的密度，获得了一种兼具高密度和大比表面积的锂离子电容器正极材料，有效提升了正极的体积比容量（达 45 mA·h/cm³），从而降低了正极的厚度。将该正极同石墨负极匹配组装锂离子电容器，在不损失质量能量密度的同时，可获得 98 W·h/L 的体积能量密度，是纯活性炭基锂离子电容器体积能量密度的 162%，循环 3000 次仍具有 98.9% 的容量保持率（图 8 - 10）。

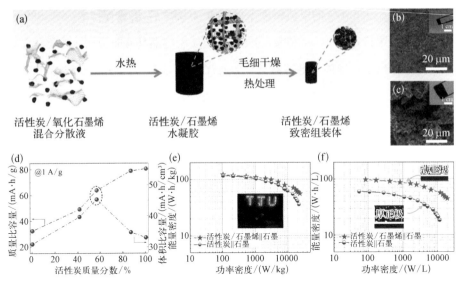

图 8- 10　活性炭/石墨烯复合材料的制备过程及电化学性能

（a）活性炭/石墨烯复合材料制备示意图；（b）毛细干燥和（c）冷冻干燥得到的活性炭/石墨烯复合材料的扫描电子显微镜图像及对应的光学图像；（d）活性炭/石墨烯复合材料质量比容量和体积比容量随其中活性炭含量变化的关系图；所得锂离子电容器（e）基于质量和（f）基于体积计算的 Ragone 图

3. 负极

　　除了在锂离子电容器正极发挥着不可替代的作用,碳材料在锂离子电容器负极也有着广泛的应用,如目前在锂离子电池中商用化的石墨负极,以及硬炭、软炭和一些其他活性物质同碳的复合材料等。石墨烯基材料在锂离子电池负极的应用在前面章节已有详细介绍,此处不再赘述,下面主要介绍石墨烯基材料在锂离子电容器负极中的应用。

　　南开大学周震课题组分别以预锂化的石墨烯纳米片和石墨材料作为负极,活性炭材料作为正极,匹配组装了锂离子电容器。需要说明的是,预锂化技术在锂离子电容器组装过程中经常会用到,一方面,预锂化可以预先在负极表面形成一层稳定的 SEI 膜,从而避免了负极在循环过程中对电解液中锂离子的不可逆消耗;另一方面,对负极进行预锂化可以大大降低负极的初始电位,从而提升锂离子电容器的开路电位,进而提升器件能量密度。在 2.0～4.0 V 的电压区间内,以预锂化的石墨烯材料作为负极的锂离子电容器具有更加优异的比容量、循环稳定性和倍率性能,在 222.2 W/kg 的功率密度下,具有 61.7 W·h/kg 的能量密度。南开大学黄奕团队则利用闪光灯还原氧化石墨烯(FrGO)膜为负极,以三维多孔石墨烯基材料(PF16)为正极组装了全石墨烯基的锂离子电容器(图 8-11),在 0.0～4.0 V 和 0.0～4.2 V 的电压区间内,能量密度高达 71.5～148.3 W·h/kg,此时功率密度为 141～7800 W/kg。

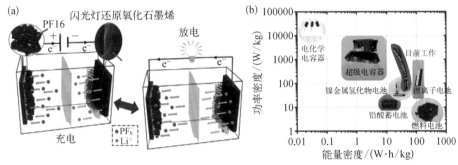

图 8-11 FrGO‖PF16 锂离子电容器结构示意图和电化学性能图

(a) 结构示意图;(b) Ragone 图

加拿大滑铁卢大学 Chen 等则以活性炭为正极,以黏附有锂片的高度定向石墨烯海绵(HOG-Li)为负极组装了锂离子电容器,相较于以其他商用石墨(CG)和随机取向的石墨烯海绵(ROG)为负极的锂离子电容器,该 AC//HOG-Li 锂离子电容器表现出了最佳的电化学性能,在 1.5～4.2 V 的电压区间内,在 57 W/kg 和 2.8 kW/kg 的功率密度下,可获得 231.7 W·h/kg 和 131.9 W·h/kg 的能量密度。值得注意的是,相较于许多其他报道工作,该工作并未采用电化学预锂的方法,而是将锂片和负极直接接触一同作为负极组装为锂离子电容器,极大地简化了操作工艺。最后,作者对于该研究工作的优势进行了总结,首先高度定向的石墨烯海绵极大地提升了锂离子电容器的能量密度和功率密度;其次,该两电极组装体系不需要任何人工的预嵌锂工作,极大地降低了锂离子电容器的制造成本;最后,高负载量的负极提升了锂离子电容器整体的能量密度,这有助于实现其在电动汽车中的应用。

除了直接将石墨烯材料用作锂离子电容器负极,更多的科研人员将石墨烯同其他锂离子电池负极材料进行了复合,并取得了不错的效果。2001 年,

Amatucci 等首次报道的锂离子电容器是以商用钛酸锂（$Li_4Ti_5O_{12}$）作为负极的。尽管钛酸锂具有非常稳定的电压平台，并且在充放电过程中具有非常良好的结构稳定性，但是钛酸锂的导电性很差，导致其高倍率特性难以发挥，由于石墨烯具有优异的导电特性，于是众多科研人员将钛酸锂与石墨烯复合材料用于锂离子电容器负极。南开大学陈永胜团队利用溶剂热和高温热处理的方法，获得了球形钛酸锂包裹于石墨烯褶皱中的三维复合材料，以上述材料为负极，三维多孔石墨烯基材料为正极组装的锂离子电容器，在 0.0～3.0 V 的电压区间内进行测试，可以获得 32～95 W·h/kg 的能量密度。韩国国立首尔大学的 Kang 等也制备了钛酸锂/石墨烯和金红石相二氧化钛/石墨烯复合材料，将其同活性炭正极进行匹配组装锂离子电容器之后，相对纯钛酸锂和二氧化钛材料，都获得了不错的电化学性能提升。

金属氧化物（Fe_3O_4、MoO_3 等）具有相对更高的比容量，但是通常情况下金属氧化物在嵌入/脱嵌锂的过程中都会发生一定的体积变化，容易导致活性材料团聚或者从集流体上脱落、失去活性，此外，金属氧化物的导电性往往较差，导致其倍率性能不佳，而石墨烯良好的导电性和柔韧性，可以很好地解决上述问题，进而获得更高性能的锂离子电容器。南开大学陈永胜团队利用简单的溶剂热法制备得到了三维四氧化三铁/石墨烯（Fe_3O_4/G）复合材料，该材料在对锂半电池测试中，在 90 mA/g 的电流密度下可获得 1000 mA·h/g 的比容量，并有不错的倍率性能（2.7 A/g 的电流密度下保持 704 mA·h/g）和循环稳定性。将上述复合材料作为负极，三维多孔石墨烯基材料作为正极组装的锂离子电容器在 1.0～4.0 V 的电压区间内，最高可获得 147 W·h/kg 的能量密度，即使在 2587 W/kg 的功率密度下，仍可以保持 86 W·h/kg 的能量密度（图 8-12），是当时报道的最高值。

8.2.2　钠离子电容器

1. 概述

通常情况下，钠离子电容器与锂离子电容器结构类似，由电池型负极和电容

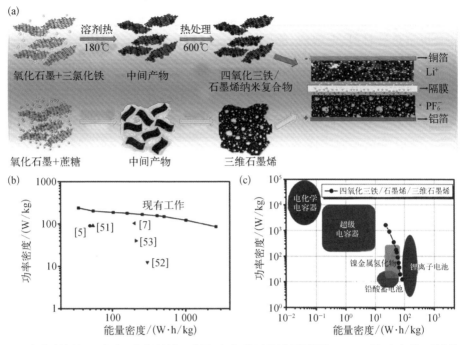

图8-12 Fe₃O₄/G 和 3DG 的制备、锂离子电容器结构以及其电化学性能图

（a）制备流程及锂离子电容器结构示意图；（b）基于活性物质质量的 Ragone 图；（c）基于整体的 Ragone 图

器型正极构成。两者相似的结构特性也决定了钠离子电容器具有同锂离子电容器类似的工作机制：即在电池型负极发生钠离子的嵌入/脱出反应，在电容器型正极发生阴离子的吸附/脱附过程，因而可以实现在电池高能量密度和电容器高功率密度特性间的平衡。

钠离子电容器的研究起步于 2012 年年初，现仍处于不成熟的阶段。因为钠在地壳中含量格外丰富、碳酸钠等钠盐成本低廉且与锂具有相似的物理化学特性，研究者广泛认为钠基电化学储能技术是一种新兴的、极具潜力的可以用来补充甚至在某些应用领域替代锂的储能技术。值得注意的是，相比溶剂化的锂离子，溶剂化的钠离子尺寸更小，相应地具有更低的黏度和更快的扩散速率以及更高的离子电导率。因此，尽管固相扩散是在传统电池中决定速率的重要步骤，钠离子仍然有机会获得比锂离子更好的倍率特性。基于近期的一些相关研究，通过缩短扩散路径和缩减扩散步骤，就可以使得电极展现出更多的电容特性，而这些概念，现在已被逐步推广应用到钠离子电容器上。与锂离子电容器和钠离子电池类似,钠离子电容器主要由正负极材料、电解液、隔膜以及集流体等构成(图 8 - 13)。下面将对正负极材料的主流选择及石墨烯在其中的作用进行简要论述。

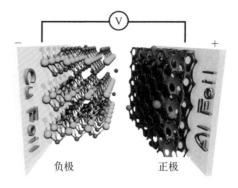

图 8 - 13 钠离子电容器的构型示意图

负极   正极

2. 正极

因为钠离子电容器的正极主要基于电容存储原理,与锂离子电容器类似,钠离子电容器通常也以具有丰富微孔(<2 nm)和大比表面积的活性炭作为正极材料,其工作电位可达 1~4.3 V(vs. Na/Na$^+$)。活性炭的储能机理主要是发生在表面的离子双电层吸附和快速的赝电容反应。虽然可以通过在高温下利用强碱如氢氧化钾等对活性炭进行进一步活化处理来提高活性炭的电化学性能,但目前其可逆比容量最高只能达到 50 mA·h/g 左右,与负极材料的容量相差甚远。

石墨烯是典型的纳米碳材料,具有较大的比表面积、优异的导电性以及良好的电化学活性,可以作为钠离子电容器的正极材料。特别地,钠离子还可与石墨烯片层表面的含氧官能团进行可逆的赝电容反应,在提升正极的比容量的同时不损失正极的倍率性能,因而具有良好的应用前景。

Lee 等利用化学合成法让氧化石墨烯在液相中进行自组装还原,获得三维结构的石墨烯水凝胶。通过调控还原剂和氧化石墨烯的质量比,还可有效调控石墨烯表面含氧官能团的类型和含量。还原剂四羟基-1,4-苯醌不仅可以在水中电离产生氢离子,从而与诸如羟基、环氧基及羧基等发生脱氧反应,而且反应残余物又可以通过 π-π 作用与石墨烯片紧密结合。将这种三维石墨烯应用于钠离子电容器时,无论反应残余物上的苯醌基团还是石墨烯上的含氧官能团都能提供额外的赝电容量。对于氧化石墨烯和四羟基-1,4-苯醌的质量比为1:3的样品,在 1.5~4.0 V(vs. Na/Na$^+$)的电位区间进行钠离子电容器正极测试,可以获得高于 120 mA·h/g 的可逆比容量(图 8 - 14),展现出巨大的应用潜力。

图 8-14　三维石墨烯气凝胶作为钠电容正极时的电化学性能

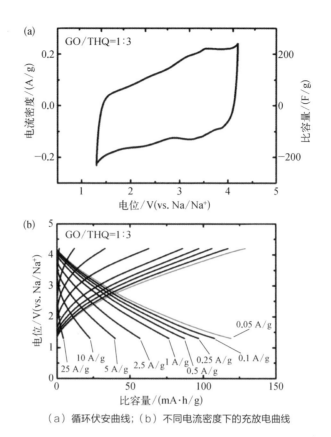

（a）循环伏安曲线；（b）不同电流密度下的充放电曲线

　　杨全红团队则通过对氧化石墨烯进行水热组装并有效调控水凝胶的脱水过程,获得了保持大量活性含氧官能团且具有极高电极密度的褶皱石墨烯基电极材料(图 8-15)。在实际应用中,较低的体积能量密度会显著降低实用性,而通常对于活性炭或其他纳米碳材料而言,密度都低于 0.6 g/cm³。但是,褶皱石墨烯电极可以获得接近 1.6 g/cm³ 的材料密度和高于 1 g/cm³ 的电极密度。不仅如此,由于石墨烯片层之间更紧密的连接,导电性也会得到一定程度的提升。因此,当褶皱石墨烯用作钠离子电容器正极材料时,相比粉体石墨烯以及石墨烯三维气凝胶,体积性能优势显著。随后,杨全红团队又通过惰性气氛下热处理的办法,成功实现了对含氧官能团含量及体相褶皱结构的半定量调控,电化学性能也相应发生了显著变化;同时,通过对比石墨、氧化石墨烯以及热膨胀石墨烯粉体的电化学反应特性,明确得知了"活性含氧官能团"和"体相褶皱结构"就是石墨烯构建致密钠离子电容器的两大关键要素。对于含氧官能团而言,含

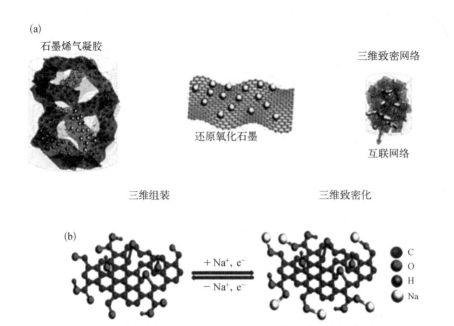

（a）构建示意图；（b）电化学反应原理示意图

量太少会降低反应活性，而太多会降低导电性；同时，也发现适当类型含氧官能团可以通过与钠离子的赝电容反应显著提升质量比容量，其中羰基和羧基具有最高的反应活性。对于体相褶皱结构，氧化石墨烯片层的交联组装以及水凝胶的毛细蒸发收缩是形成体相褶皱结构的关键。体相褶皱结构不仅使得石墨烯电极的密度显著上升，与表面储能体相化，提升体积储能效率；此外，保留下来的孔隙结构对于双电层电容还有很大的贡献。基于该研究，高密石墨烯电极还具有很大的研发潜力；同时，与其他高密活性组分的复合也是极具前景的发展方向。

除了传统活性炭和新型纳米碳材料外，诸如 MXene 等新型二维材料也吸引了大量的注意力并表现出较为优异的电化学性能。MXene 是一类二维无机化合物，主要由具有几个原子层厚的过渡金属碳化物、氮化物以及碳氮化合物组成。MXene 高度亲水，因为它们具有羟基、羧基等含氧官能团，且具有过渡金属碳化物优异的金属导电性。因为 MXene 可以自发地容纳一系列金属阳离子，这类材料具有极大的储能应用潜力。实验证明，V_2C 具备较宽的工作电压（1～

3.5 V），因此既可作为负极也可以作为正极。研究者们曾以 V_2C 作为正极、硬炭作为负极构筑钠离子电容器全器件，该器件具备极高的工作电压 3.5 V 以及高于 100 F/g 的比电容，超过活性炭基的钠离子电容器。但是，稳定性测试表明，在较高的电流密度下，整体容量衰减接近 30%，远大于活性炭正极，主要因为钠离子在 V_2C 结构中的穿梭会影响晶体结构的稳定性，但这一问题可以通过包覆稳定且导电的外壳固定结构来实现。

3. 负极

钠离子电容器的负极材料应该具备良好的钠离子嵌入能力，现有报道的一些负极材料都具有较大的晶体内扩散通道，例如硬炭、层状材料等。

随着石墨在锂离子电池负极中的商业化应用，研究者们对将碳材料应用到其他储能系统有了更高的预期。碳材料具有低廉的成本、环境友好、电化学活性高且结构多样化等优势，展现出较低的氧化还原电势（约为 0.1 V vs. Na/Na$^+$），这可以显著提升全电池的工作电压，从而最大化钠离子全电池的能量密度。然而，根据之前的报道可以得知，石墨无法成为有效的钠离子电池负极，因为钠的低阶二元石墨插层化合物热力学格外不稳定。另外让人振奋的是，通过改性电解液，醚类电解液可以辅助钠离子、醚类溶剂分子和石墨通过共插层反应形成格外稳定的三元插层化合物。基于此，研究者构筑了钠预插层石墨作为负极，活性炭作为正极的钠离子电容器。该钠离子电容器在 1.0～4.0 V 的电压区间可以获得较为优异的能量密度以及不少于 3000 圈的稳定循环。作为现在最常用的钠离子电池负极材料，硬炭以及预掺杂的硬炭都被研究作为钠离子电容器的负极材料，虽然整体电化学性能还需要进一步优化，但也展示出极大的潜力。此外，石墨烯也可以被应用为负极材料，虽然平均氧化还原电势较高，但石墨烯作为负极时，其可逆容量及倍率性能优异，仍可以与正极材料匹配构建兼具高能量密度和高功率密度的钠离子电容器。

以生物质材料为前驱体也可以制备一系列具有潜力的负极材料。花生壳是一种较好的选择，当外壳经过碱性溶液处理后，外壳展现出纳米片的微观结构，比表面积高达 2300 m^2/g，是钠离子电容器正极材料的潜在选择；而花生壳内部在空气中热处理后具有规则的层状结构,是负极材料的潜在选择(图8-16)。因此,研究人员提出了一种准固态的钠离子电容器原件模型,正负极都是碳材料,凝胶电解质作为电解液。这一研究进展推动了钠离子电容器的实际应用,以缓解传统液态电解液的安全隐患。虽然该器件具备较高的功率密度,但能量密度仍有待提升。因此,后续为了进一步提高能量密度,基于氧化还原反应的具有更高能量密度的材料将更加吸引研究者的注意。

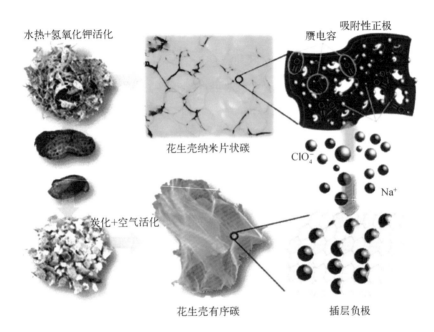

图 8-16 以花生壳为前驱体制备钠离子电容器全器件的机理示意图

8.2.3 其他混合储能器件

由于锂资源的分布不均和其在地球的储量有限,寻求可替代目前锂离子体系的电化学储能器件刻不容缓,除了上述钠离子电容器,不少研究者也将目光投向钾、锌的体系,虽然已取得不错的研究结果,但是相关领域的研究仍处于起步阶段。

钾离子电容器与锂离子电容器和钠离子电容器的储能机制类似,都是一极采用离子的嵌入/脱嵌反应,另一极采用离子的吸附/脱附过程,从而其也具有相对较高的能量密度、功率密度和好的循环寿命,最早于 2010 年被 Yoshio 等在碳酸丙烯酯类电解液中以活性炭为正极、石墨为负极提出。Komaba 等研究了钾离子(K^+)对石墨材料的可逆插层,发现其可逆容量高达 244 mA·h/g,而且具有不错的倍率性能,是优异的钾离子电池和钾离子电容器负极材料。湖南大学鲁兵安团队分别以活性炭为正极、软炭为负极,双(氟磺酰基)酰亚胺钾(KFSI)溶于二甲醚为电解液,构建了工作电压可达 4 V 的钾离子电容器。该电容器最高可以具有 120 W·h/kg 的能量密度和 599 W/kg 的功率密度及 1500 圈的循环寿命。而石墨烯在锂离子电容器和钠离子电容器方面已经获得了不错的研究进展,但其在钾离子电容器里面的研究还鲜有报道。

多价离子储能体系由于其单位物质的量的活性物质可以提供更多参与反应的电子而备受关注。由于锌负极反应活性相较于锂、钠、钾等较低,故而以锌箔直接作为负极的锌离子电池被科学家广泛研究。其中,水系锌离子电池由于其具有有机体系无法比拟的高安全特性,因而具有广阔的应用前景。锌离子电容器的雏形可以追溯至 2007 年,Inoue 等率先报道了一种分别以金属锌和活性炭为负、正极的混合电容器,其采用的电解液为 7.3 mol/L KOH 和 0.7 mol/L ZnO 的混合水系电解液,该混合电容器在相同电解液中,电压窗口和比容量分别是活性炭//活性炭对称超级电容器的 1.5 倍和 3.7 倍。2012 年,清华大学深圳国际研究生院康飞宇团队首次报道了基于中性水系硫酸锌($ZnSO_4$)电解液的水系二次锌离子电池,至此掀起了水系二次锌离子电池的研究热潮。2016 年,澳大利亚新南威尔士大学的王大伟团队首次报道了基于中性水系硫酸锌电解液的锌离子混合电容器,他们以金属锌和氧化碳纳米管分别为负、正极组装了锌离子电容器,在 0~1.8 V 的电压区间内获得不错的电化学性能。之后,锌离子电容器进入快速发展阶段。康飞宇团队报道的锌离子电容器在 0.2~1.8 V 的电压区间内,其能量密度可达 84 W·h/kg,功率密度可达 14.9 kW/kg,在循环 10000 圈之后容量保持率仍维持在 91% 以上。中国科学院深圳先进技术研究院的唐永炳团队报道的有机体系的锌离子电容器的循环寿命进一步提升,在 20000 圈循环之后容量保持率仍维持在 91%,展现出巨大的应用前景。

然而,具有复杂孔隙结构的活性炭材料即使在水系电解液中,也仍然无法实现比表面积的高效利用和电解液离子的快速传输,而开发具有开放孔隙结构的多孔碳正极则有望解决这一难题。香港城市大学的张文军团队采用 KOH 活化的具有超大比表面积的微波辅助膨胀还原氧化石墨烯为正极,3 mol/L Zn $(CF_3SO_3)_2$ 的水溶液为电解液,匹配锌金属负极,在 0~1.9 V 的电压区间内,可以获得高达 106.3 W·h/kg 的能量密度,31.4 kW/kg 的功率密度和长达 80000 次的循环寿命。此外,其他新型正极材料也被不断开发出来。香港城市大学的支春义团队报道了采用 MXene 正极的锌离子混合电容器,该电容器具有优异的循环寿命、快速的自降解能力(7.25 天)和小的自放电能力(6.4 mV/h)。安徽大学的 Zeng 等则将 MXene-还原氧化石墨烯的三维多孔气凝胶作为锌离子电容器的正极材料,其同样表现出较高的比容量和不俗的循环寿命(75000 次)。

8.3 双离子电池

8.3.1 概述

双离子电池也是一种同时采用阴阳离子对电极材料插层/脱嵌进行储能的电化学储能器件,因具有成本低、安全性高、工作电压高等特点而受到广泛关注。

尽管双离子电池在近几年引起了越来越多的关注,但其研究亦可谓是源远流长。1841 年,C. Schaffäutl 利用硫酸与石墨碳反应合成了硫酸-石墨插层化合物。然而,直到 1930 年初,Frezel 和 Wellman 等才对石墨插层化合物进行了首次系统研究,使用 X 射线衍射详细研究了石墨插层化合物形成的机理(分期机理)。1989 年,McCullough 等的专利中引入了石墨双离子电池的概念,该双离子电池的正负极材料均为石墨,以含有 15%(质量分数)LiClO_4 的碳酸亚丙酯为电解质。正极和负极石墨电极的氧化和还原分别伴随阳离子(Li^+)和阴离子

$(\mathrm{ClO_4^-})$的嵌入/脱出反应。1990 年,科学家成功实现了多种阴离子(例如$\mathrm{AlCl_4^-}$,$\mathrm{BF_4^-}$,$\mathrm{PF_6^-}$,$\mathrm{CF_3SO_3^-}$,$\mathrm{C_6H_5CO_2^-}$)对石墨的嵌入。之后,Santhanam 和 Noel 分别使用离子液体和有机溶剂基电解质对 $\mathrm{ClO_4^-}$ 嵌入石墨的过程进行了详细研究。近十年来,研究者相继开发出了适用于锂、钠、钾等多种体系的各种电极材料和电解液配方,为后锂离子电池时代加上了浓墨重彩的一笔。

双离子电池的工作原理如图 8-17 所示,尽管其正负极均采用离子的嵌入/脱出进行储能,但与传统的锂离子电池不同的是,双离子电池的正极采用的是阴离子的嵌入/脱出反应。在充电时,电解液当中的阴离子(例如 $\mathrm{PF_6^-}$)迁移到正极,在 4 V(vs. Li/Li⁺)以上的高电位下,阴离子会插层进入正极石墨片层之间;与此同时,阳离子(例如 Li⁺)迁移到负极,在比较低的电压下插层进入负极石墨片层之间并形成稳定的 SEI 膜;在放电的过程中,阴阳离子会从正负极的电极材料中脱出回到电解液。基于石墨电极材料的双离子电池的充电反应可以用下式表示。

$$负极: C + x\mathrm{Li^+} + x\mathrm{e^-} = \mathrm{Li}_x\mathrm{C} \qquad (8-1)$$

$$正极: C + x\mathrm{A^-} = \mathrm{A}_x\mathrm{C} + x\mathrm{e^-} \qquad (8-2)$$

$$总反应: x\mathrm{Li^+} + x\mathrm{A^-} + C + C = \mathrm{Li}_x\mathrm{C} + \mathrm{A}_x\mathrm{C} \qquad (8-3)$$

式中,A 为电解液中的阴离子。

图 8-17 双离子电池的工作原理图

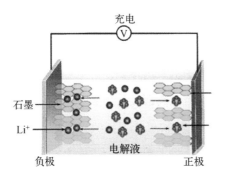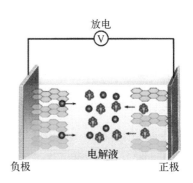

为了进一步理解阴离子的嵌入机理,基于密度泛函理论的计算结果如图 8-18 所示。从 i 到 iv,在垂直于石墨烯层的横截面上,$\mathrm{PF_6^-}$ 和石墨烯层之间展现出连续的等值面接触区域[图 8-18(a)]。如图 8-18(b)所示,初始阴离子插层

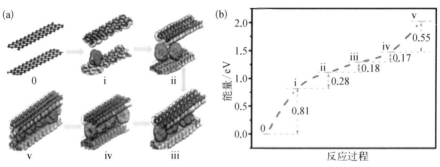

图 8 - 18 理论计算模拟阴离子对石墨材料的插层

（a）石墨层间阴离子转移的过程示意图；（b）石墨层间离子迁移路径在每个步骤的能量

具有最高的能垒(0.81 eV)，表明第一个 PF_6^- 必须克服较高的能垒才能插入石墨烯层。而对于第二、第三和第四个阴离子插层，能垒则分别降至 0.28 eV、0.18 eV 和 0.17 eV，表明第一个阴离子插层之后使得后续的阴离子更易对石墨进行插层。当第五个阴离子对石墨进行插层时，能量势垒会骤然增大至 0.5 eV 以上，表明此时可用于阴离子存储的空间已被充满。计算结果还表明在充电/放电循环期间存在类似于"激活"的过程，其中需要初始阴离子(PF_6^-)来扩大电极/电解质界面处的石墨层间间隙以促进随后的阴离子嵌入。

8.3.2 石墨烯在双离子电池中的应用

到目前为止，大多数双离子电池的正负极材料依然采用石墨，而电解液采用非水电解液。在电解液中溶剂化的阴离子通常是多原子的，如 ClO_4^-、PF_6^-、AsF_6^- 和 SbF_6^-，这些离子往往具有比单原子金属离子更大的体积。为了可逆地承载这些阴离子，电极材料应该包含大的层间距，因而优选通过范德瓦耳斯力至少沿着一个结晶方向组装并呈现出分层结构的电极材料，最先想到的材料是包含石墨烯层以 ABAB 序列堆叠的石墨，具有 0.335 nm 的大层间距。因此大家对双离子电池正极的关注主要集中在石墨或者少层石墨烯材料。而碳正极的石墨结构对其阴离子嵌入能力有显著影响。Ishihara 等报道，石墨化程度越高的碳表现出更高的 PF_6^- 插层可逆容量，因此石墨具有最大的可逆容量。

近年来，少层石墨烯材料也逐步被用于双离子电池正极并表现出良好的电化学性能。冯新亮团队采用电化学剥离的方法获得了4～6层的膨胀石墨烯纳米片，并将其同时作为钠基双离子电池的正极和负极材料，能够可逆地存储阴离子（PF_6^-），并且对钠分别具有4.7 V和4.3 V的充电和放电电压。该工作报道的钠离子基全电池具有目前为止最高的工作电压和最大的能量密度（250 W·h/kg）。鲁兵安等采用泡沫镍为模板通过化学气相沉积法获得了三维的石墨烯泡沫并将其作为正极，电化学刻蚀的铝片作为负极组装了一种新型的铝基双离子电池。该电池表现出了良好的倍率性能（2000 mA/g时仍具有101 mA·h/g的比容量），同时具有高的电压平台和比较长的循环寿命，更重要的是该电池表现出了非常好的快充慢放性能（13 min内充满，放电时间可超过73 min）。

在双离子电池负极材料研究过程中发现，石墨负极的容量受到用于存储电荷载流子的晶体学位点较少的限制，从而具有较低的比容量，此外，石墨负极也具有相对较差的倍率性能，因此越来越多的负极材料被开发出来。通过引入具有更多插层位点的新型材料或新的氧化还原化学反应来克服常规的嵌入/脱嵌机制，有望获得更高的比容量。而石墨烯由于具有较大的比表面积和良好的导电性，是一类非常具有潜力的双离子电池负极材料，如前文所述冯新亮团队采用石墨烯负极获得了性能非常优异的钠基双离子电池。此外，目前在锂离子电池负极中被广泛研究的石墨烯基复合材料也在双离子电池中具有巨大的应用潜力，但是相关研究尚处于起步阶段。

8.4　铅酸蓄电池

8.4.1　概述

铅酸蓄电池在1859年被法国物理学家普兰特发明，是现阶段首个被商业化且应用范围最广的二次电池。虽然已过去160多年，但其仍然占据着所有电池行业生产和销售总量的一半以上。近年来锂离子电池发展迅速，但还是难以撼动铅酸蓄电池的主导地位，不仅是发展中国家，甚至是欧美等世界上最发达的国家和地区,也仍在大量生产和使用铅酸蓄电池。

铅酸蓄电池主要由管式正极板、负极板、电解液、隔板、电池槽、电池盖、极柱、注液盖等组成。主要优点是电压稳定、价格便宜;缺点是能量密度低(即每千克蓄电池存储的电能)、使用寿命短和日常维护频繁。老式普通蓄电池的寿命一般为2年左右,而且需定期检查电解液的高度并添加蒸馏水。不过随着科技的发展,铅酸蓄电池的寿命变得更长而且维护也更简单了。铅酸蓄电池在放电状态下,正极成分主要是二氧化铅,负极为铅;在充电状态下,正负极的主要成分均为硫酸铅。

不容忽视的是,铅酸蓄电池行业是典型的高耗能、高污染行业,生产过程中,电能消耗很高,也会带来铅尘、铅烟、酸性含铅废水、酸雾、废渣等的排放。因此,完善电池结构及电极材料的设计和制备,是进一步优化铅酸蓄电池,促进其未来发展和应用的关键。得益于低廉的成本、良好的导电性且可控的表面化学等优异特性,碳材料正在铅酸蓄电池的研发和应用进程中发挥越来越重要的作用,展现出巨大的实用化前景。

8.4.2　石墨烯在铅酸蓄电池中的应用

石墨烯自2004年被发现以来,在各个领域都引起了广泛的关注。石墨烯作为一种新型的二维材料,被认为是所有碳材料的基本组成单元,也是最典型的纳米碳材料之一,具有格外优异的物理和化学性质,如优的导热系数和极低的电阻率等,迄今已在储能领域获得了一系列重要的应用,尤其在诸如锂离子电池等二次离子电池领域。

研究者们也不断地尝试将石墨烯的应用拓展到传统的二次电池——铅酸蓄电池中。2006年,研究者们首次报道将碳材料加入铅酸蓄电池负极(图8-19),制备出了具有很高充放电能力和循环寿命的铅炭超级电池,掀起了研究碳材料在铅酸蓄电池负极应用的热潮。其中,碳材料的导电性好坏是提升铅酸蓄电池性能的关键。石墨烯不但因为其优异的导电性可以作为铅酸蓄电池的负极添加剂,还有望成为正极的集流体材料,甚至因为优异的质子导电性氧化石墨烯可以作为铅酸蓄电池的电解液。以下将对相关应用的经典工作进行总结和论述。

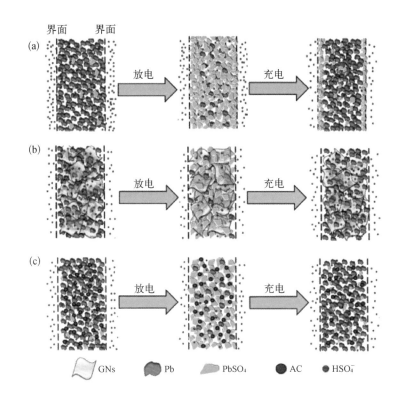

图 8-19 石墨烯作为铅酸蓄电池负极添加剂的示意图

界面　　界面

(a)　放电　充电

(b)　放电　充电

(c)　放电　充电

GNs　Pb　PbSO₄　AC　HSO₄⁻

　　启发于铅炭超级电池的概念,王等研究者将具有大比表面积、高电导率和优异柔性的石墨烯纳米片与负极活性材料复合,构筑得到有效的连续导电网络。相比传统碳材料其导电性能和效率提升显著,从而能更好地抑制负极片的硫化,显著提升铅酸蓄电池在高倍率部分荷电态条件下的循环寿命。王等系统研究了不同石墨烯添加量对于负极极片的电化学性能影响,结果表明,只需添加 0.9% 的石墨烯纳米片,即可将铅酸蓄电池在高倍率部分荷电状态条件下的循环寿命提高超过 3.7 倍,而负极活性材料的使用率可以提高 63.7%,有效证明了石墨烯作为添加剂的可行性。陈等则引入了具有三维体相结构的石墨烯宏观体材料,该宏观体材料通过水热反应及冷冻干燥获得,并将其应用为负极材料的添加剂来限制铅酸蓄电池的硫化问题。当添加量为 1% 时,首圈放电容量可以提升近 14%,而在高倍率部分荷电态条件下的循环寿命可以提升 224%。相比较常用的导电添加剂(如活性炭和炭黑等),拥有三维结构的石墨烯宏观体具有最高的首次放电容量,最好的倍率性能以及最长的循环寿命。此外,陈等还系统探究了作用机理,具有三维体相结构的石墨烯宏观体因其丰富的孔结构以及优异的导电性会对发生在负极的充放电反应过程有一个显著的协同促进作用。

除了作为负极材料的添加剂,Plaksin 等还提出了石墨及石墨烯作为正极集流体的可能性,通过加热到铅的熔点以上,即可获得良好的石墨及石墨烯与铅的复合材料(图 8-20)。系统研究表明,石墨及石墨烯并不会参与正极的电化学反应,但会提升金属复合正极材料的抗腐蚀能力并优化其电化学特性,而石墨和石墨烯构筑的铅酸蓄电池正极复合物都展示出近似的电化学特性。石墨或石墨烯的表面不会有多余的铅与硫酸的反应物残余,而含有石墨烯的正极还可以抑制铅氧化物纳米颗粒的形成,从而改善了正极材料放电过程的稳定性。

图 8-20 石墨烯和铅的正极复合物

(a) 俯视图　　　　　　　　　　(b) 切面图

此外,Matsumoto 等还提出了利用氧化石墨烯作为铅酸蓄电池电解液的新模型和概念。因为氧化石墨烯具有较高的质子电导率且对硫酸有很好的亲和力,所以有望替代硫酸作为铅酸蓄电池的电解液。研究者利用氧化石墨烯二维薄膜构筑氧化石墨烯铅酸蓄电池,即一种固态铅电池。该电池只有 2 mm 的厚度,非常薄。而氧化石墨烯二维薄膜作为电解液时的厚度为 70 μm。电化学测试表明这种新型电池展现出优异的充放电循环稳定性,特别适合被应用到小型移动电源设备上。

8.5　展望

如前所述,石墨烯基材料在混合储能体系中获得了广泛的应用。其不仅可以作为电极材料(正极、负极),还可以作为添加剂使用,大幅降低传统添加剂的使用量,从而进一步提升器件的能量密度。对于混合电容器而言,石墨烯基材料不仅可以作为其正极材料,为阴离子的吸/脱附提供丰富的活性位点;而且还可以作为负极材料,纯石墨烯材料用作负极时,其往往采用表面吸附或者类电容反应来进行储能,从而大大改善了传统缓慢插层负极材料与正极快速表面吸附材料间的电化学动力学不平衡问题,进而极大地提升器件的功率密度。而石墨烯与其他导电性差、比容量高材料的复合物也在混合电容器中得到了广泛的研究,其中石墨烯不仅可以作为导电基底,有效改善此类材料的导电性,提升材料的倍率性能,而且石墨烯还可以作为此类材料在充放电过程中体积变化的缓冲层,有效降低此类材料在充放电过程中的粉化,进而提升器件的循环寿命。而在双离子电池、铅酸蓄电池中,石墨烯材料的研究还处于起步阶段,但是从目前的研究结果来看,其已经展现出了巨大的应用潜力。对于双离子电池而言,石墨烯基电极材料可以有效提升器件的能量密度和功率密度,而对于铅酸蓄电池而言,石墨烯除了作为正负极的导电添加剂和结构骨架之外,还有望作为良好的固态质子导体来替代传统的硫酸液态电解液。

此外,液流电池是一种在大规模储能方面极具应用前景和应用潜力的电化学储能体系,研究表明,大比表面积和表面含有丰富基团的电极材料对于提升液流电池的电化学性能至关重要,因而具有优异物理化学特性和丰富表面基团的石墨烯基材料也是液流电池理想的电极材料之一。而且,石墨烯薄膜对于部分离子还具有良好的选择透过性,因而石墨烯基薄膜也有望替代目前液流电池中使用的昂贵的有机选择性隔膜,提升液流电池电化学性能的同时,显著降低其成本。

特别地,占地表面积达70%的海洋中蕴含着丰富的"蓝色"能源,潮汐能、波浪能、温差能、盐差能以及海水中丰富的无机、有机物质,都正在或在不久的将来被用作能量来源。石墨烯作为一种兼具良好电学、力学性质的材料,有望利用其水伏效应、压电效应以及作为催化剂载体等,构建一系列高性能能量转化材料,实现"蓝色"能源的高效利用。

最后,石墨烯是所有 sp² 杂化碳材料的基本结构单元,相较于其他多孔碳材料或者纳米碳材料,石墨烯有望做其他碳材料做不了或者做不好的事情,即利用石墨烯的可控组装,解决碳材料高孔隙率和高密度不可兼得的关键科学问题和技术难题。例如笔者课题组利用毛细干燥方法获得的三维石墨烯致密组装体材料兼具高密度(1.58 g/cm³)和高孔隙率(367 m/g),其有望在高体积性能电化学储能器件中取得重大进展,推动石墨烯基电化学储能技术的发展。

参考文献

[1] Amatucci GG, Badway F, Du Pasquier A, et al. An asymmetric hybrid nonaqueous energy storage cell[J]. Journal of the Electrochemical Society, 2001, 148(8): A930 - A939.

[2] Aravindan V, Gnanaraj J, Lee YS, et al. Insertion-type electrodes for nonaqueous Li-ion capacitors[J]. Chemical Reviews, 2014, 114(23): 11619 - 11635.

[3] Stoller MD, Park SJ, Zhu YW, et al. Graphene-based ultracapacitors[J]. Nano Letters, 2008, 8(10): 3498 - 3502.

[4] Zhu Y, Murali S, Stoller MD, et al. Carbon-based supercapacitors produced by activation of graphene[J]. Science, 2011, 332(6037): 1537 - 1541.

[5] Stoller MD, Murali S, Quarles N, et al. Activated graphene as a cathode material for Li-ion hybrid supercapacitors[J]. Physical Chemistry Chemical Physics, 2012, 14(10): 3388 - 3391.

[6] Lee JH, Shin WH, Ryou M-H, et al. Functionalized graphene for high performance lithium ion capacitors[J]. ChemSusChem, 2012, 5(12): 2328 - 2333.

[7] Aravindan V, Mhamane D, Ling WC, et al. Nonaqueous lithium-ion capacitors with high energy densities using trigol-reduced graphene oxide nanosheets as cathode-active material[J]. ChemSusChem, 2013, 6(12): 2240 - 2244.

[8] Lv W, Tang DM, He YB, et al. Low-temperature exfoliated graphenes: vacuum-promoted exfoliation and electrochemical energy storage[J]. ACS Nano, 2009, 3 (11): 3730 - 3736.

[9] Jang BZ, Liu C, Neff D, et al. Graphene surface-enabled lithium ion-exchanging cells: next-generation high-power energy storage devices[J]. Nano Letters, 2011, 11(9): 3785 - 3791.

[10] Weng Z, Li F, Wang D W, et al. Controlled electrochemical charge injection to maximize the energy density of supercapacitors [J]. Angewandte Chemie International Edition, 2013, 52(13): 3722 - 3725.

[11] Shan X Y, Wang Y, Wang D W, et al. Armoring graphene cathodes for high-rate

and long-life lithium ion supercapacitors[J]. Advanced Energy Materials, 2016, 6 (6): 1502064.

[12] Ye L, Liang Q, Lei Y, et al. A high performance Li-ion capacitor constructed with $Li_4Ti_5O_{12}$/C hybrid and porous graphene macroform[J]. Journal of Power Sources, 2015, 282: 174 - 178.

[13] Wang H, Guan C, Wang X, et al. A high energy and power Li-ion capacitor based on a TiO_2 nanobelt array anode and a graphene hydrogel cathode[J]. Small, 2015, 11(12): 1470 - 1477.

[14] Luo JY, Jang HD, Sun T, et al. Compression and aggregation-resistant particles of crumpled soft sheets[J]. ACS Nano, 2011, 5(11): 8943 - 8949.

[15] Kim E, Kim H, Park BJ, et al. Etching-assisted crumpled graphene wrapped spiky iron oxide particles for high-performance Li-ion hybrid supercapacitor[J]. Small, 2018, 14(16): 1704209.

[16] Liu W, Li J, Feng K, et al. Advanced Li-ion hybrid supercapacitors based on 3D graphene-foam composites[J]. ACS Applied Materials & Interfaces, 2016, 8(39): 25941 - 25953.

[17] Salvatierra RV, Zakhidov D, Sha J, et al. Graphene carbon nanotube carpets grown using binary catalysts for high-performance lithium-ion capacitors[J]. ACS Nano, 2017, 11(3): 2724 - 2733.

[18] Han D, Weng Z, Li P, et al. Electrode thickness matching for achieving high-volumetric-performance lithium-ion capacitors. Energy Storage Materials, 2018, 18: 133 - 138.

[19] Leng K, Zhang F, Zhang L, et al. Graphene-based Li-ion hybrid supercapacitors with ultrahigh performance[J]. Nano Research, 2013, 6(8): 581 - 592.

[20] Zhang F, Zhang T, Yang X, et al. A high-performance supercapacitor-battery hybrid energy storage device based on graphene-enhanced electrode materials with ultrahigh energy density [J]. Energy & Environmental Science, 2013, 6 (5): 1623 -1632.

[21] Zhang T, Zhang F, Zhang L, et al. High energy density Li-ion capacitor assembled with all graphene-based electrodes[J]. Carbon, 2015, 92: 106 - 118.

[22] Li S, Chen J, Cui M, et al. A high-performance lithium-ion capacitor based on 2D nanosheet materials[J]. Small, 2017, 13(6): 1602893.

[23] Ren JJ, Su LW, Qin X, et al. Pre-lithiated graphene nanosheets as negative electrode materials for Li-ion capacitors with high power and energy density[J]. Journal of Power Sources, 2014, 264: 108 - 113.

[24] Ahn W, Lee DU, Li G, et al. Highly oriented graphene sponge electrode for ultra high energy density lithium ion hybrid capacitors[J]. ACS Applied Materials & Interfaces, 2016, 8(38): 25297 - 25305.

[25] Kim H, Park K Y, Cho M Y, et al. High-performance hybrid supercapacitor based on graphene-wrapped $Li_4Ti_5O_{12}$ and activated carbon[J]. ChemElectroChem,

2014，1(1)：125 - 130.

[26] Wang H，Zhu C，Chao D，et al. Nonaqueous hybrid lithium-ion and sodium-ion capacitors[J]. Advanced Materials，2017，29(46)：1702093.

[27] Kuratani K，Yao M，Senoh H，et al. Na-ion capacitor using sodium pre-doped hard carbon and activated carbon[J]. Electrochimica Acta，2012，76：320 - 325.

[28] Ding J，Wang HL，Li Z，et al. Peanut shell hybrid sodium ion capacitor with extreme energy-power rivals lithium ion capacitors[J]. Energy & Environmental Science，2015，8(3)：941 - 955.

[29] Liu T，Kavian R，Kim I，et al. Self-assembled，redox-active graphene electrodes for high-performance energy storage devices[J]. Journal of Physical Chemistry Letters，2014，5(24)：4324 - 4330.

[30] Lim E，Jo C，Kim MS，et al. High-performance sodium-ion hybrid supercapacitor based on Nb_2O_5@carbon core-shell nanoparticles and reduced graphene oxide nanocomposites[J]. Advanced Functional Materials，2016，26(21)：3711 - 3719.

[31] Chen Z，Augustyn V，Jia X，et al. High-performance sodium-ion pseudocapacitors based on hierarchically porous nanowire composites[J]. ACS Nano，2012，6(5)：4319 - 4327.

[32] Kim JW，Augustyn V，Dunn B. The effect of crystallinity on the rapid pseudocapacitive response of Nb_2O_5[J]. Advanced Energy Materials，2012，2(1)：141 - 148.

[33] Wang X，Kajiyama S，Iinuma H，et al. Pseudocapacitance of MXene nanosheets for high-power sodium-ion hybrid capacitors[J]. Nature Communications，2015，6：6544.

[34] Dall'Agnese Y，Taberna P-L，Gogotsi Y，et al. Two-dimensional vanadium carbide(MXene) as positive electrode for sodium-ion capacitors[J]. Journal of Physical Chemistry Letters，2015，6(12)：2305 - 2309.

[35] Zhang J，Lv W，Tao Y，et al. Ultrafast high-volumetric sodium storage of folded-graphene electrodes through surface-induced redox reactions[J]. Energy Storage Materials，2015，1：112 - 118.

[36] Zhang J，Lv W，Zheng D，et al. The interplay of oxygen functional groups and folded texture in densified graphene electrodes for compact sodium-ion capacitors [J]. Advanced Energy Materials，2018，1702395.

[37] Komaba S，Hasegawa T，Dahbi M，et al. Potassium intercalation into graphite to realize high-voltage/high-power potassium-ion batteries and potassium-ion capacitors[J]. Electrochemistry Communications，2015，60：172 - 175.

[38] Fan L，Lin K，Wang J，et al. A nonaqueous potassium-based battery-supercapacitor hybrid device[J]. Advanced Materials，2018，e1800804.

[39] Dong L，Ma X，Li Y，et al. Extremely safe，high-rate and ultralong-life zinc-ion hybrid supercapacitors[J]. Energy Storage Materials，2018，13：96 - 102.

[40] Wang H，Wang M，Tang Y. A novel zinc-ion hybrid supercapacitor for long-life

and low-cost energy storage applications[J]. Energy Storage Materials, 2018, 13: 1-7.

[41] Wang M, Tang Y. A review on the features and progress of dual-ion batteries[J]. Advanced Energy Materials, 2018, 1703320.

[42] Wang F, Liu Z, Zhang P, et al. Dual-graphene rechargeable sodium battery[J]. Small, 2017, 1702449.

[43] Ishihara T, Koga M, Matsumoto H, et al. Electrochemical intercalation of hexafluorophosphate anion into various carbons for cathode of dual-carbon rechargeable battery [J]. Electrochemical and Solid-State Letters, 2007, 10 (3): A74.

[44] Märkle W, Tran N, Goers D, et al. The influence of electrolyte and graphite type on the PF_6^- intercalation behaviour at high potentials[J]. Carbon, 2009, 47(11): 2727-2732.

[45] Placke T, Rothermel S, Fromm O, et al. Influence of graphite characteristics on the electrochemical intercalation of bis (trifluoromethanesulfonyl) imide anions into a graphite-based cathode[J]. Journal of the Electrochemical Society, 2013, 160(11): A1979-A1991.

[46] Zhang E, Cao W, Wang B, et al. A novel aluminum dual-ion battery[J]. Energy Storage Materials, 2018, 11: 91-99.

[47] Long Q, Ma G, Xu Q, et al. Improving the cycle life of lead-acid batteries using three-dimensional reduced graphene oxide under the high-rate partial-state-of-charge condition[J]. Journal of Power Sources, 2017, 343: 188-196.

[48] Li X, Zhang Y, Su Z, et al. Graphene nanosheets as backbones to build a 3D conductive network for negative active materials of lead-acid batteries[J]. Journal of Applied Electrochemistry, 2017, 47(5): 619-630.

[49] Banerjee A, Ziv B, Shilina Y, et al. Single-wall carbon nanotube doping in lead-acid batteries: a new horizon[J]. ACS Applied Materials & Interfaces, 2017, 9 (4): 3634-3643.

[50] Yolshina L, Yolshina V, Yolshin A, et al. Novel lead-graphene and lead-graphite metallic composite materials for possible applications as positive electrode grid in lead-acid battery[J]. Journal of Power Sources, 2015, 278: 87-97.

[51] Kumar SM, Ambalavanan S, Mayavan S. Effect of graphene and carbon nanotubes on the negative active materials of lead acid batteries operating under high-rate partial-state-of-charge operation [J]. RSC Advances, 2014, 4 (69): 36517-36521.

[52] Tateishi H, Koga T, Hatakeyama K, et al. Graphene oxide lead battery (GOLB) [J]. ECS Electrochemistry Letters, 2014, 3(3): A19-A21.

第 9 章

"石墨烯 +" 储能的
机遇和挑战

9.1 时代机遇和研发进展

世界主要国家都把发展石墨烯相关产业上升到国家战略高度；我国的石墨烯产业化开发也进行得如火如荼,初步形成了政府、大学、科研机构和投资机构、企业界协同创新的政产学研合作对接的机制。国家层面也部署了一批重大项目,在国家重点基础研究发展计划（"973"计划）、国家重点研发计划中都曾支持过石墨烯等碳纳米材料在储能领域的研究。2015 年,几乎与欧洲"石墨烯旗舰计划"同时,我国工信部也在《中国制造 2025》框架下出台了石墨烯产业的重点技术路线图,结合我国科学研究和产业发展特点,提出了我国石墨烯材料未来 10 年的发展目标。和"石墨烯旗舰计划"的侧重点不同,我国的石墨烯路线图重点关注了石墨烯的规模制备、石墨烯的锂电池应用、石墨烯基防腐涂料和柔性功能薄膜等几类重点产业。然而,石墨烯产业仍缺少"杀手锏级"应用,仅仅把石墨烯作为添加剂和"工业味精"来替代现有材料并不能产生变革性的影响。

在碳达峰和碳中和的时代背景下,可再生和清洁能源应用的提速、电动汽车产业的发展以及智能电网的建设推广,电化学储能成为新能源发展中的关键环节,而石墨烯可以从多方面大幅提升现有储能器件的性能。因此,电化学储能是石墨烯重要的实用化方向之一,也是最有可能出现石墨烯"杀手锏级"应用的重要方向。在石墨烯储能技术领域,无论是在基础研究还是产业发展方面,我国都涌现出了重要的研究成果,在电池安全性、高功率化、高性能化、致密化和延长生命周期方面表现出极大的潜力。成会明院士团队发展新型化学气相沉积、液相剥离以及电化学剥离技术,实现了高质量石墨烯和氧化石墨烯的宏量制备,在储能应用方面取得系列研究进展。刘忠范院士团队创办的北京石墨烯研究院在研究范式、创新范式上取得重大突破,为石墨烯的产业化发展注入源动力,已在柔性可穿戴储能等方面取得系列进展。能源互联网时代,二次电池无处不在,"空间焦虑"是核心命题之一：如何在尽可能小的体积内存储尽可能多的能量。致密储能,即如何提高电池体积能量密度,成为新型电池设计的"必修课"之一。康飞宇团队和杨全红团队长期合作,在电池用天然石墨和石墨烯的研发方面持续取得进展,获得2017年国家技术发明奖二等奖;他们发明了锂离子电池用石墨烯导电剂,提出石墨烯"至柔至薄致密"的"面-点"导电模型,将碳基导电剂材料用量降低50%～80%,电池的体积能量密度提高了3%～5%,解决了导电剂用量与高能量需求之间的矛盾,为石墨烯导电剂的商业化应用奠定了理论基础和应用策略。杨全红团队长期致力于石墨烯高密组装和致密储能,发明了石墨烯水凝胶的毛细收缩技术,获得兼具高密度和大比表面积的石墨烯基致密多孔碳材料,从策略、方法、材料、电极和器件等全链条提出了高致密、高体积能量密度锂离子电池、超级电容器、锂硫电池等构建策略;采用相关策略为微米硅碳电极材料的实用化提供了解决方案,构建的致密型石墨烯基锂离子电池体积能量密度高达1048 W·h/L。中国科学技术大学朱彦武教授和石墨烯龙头企业常州第六元素材料科技股份有限公司将还原氧化石墨烯薄膜用于导热散热,已经在高端智能手机、5G基站广泛使用。此外,清华大学、北京大学、国家纳米科学中心、中国科学院宁波材料技术与工程研究所、浙江大学、中国科学院山西煤炭化学研究所等众多高校和研究院所,以及产业界也对石墨烯储能技术投入极大热情,取得了一系列重要进展。我国与石墨烯相关的专利申请和论文数量已经超过美国、日本、韩国及欧盟,居世界首位。虽然石墨烯发展前景广阔,但石墨烯在储能上的产业应用,还主要限于导电剂和导热散热材料,全方位的规模化应用尚待时日;石墨烯产业未来的"井喷式"发展,必须要立足基础研究的顶天和应用研究的立地,不浮躁、不气馁,推动实验室成果的产业化应用。

9.2 认识误区和观念更正

多年来互联网上充斥着带石墨烯前缀的名词,比如石墨烯芯片、石墨烯电池等。以石墨烯电池为例,这些电池本质上都是以石墨烯材料作为导电剂或者导热材料的锂离子电池或者铅酸电池,石墨烯在其中占比不大,还远未起到不可替代的作用或者改变现有电池的反应机制。众所周知,锂离子电池由正极、负极、隔膜、电解液四大部分构成,目前主要应用的负极材料主要为石墨。石墨烯是从石墨中剥离出来、由碳原子组成的只有一层原子厚度的二维晶体,各项性能优于石墨,具有极强导电性、超高强度、高韧性、较高导热性能等。人们希望其 取代石墨充当电池负极,或者用于锂电池的其他关键材料,以期大幅提高锂电池的能量密度和功率密度。但是理想的石墨烯没有层状结构,比表面积大,其表面储锂机制和石墨材料的层状嵌锂机制不同,作为负极材料,首次循环库仑效率低、无充放电平台,无法取代目前的石墨直接作为电池负极材料使用。

将添加石墨烯导电剂和导热材料的电池称作"石墨烯电池"并不科学严谨,也不符合行业命名原则,非行业共识。杨全红教授在接受《科技日报》记者采访时指出,石墨烯因其独特的物理化学性质,已经在锂电池中展示出巨大的应用潜力。但是,作为一种碳纳米材料,石墨烯之于锂电池并未超出目前常用碳材料的作用范畴。虽然目前科技论文、企业产品等关于石墨烯提升锂电池性能的消息屡见不鲜,但其核心储能机理并未因石墨烯的加入而改变,没有上升至原理革新的程度。此外,从专业的角度,电池即便以关键材料命名,也一般遵循"正极-负极活性材料"的规则,锂离子电池的充放电,由锂离子在正、负极材料中的嵌入和脱出来完成。因此,如果命名为石墨烯电池,则石墨烯应该是主要的电极材料,但现在石墨烯类似添加剂,在电池中的主要作用是提高电极的导电性或者导热/散热特性,并不是电池正负极的活性材料。因此将添加石墨烯作为关键组分的电池称作"石墨烯基电池"或者"石墨烯+电池"更加科学严谨,并且体现了石墨烯导电剂和导热材料对其性能提升的关键组分作用。

9.3 "石墨烯+"电池(储能)——梦想终将照进现实

政府、学术界、产业界和金融界协同创新,是石墨烯走向规模应用、真正成为明星材料的必由之路。我国是能源消耗大国,能源结构转型升级迫在眉睫。2030 碳达峰和 2060 碳中和已成为国家战略,我国已经从国家层面上部署推动新能源汽车等新能源技术发展,储能技术是新能源领域发展的核心,以石墨烯为代表新型碳纳米材料在储能技术领域显示出良好的应用前景。我国各级政府对石墨烯相关产业给予了大力的扶持,2015 年,工信部、科技部、发改委三部门联合发布《关于加快石墨烯产业创新发展的若干意见》。2019 年,石墨烯散热材料、石墨烯改性电池等 9 种材料入选《重点新材料首批次应用示范指导目录》。刘忠范院士表示:未来的石墨烯产业将建立在石墨烯材料的"杀手铜级"应用基础上,而不是仅仅作为"万金油式"的添加剂。总之,石墨烯研究应该做传统碳材料做不好和做不了的事情,利用石墨烯解决电池和储能发展过程的瓶颈问题,"石墨烯 +"储能(电池)必将梦想照进现实!

9.3.1 石墨烯——做传统碳材料做不好的事情

如今,储能技术发展日新月异,锂离子电池作为最为重要的储能器件得到了广大研究者和产业界的密切关注,美国阿贡国家实验室能源存储联合研究中心负责人乔治·克拉布特里曾说:"这是有史以来最好的电池技术。"不过,许多研究者认为,锂离子电池的能量密度已经接近其天花板,人们迫切需要电池能够具备快速充放电、热传导快、能量密度高等性能。碳导电剂对于锂离子电池必不可少,特别对于快充性能而言至关重要,但大量非活性、轻组分的碳导电剂会降低电池体积能量密度(单位体积储存的能量),这成为锂电池发展的重要瓶颈。

锂电池导电剂是石墨烯商品化应用最早的成功案例之一。石墨烯作为一种新型纳米碳质材料,具有独特的几何结构特征和物理性能。将表面性固体——石墨烯取代传统上采用的炭黑用作导电剂,极大增加碳导电剂的单位碳原子导电效率,一改炭黑等传统导电添加剂"点-点"接触模式为"面-点"接触模式。杨全红团队和康飞宇团队率先将其作为导电剂用于商业化锂离子电池中,提出了"点-面"导电网络构建原则,克服了碳导电剂用量与高能量密度需求之间的矛盾,发现并阐明石墨烯导电剂的应用瓶颈——大电流下高离子位阻的瓶颈和石墨烯的分散问题,提出了石墨烯导电网络的设计原则——平衡离子和电子传递。该设计原则为石墨烯导电剂的商业化应用奠定了理论基础和应用策略,获得了产业界普遍采用的低碳添加剂高体积能量密度锂离子电池的解决方案,导电剂用量大幅减少,电池的体积能量密度显著提高。

石墨烯应用于电池的另外一个成功案例是取代石墨,用作电池导热散热膜。中国科学技术大学朱彦武教授团队和合作企业成功将具有优异导热特性的还原氧化石墨烯用于手机的散热材料,已成功实现大规模商用。作为热量的优良导体,石墨烯同高活性物质的有效接触一方面可降低电解液在其表面的副反应放热;另一方面对其充放电,特别是快速充放电产生的大量热可实现有效的热传递,降低电池工作过程中的热隐患与热失控,让整个电池体系的热循环更稳定。

总之,如果可以将石墨烯每个碳原子都用于导电和导热高速公路的构建,真正体现"至柔至薄致密"的石墨烯导电网络特征,辅以高效的导热散热网络,石墨烯将助力超快充电池梦想成真,石墨烯味精将调制出最为"美味"的"石墨烯 +"电池!

9.3.2　石墨烯——做传统碳材料做不了的事情

我国石墨烯产业已具备了很大的初速度,在基础研究和技术创新上都取得了重要进展,出现了一系列具有国际影响力的领军科学家、石墨烯研发平台以及众多企业。但坦率而言,在基础研究和技术原创性方面仍有很长的路要走。比如:我国石墨烯专利数量位居全球首位,但在世界范围内的专利布局相对薄弱,专利质量总体不高,缺乏涉及原材料及制备工艺的基础核心专利。利用石墨烯做传统碳材料做不了的事情,解决储能器件的发展瓶颈是"石墨烯 +"储能的重要使命。

高体积能量密度是电动车和移动智能终端对二次电池等储能器件的要求。碳材料是重要电极材料和构建非碳活性物质缓冲网络的重要成分,其高密化是储能器件致密化(致密储能)的重要前提,而传统碳材料高密和多孔不可兼得。杨全红教授发明了石墨烯水凝胶的毛细干燥技术,利用水分子脱除过程中与石墨烯片层的毛细作用力,拉动石墨烯三维网络致密收缩,最终获得高密度的多孔碳材料(1.58 g/cm^3)。这种材料具有接近人造石墨的密度和多孔特性,作为超级电容器的纯碳电极具有最高的体积比容量(水系,376 F/cm^3);

基于器件实现了"厚密"电极设计,获得了与铅酸电池能量密度相当的超级电容器(电极厚度达到400 μm,体积能量密度达65 W·h/L)以及体积能量密度高达1048 W·h/L的锂离子软包电池。这种策略解决了传统碳材料"多孔"和"致密"间鱼和熊掌不可兼得的矛盾,解决了纳米材料用于致密储能的实用化瓶颈,有效提升了电化学储能器件的体积性能,在欧洲"石墨烯旗舰计划"的焦点评述中,认为该策略实现了"Larger Densities",是解决石墨烯材料低密度和低能量密度的重要解决方案。

通过碳结构单元的高密组装,将低密度的石墨烯用于高致密储能,是石墨烯解决传统碳电极材料密度低,做传统碳做不好的事情的一个典型实例。总之,如何利用石墨烯做传统碳材料做不了的事情,加速研发更"硬核"的世界级领先石墨烯储能技术,才能让我国在未来石墨烯储能技术中取得优势。

9.3.3 石墨烯储能技术产业化推进的几点建议

结合我国产业发展特点,储能技术是我国实现石墨烯高端应用的重要应用出口,也对我国能源转型升级具有重要作用。为进一步保持我国在该领域的健康、快速发展,建议我国下一步的发展重点应考虑以下几点。

(1)国家层面,优化市场资源配置和国家政策导向

目前,石墨烯产业发展亟需建立国家层面的战略规划,围绕以北京、江苏、广东、浙江等为中心的石墨烯创新集群,因地制宜,结合地区优势、资源优势、产业优势和科技优势,选择最有基础和条件的发展方向作为突破口。同时,还应综合考虑石墨烯产业基础、研发资源、配套能力和市场条件,鼓励优势地区加快发展,建设若干个企业集聚程度高、特色鲜明、功能突出、影响力大的石墨烯产业高地。此外,还需运用大众传媒等手段加强科学普及工作,引导公众正确认识石墨烯材料,促进石墨烯产业和储能行业健康发展,避免石墨烯过热产生的"泡沫"现象,遏止如"石墨烯电池"等以石墨烯为噱头的虚假、夸大宣传。

(2)行业层面,制定完善的标准体系,制定"标号石墨烯"规则

2017年10月,由英国国家物理实验室领导制定的世界上第一个ISO石墨烯

标准出版。该标准定义了用于描述不同形式的石墨烯和相关二维材料的术语，并为石墨烯的测试和验证提供了可执行的依据和标准。在中国，2017年2月中国石墨烯国家标准提案立项研讨会在无锡石墨烯产业发展示范区召开，国内的石墨烯专家们就石墨烯检测与表征、通用基础、安全、产品等多项标准立项提案进行了探讨。我国首个石墨烯国家标准GB/T 30544.13－2018:《纳米科技 术语第13部分：石墨烯及相关二维材料》于2018年12月已正式发布。但总体而言，目前行业标准仍未完善，科研、产业成果难以得到权威认证，亟待进一步加强。尤其在电化学储能应用方面，石墨烯标号的制定任务更为艰巨，技术参数也更为复杂，石墨烯的官能团数量、缺陷数量、片层尺寸大小等指标均对其电化学性能有着重要影响。因此，依托现有国家级检测机构，建设石墨烯产品质量检测平台，健全质量标准体系，制定和完善"导电添加剂用石墨烯"等电化学储能用石墨烯的标号规则，有利于规范行业秩序，促进电化学储能用石墨烯的产业健康发展。

（3）企业层面，增加基础研发投入，促进产学研合作

石墨烯是全新的产业，其快速发展不应走老路，产业界应大力支持基础科学问题研究，并从应用层面为学术界进行石墨烯研发反馈，搭建产学研合作平台，为产业发展提供源动力。具体可采用创新产-学-研-金-介-用协同联动新模式，通过企业、高校及科研机构、金融机构、科技中介机构等相互配合，集中各自优势资源，形成集生产、研究、开发、应用、推广和管理一体化的高效系统。在运行过程中发挥金融的核心纽带作用，围绕企业技术需求，依托高校院所特色优势，由龙头企业牵头，充分调动社会资本、中介机构参与，联合组建一批企业主导的产业技术创新战略联盟，着力推动全方位、多层次、可持续的合作，提高石墨烯产业链从实验成果到实际应用的整体效率，降低转化成本。

目前我国石墨烯储能技术领域已经处于国际并跑水平，部分科研机构和高水平研发企业已经具备了国际顶尖的软硬件条件，但核心技术的研发和产业链条的优化升级亟待加强，相信在国家的合理规划下，通过学术界和企业界人士协力同心的上下求索，坚持做好传统碳做不好的事情，做到传统碳做不了的事情，发展石墨烯储能技术必将梦想照进现实！

索 引

B

比电容　22,24,25,27 - 31,35 - 38,
　253

表面化学　13,24,25,28,34,94 - 97,
　101,106,109,132,145,160,162,
　166,218,260

C

超氧化锂　143,145,147

穿梭效应　92 - 94,97,98,100,102,
　106,107,109,110,112,114 - 118,
　120,200

催化转化　119

D

导电添加剂　53,58,59,156,182,202,
　261,263,274,277

导热　8,13,70,78 - 80,98,260,272,
　273,275

电子封装　225

多硫化物　92 - 102,104,106 - 114,
　116,118 - 121,200,216,223,224

F

非碳负极　68,69,72 - 74,76,78,81

G

高电压　176

H

化学吸附　94 - 98,106,107,109,114

J

钾离子电容器　233,254,255

K

开放表面　38

孔结构　13,24 - 26,28,32 - 34,36,
　38,41,63,64,74,76,96 - 100,109,
　110,113,120,121,128,131,132,
　134,136,137,142,145,147,164,
　166,169,198,223,224,262

L

离子传输　38,40,52,56,57,59 - 61,
　63,70 - 72,76,81,95,104,106,110,
　115,131,210,211,225,240,243

锂空气电池　10,51,125,127 - 133,
　135 - 137,139 - 141,143 - 148,196,